AF307379

W. Pepperhoff · M. Acet

Konstitution und Magnetismus des Eisens und seiner Legierungen

Springer

Berlin
Heidelberg
New York
Barcelona
Hongkong
London
Mailand
Paris
Singapur
Tokio

W. Pepperhoff · M. Acet

Konstitution und Magnetismus

des Eisens und seiner Legierungen

Mit 132 Abbildungen und 14 Tabellen

Springer

Prof. Dr. W. Pepperhoff
An Hacksteinskuhlen 35
47509 Rheurdt

Prof. Dr. M. Acet
Universität Duisburg
FB 10 Physik-Technologie
47048 Duisburg

ISBN-13: 978-3-642-64116-9 Springer-Verlag Berlin Heidelberg New York

Die Deutsche Bibliothek – CIP-Einheitsaufnahme
Pepperhoff, Werner: Konstitution und Magnetismus des Eisens und seiner Legierungen / W. Pepperhoff; M. Acet. – 1. Aufl. – Berlin ; Heidelberg ; New York ; Barcelona ; Hongkong ; London ; Mailand ; Paris ; Singapur ; Tokio : Springer, 2000

ISBN-13: 978-3-642-64116-9   e-ISBN-13: 978-3-642-59765-7
DOI: 10.1007/978-3-642-59765-7

Satz: Reprodultionsfertige Vorlagen der Autoren
Gedruckt auf säurefreiem Papier   SPIN: 10761828   62/3020 – 5 4 3 2 1 0

Vorwort

Das Eisen nimmt unter den metallischen Werkstoffen eine Sonderstellung ein: es prägte ein für die Menschheitsgeschichte wichtiges, prähistorisches Zeitalter und gab ihm seinen Namen (Eisenzeit), besaß eine Schlüsselposition in der Entwicklung der Industriegesellschaft und hat seine Bedeutung auch heute nicht verloren. Das Eisen ist und wird auch in heute überschaubarer Zukunft als wichtigster Konstruktionswerkstoff unentbehrlich bleiben. Es hat eine sichere Rohstoffbasis und zählt mit einem Anteil von 5.6 % zu den am häufigsten vorkommenden Elementen in der Erdrinde. Es läßt sich mit relativ geringem Energieaufwand aus seinen oxidischen Verbindungen gewinnen. Die Eisenwerkstoffe sind recyclingfähig, d. h. ressourcenschonend und umweltfreundlich.

Seine unbestreitbare Sonderrolle aber verdankt das Eisen seiner Vielseitigkeit, denn es gibt keinen anderen Werkstoff, mit dem sich eine solche Fülle von Eigenschaften unter gleichzeitig hoher Wirtschaftlichkeit erzielen läßt. Diese Sonderstellung ist physikalisch begründet: sie beruht auf dem Polymorphismus des Eisens, d. h. auf der Eigenschaft, in verschiedenen Kristallstrukturen aufzutreten. Deren sehr unterschiedliche Löslichkeiten für substitutionelle und interstitielle Legierungselemente ermöglichen eine Vielfalt von Mehrstoffsystemen mit sehr verschiedenem Gefügeaufbau und einem breiten Spektrum verschiedenster technologischer und physikalischer Eigenschaften. Polymorphismus ist keine außergewöhnliche Erscheinung in der Welt der Kristalle, doch auch hier zeigt das Eisen eine Besonderheit. Sein Polymorphismus beruht auf seinem Magnetismus. *Das Eisen in seinem physikalischen Verhalten verstehen heißt, seinen Magnetismus verstehen.*

Die frühe Entdeckung des Ferromagnetismus und seine große technische Bedeutung lassen zwar vermuten, daß der Magnetismus des Eisens ein längst abgeschlossenes Forschungsgebiet sein müßte. Das trifft jedoch nicht zu: eine quantitative und konsistente Beschreibung bereitet noch erhebliche Schwierigkeiten. Außer dem Ferromagnetismus tritt in einer Reihe auch technisch wichtiger Eisenlegierungen Antiferromagnetismus auf, ein magnetischer Ordnungszustand ohne makroskopisches magnetisches Moment und daher weniger auffällig und erst spät entdeckt. Darüber hinaus zeigen austenitische Legierungen eine weitere magnetische Besonderheit: die Existenz von zwei oder mehr sehr unterschiedlichen magnetischen Zuständen mit der Möglichkeit magnetischer Übergänge von einem Zustand in den anderen. *Solche ohne strukturelle Änderungen ablaufenden magnetischen Übergänge – bisher weniger bekannt und daher kaum beachtet – sind verantwortlich für den Polymorphismus des Eisens und somit von entscheidender Bedeutung für die Konstitution und für die physikalischen Eigenschaften der Legierungssysteme.* Die Legierungen und Verbindungen des Eisens weisen eine Vielfalt verschiedenartiger magnetischer Zustände auf, die das gesamte physikalische Verhalten dramatisch beeinflussen. Sie ermöglichen Eisenwerkstoffe mit besonderen physikalischen Eigenschaften, die als wichtige Funktionswerkstoffe verwendet werden. In den beiden letzten Jahrzehnten sind bedeutende Fortschritte auf dem Gebiet des metallischen Magnetismus erzielt worden, und es ist gelungen, ein zumindest qualitativ richtiges Bild der magnetischen Phänomene zu erarbeiten.

Die physikalischen Eigenschaften der Metalle sind auf deren Kristallstruktur zurückführen, während die technologisch wichtigen Eigenschaften, wie etwa die mechanische Festigkeit, vorherrschend vom Gefüge, d. h. von Kristallstrukturfehlern bestimmt werden. Strukturfehlerbedingte Eigenschaften bleiben in dieser Darstellung ausgeschlossen. Inhalt dieses Buches sind die inhärenten Eigenschaften der Eisenkristalle mit besonderer Betonung der magnetischen Phänomene, um aus der im Buchtitel ausgedrückten Konjunktion – *Konstitution und Magnetismus* – ein tieferes Verständnis für die oben erwähnte Sonderstellung des Eisens unter den Metallen zu gewinnen.

Dieses Buch entstand während der Mitarbeit der Autoren in dem von der Deutschen Forschungsgemeinschaft geförderten Sonderforschungsbereich SFB 166 "Strukturelle und magnetische Phasenübergänge in Übergangsmetall-Legierungen und -Verbindungen" der Universitäten Duisburg und Bochum. Wir danken Herrn Prof. Dr. E. F. Wassermann – Sprecher des SFB 166 – für anregende Gespräche über die Physik der Übergangsmetalle und über die an diesen Systemen in einer Folge von Dissertationen und Diplom-Arbeiten gewonnenen Ergebnisse, die in diesem Buch ihren Niederschlag gefunden haben. Herrn Prof. Dr. P. Entel und seinen Mitarbeitern danken wir für bereichernde Diskussionen über die elektronentheoretischen Grundlagen des Magnetismus. Frau L. Krauß sei gedankt für die Durchsicht des Manuskriptes und ihre Hilfe beim Korrekturlesen.

W. Pepperhoff
M. Acet

Inhaltsverzeichnis

1. **Struktur des Eisens** 1
   1.1 Der Polymorphismus des Eisens 1
   1.2 Strukturmodelle 4
   1.3 Atomvolumen 12

2. **Der Magnetismus des Eisens** 15
   2.1 Das freie Atom 16
   2.2 Charakteristiken des magnetischen Verhaltens 20
   2.3 Physikalische Modelle des Magnetismus 25
      2.3.1 Modell lokalisierter Momente 25
      2.3.2 Bandelektronen.Modell 27
   2.4 Ferromagnetismus des α-Eisens 31
      2.4.1 Grundzustand 32
      2.4.2 Der ferromagnetisch-paramagnetische
          Phasenübergang 37
   2.5 Magnetismus des γ-Eisens 42
      2.5.1 Der antiferromagnetische Grundzustand 42
      2.5.2 Moment-Volumen-Kopplung in γ-Eisen 47
   2.6 Magnetismus des ε-Eisens 53

3. **Thermische Eigenschaften** 59
   3.1 Wärmekapazität und thermischer Energieinhalt 59
      3.1.1 α-Eisen 61
      3.1.2 γ-Eisen 66
      3.1.3 Die Umwandlungswärmen des Eisens 70
   3.2 Thermische Ausdehnung 72
   3.3 Die Phasenstabilitäten des Eisens 79

4. **Substitutionsmischkristalle des Eisens** 87
   4.1 3d-Metalle und Slater-Pauling-Kurve 89
   4.2 Verdünnte Mischkristalle 93
   4.3 Die Systeme Fe-Cr und Fe-V 99

4.4 Das System Fe-Ni 109

4.5 Das System Fe-Co 120

4.6 Das System Fe-Mn 126

4.7 Ternäre Systeme 133

4.8 Eisenmischkristalle mit 4d- und 5d-Metallen 141

    4.8.1 Die Systeme Fe-Pt und Fe-Pd 142

    4.8.2 Das System Fe-Rh 149

5. Einlagerungs- (oder interstitielle) Mischkristalle und Verbindungen 153

5.1 Zwischengitterplätze 153

5.2 Fe-C- und Fe-N-Legierungen 155

5.3 Die Eisennitride 160

    5.3.1 γ'-Fe$_4$N 160

    5.3.2 ε-Fe$_x$N 162

    5.3.3 α''-Fe$_8$N 163

5.4 Die Eisenkarbide 168

    5.4.1 Zementit Fe$_3$C 168

    5.4.2 Instabile Eisenkarbid 172

5.5 Die Boride 173

5.6 Wasserstoff in Eisen und Eisenlegierungen 176

6. Einfluß des Magnetismus auf die physikalischen Eigenschaften der Eisenlegierungen 187

6.1 Magnetische Zustände und Übergänge 187

6.2 Wärmekapazität 194

6.3 Elastizität 200

6.4 Leitungseigenschaften 205

6.5 Optische Eigenschaften 212

Literaturverzeichnis 221

Sachverzeichnis 229

1. Struktur des Eisens

1.1 Der Polymorphismus des Eisens

Bei normalem Atmosphärendruck tritt das Eisen in zwei verschiedenen Kristallstrukturen auf: der kubisch-raumzentrierten (krz.) und der kubisch-flächenzentrierten (kfz.) Struktur. Im Grundzustand ist die krz. α-Phase stabil. Bei $T = 1184\,K$ (dem A_3-Punkt) wandelt das α-Eisen in das kfz. γ-Fe um, das bis $1665\,K$ stabil ist. Bei dieser als A_4-Punkt bezeichneten Umwandlungstemperatur erfolgt eine Rückumwandlung in die krz. Struktur, die – als δ-Phase bezeichnet – bis zum Schmelzpunkt $T_m = 1809\,K$ reicht. Da die α- und δ-Phase isomorph sind, wird zwischen beiden in der Bezeichnung häufig nicht unterschieden. Der Siedepunkt des Eisens liegt bei etwa $3300\,K$. Als dritte Eisenmodifikation tritt bei hohen Drucken das hexagonal dicht gepackte (hdp.) ε-Eisen auf.

Die strukturellen Umwandlungen des Eisens erfolgen, wie der Schmelz- bzw. Erstarrungsvorgang, "diskontinuierlich" (Umwandlungen erster Art), d. h. sie sind mit einer sprunghaften Änderung der Entropie und anderer physikalischer Eigenschaften verbunden. Es tritt eine latente Wärme auf, und zwischen beiden Phasen gibt es eine endliche Grenzflächenenergie, die zu Keimbildungs-schwierigkeiten und zu einer Umwandlungshysterese führt: bei Abkühlung ist die Umwandlung zu tieferen Temperaturen verschoben. Das Ausmaß der Unter-kühlung ist vom Reinheitsgrad und von der Abkühlungsgeschwindigkeit abhängig und beträgt bei der A_3-Umwandlung etwa 5 bis $10\,K$ bei einer Abkühl-rate der Größenordnung $1\,K/min$. Die auch an Eisenlegierungen beobachtbaren unterschiedlichen A_3-Umwandlungstemperaturen bei Erhitzung bzw. Abkühlung werden durch die Indices c (chauffage) bzw. r (refroidissement) gekennzeich-net: A_{c_3} bzw. A_{r_3}

Das α-Eisen ist bis zu seiner Curietemperatur $T_C = 1041\,K$ ferromagnetisch. Die "kontinuierliche" Umwandlung (zweiter Art) des ferromagnetischen Zu-standes in den paramagnetischen Zustand wurde früher auch als A_2-Umwandlung bezeichnet. Sie ist indessen ebenso wie die gesonderte Kennzeichnung des paramagnetischen α-Eisens zwischen der Curietemperatur und der A_3-Um-wandlung als β-Eisen nicht mehr üblich. γ-Eisen ist in seinem Stabilitätsbereich

Tabelle 1.1. Kristallstrukturen der Übergangsmetalle im Grundzustand

Anzahl der (s+d)-Elektronen

Periode ↓	3	4	5	6	7	8	9	10	11
3d, 4s	Sc	Ti	V	Cr **AF**	[Mn][1] **AF**	[Fe][2] **FM**	[Co][3] **FM**	Ni **FM**	Cu
4d, 5s	Y	Zr	Nb	Mo	Tc	Ru	Rh	Pd	Ag
5d, 6s	(La)	Hf	Ta	W	Re	Os	Ir	Pt	Au
Struktur	hdp.	hdp.	krz.	krz.	hdp.	hdp.	kfz.	kfz.	kfz.

Die eingeklammerten Elemente besitzen im Grundzustand eine "falsche" Kristallstruktur.
[1] komplex kubisch (A12); [2] krz.; [3] hdp.
AF: Antiferromagnetismus; **FM**: Ferromagnetismus

paramagnetisch. Ein hypothetisches, bei tiefen Temperaturen stabiles γ-Eisen würde sich unterhalb $T \approx 50\,\mathrm{K}$ antiferromagnetisch ordnen.

Polymorphismus, d. h. die Existenz von mehr als einer stabilen Kristallstruktur, ist keine außergewöhnliche Erscheinung. Mehr als ein Drittel der Elemente zeigen Polymorphismus unter Normaldruck, und zwar in der Regel derart, daß eine bei tiefen Temperaturen dicht gepackte Struktur (z.B. hdp. oder kfz.) bei höheren Temperaturen in eine weniger dichte Struktur (z.B. krz.) übergeht. Das Eisen aber gehorcht dieser Regel nicht; es zeigt das umgekehrte Verhalten: die im Grundzustand stabile krz. Struktur wandelt bei hohen Temperaturen in die dichtere kfz. Struktur um. Ursache für diese Besonderheit ist der Magnetismus des Eisens, wie in Kap. 3.3 ausführlich erörtert wird.

Die Übergangsmetalle zeigen in allen drei Perioden mit zunehmender Auffüllung ihrer d-Schale eine strenge Regelmäßigkeit in der Folge der auftretenden Kristallstrukturen: hdp. → krz. → hdp. → kfz. (s. Tabelle 1.1). Das Eisen aber und seine beiden Nachbarn im Periodensystem, das Mangan und das Kobalt, bilden eine Ausnahme und weisen – im Sinne einer Abweichung von dieser Regelmäßigkeit – im Grundzustand eine "falsche" Kristallstruktur auf. Für das Eisen wäre – wie für die isoelektronischen Metalle Ruthenium und Osmium – die hexagonale ε-Phase zu erwarten. Diese erweist sich aber erst bei einem kleineren Atomvolumen, d. h. bei hohen Drucken, als stabil, wie aus dem in Bild 1.1 dargestellten vollständigen Phasendiagramm des Eisens – dem Temperatur-Druck-Diagramm – ersichtlich ist.

Die durch Druck verursachte Verringerung der Atomabstände erweitert den Stabilitätsbereich der γ-Phase. Umgekehrt darf vermutet werden, daß

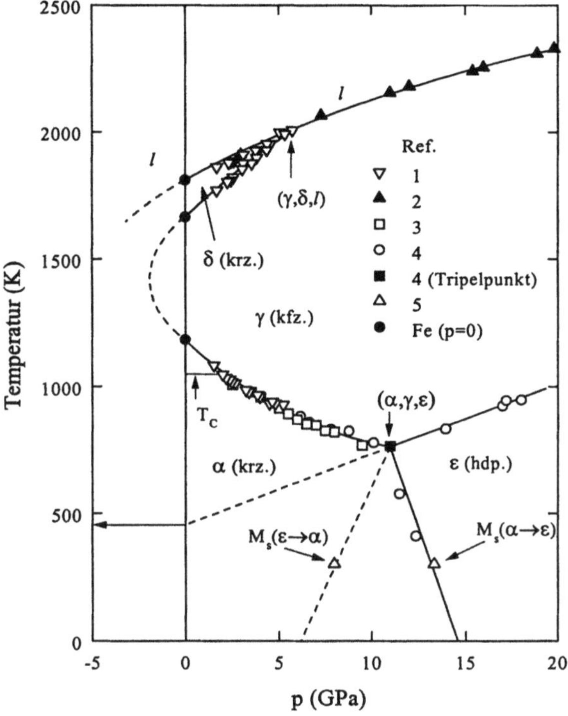

Bild 1.1. Temperatur-Druck-Diagramm des Eisens

durch "negativen Druck", d. h. durch eine Vergrößerung der Atomabstände, das γ-Phasengebiet eingeschnürt würde. Wie der gestrichelt gezeichnete Verlauf zeigt, träte bei hinreichend großem Atomvolumen eines solchen hypothetischen Eisens kein Polymorphismus mehr auf; die α-Phase wäre vom Grundzustand bis zur Schmelztemperatur stabil.

Oberhalb etwa 11 GPa tritt die ε-Phase auf, deren Grenze zur γ-Phase durch eine Gerade beschrieben werden kann, die mit einer Neigung von 28 K/GPa die Temperaturachse (p=0) bei etwa 450 K schneidet. Daraus folgt die wichtige Aussage, daß die ε-Phase im Grundzustand unter Normaldruck stabiler ist als die γ-Phase (s. Kap. 3.3).

Der Verlauf der α ↔ ε-Phasengrenze ist mit großen Unsicherheiten behaftet, da diese Umwandlung aufgrund ihres martensitischen Charakters nicht isobarisch abläuft und mit einer großen Hysterese verbunden ist. Der Beginn der Umwandlung bei Raumtemperatur mit steigendem Druck ist im Diagramm mit $M_s(\alpha \to \varepsilon)$ gekennzeichnet, der Einsatz der ε → α-Umwandlung bei abnehmendem

Druck mit $M_s(\varepsilon \rightarrow \alpha)$ [5]. Für den Tripelpunkt, in dem die α-, γ- und ε-Phase sich im Gleichgewicht befinden, gilt das Wertepaar: $p = 11.0 \pm 0.5$ GPa, $T = 765 \pm 10$ K. Die Grenzen zwischen den kristallinen Phasen und dem flüssigen Zustand l werden mit zunehmendem Druck zu höheren Temperaturen verschoben. In der Nähe des Tripelpunktes (γ, δ, l: $p = 5.2$ GPa; $T = 1990$ K) besitzen die $\delta \leftrightarrow l$- und $\gamma \leftrightarrow l$-Grenzen innerhalb der experimentellen Fehlergrenzen etwa dieselbe Steigung und führen somit bei Extrapolation auf $p = 0$ zu etwa derselben Schmelztemperatur für das $\alpha(\delta)$- und das γ-Eisen (s. auch Kap. 3.3).

Die Curietemperatur T_C des α-Eisens bleibt innerhalb des experimentell zugänglichen Druckbereiches bis zur α-γ-Phasengrenze bei ~ 2 GPa unbeeinflußt: $dT_C / dP = 0 \pm 0.3$ K/GPa [6]. Das ε-Eisen weist bis zu sehr tiefen Temperaturen ($T > 0.03$ K) und Drucken bis 21.5 GPa keine magnetische Ordnung auf [7].

Der Polymorphismus des Eisens, insbesondere die Phasenumwandlung krz. $\leftrightarrow$ kfz., ist die Ursache für die Vielfalt der Gefügeausbildungen in Eisenlegierungen, ohne die es das breite Anwendungsspektrum der Eisenwerkstoffe nicht gäbe. Diesen Polymorphismus zu verstehen, d. h. die Beantwortung der Frage nach den Bedingungen für die Existenz der verschiedenen Eisenmodifikationen, ist von grundlegender metallphysikalischer Bedeutung und wird unter verschiedenen Gesichtspunkten in nachfolgenden Kapiteln behandelt.

1.2 Strukturmodelle

Die metallische Bindung strebt eine möglichst dichte Kugelpackung der Atome an, d. h. sie folgt dem Prinzip, daß ein Atom möglichst viele nächste Nachbarn hat (große Koordinationszahl n). Die Symmetrieform und die Abstände der einzelnen Atome werden von den zwischen ihnen herrschenden Kräften bestimmt: die anziehenden Kräfte zwischen den freien Elektronen und den Atomkernen und die gegenseitige Abstoßung der Elektronen und der Atomkerne. Der Abstand, bei dem sich anziehende und abstoßende Kräfte kompensieren, entspricht etwa dem Abstand nächst benachbarter Atome. Dabei wird diejenige Krystallsymmetrie verwirklicht, die die stärkste Bindung der Atome aneinander ergibt. Die dichtesten möglichen Kugelpackungen sind die Kristallstrukturen mit $n = 12$ (kfz. und hdp.), gefolgt von der krz. Struktur mit $n = 8$. Das Eisen kann in all diesen drei Strukturen kristallisieren. Der Beschreibung kristalliner Strukturen dienen Kristallgitter-Modelle. Deren Gittermuster ist eine mathematische Abstraktion der periodischen räumlichen Anordnung der Atome im Kristall.

Das krz. Gitter des α-Eisens (Bild 1.2 a) besteht aus zwei ineinandergestellten einfach kubischen Gittern mit der Gitterkonstanten a. Jedes Atom ist von 8 nächsten Nachbarn umgeben und alle diese Nachbarn befinden sich im anderen

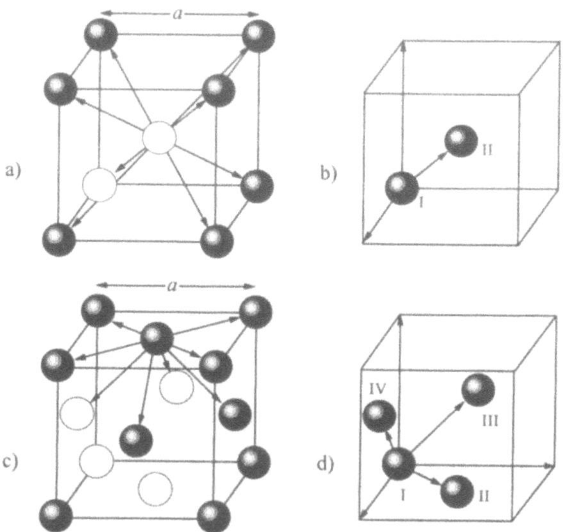

Bild 1.2. a) krz. Atomgitter, b) Einheitszelle des krz. Gitters, c) kfz. Atomgitter,
d) Einheitszelle des kfz. Gitters

einfach kubischen Teilgitter im Abstand der halben Raumdiagonalen <111>.
Zweitnächste Nachbarn in Würfelkantenrichtung <100> besitzen den Abstand a.
Der von der Gitterkonstanten umfaßte Kubus stellt die Einheitszelle des Gitters
dar. Sie ist bestimmt durch die Mindestzahl der Atome, mit deren Koordinaten
das gesamte Raumgitter beschrieben werden kann. Im krz. Gitter enthält die
Einheitszelle 2 Atome (Bild 1.2 b). Daraus folgt für das Volumen, das einem
Atom zur Verfügung steht: $V_{At} = a^3/2$.

Im kfz. Gitter des γ-Eisens ist jedes Atom von 12 nächsten Nachbarn im
Abstand der halben Flächendiagonalen <110> umgeben (s. Bild 1.2 c, in dem die
oberen 4 Nachbarn nicht eingezeichnet sind). Dieses Gitter läßt sich aus vier
ineinandergestellten einfach kubischen Untergittern aufbauen, so daß 4 Atome in
der Einheitszelle enthalten sind und das Volumen pro Atom $a^3/4$ beträgt
(Bild 1.2 d). Die 12 nächsten Nachbarn eines beliebigen Atoms gehören zu
gleichen Teilen den 3 anderen Untergittern an, während die 6 zweitnächsten
Nachbarn mit dem Abstand der Gitterkonstanten a demselben Untergitter
angehören wie das betrachtete Atom. Es sei angemerkt, daß im kfz. Gitter 4 der
12 nächsten Nachbarn untereinander wiederum nächste Nachbarn sind. In
Tabelle 1.2 sind die charakteristischen Eigenschaften der beiden kubischen Gitter

Tabelle 1.2. Charakteristische Eigenschaften der kubischen Gitter

	krz.	kfz.
Volumen der Einheitszelle	a^3	a^3
Anzahl der Gitterpunkte pro Einheitszelle	2	4
Atomvolumen	$a^3/2$	$a^3/4$
Anzahl nächster Nachbarn in der Kristallrichtung	8 $\langle 111 \rangle$	12 $\langle 110 \rangle$
Abstand r_1 nächster Nachbarn	$r_1 = \dfrac{\sqrt{3}}{2}\,a = 0.866\,a$	$r_1 = \dfrac{a}{\sqrt{2}} = 0.707\,a$
Anzahl zweitnächster Nachbarn in der Kristallrichtung	6 $\langle 100 \rangle$	6 $\langle 100 \rangle$
Abstand r_2 zweitnächster Nachbarn	$r_2 = a$	$r_2 = a$

zusammengestellt, wobei die Abstände zwischen Nachbaratomen in Einheiten der Gitterkonstanten angegeben sind.

In der hexagonal dichtesten Kugelpackung des ε-Eisens (Bild 1.3 a) folgen dicht gepackte "Basisebenen" senkrecht zur hexagonalen "Hauptachse" aufeinander. In der Hauptachsenrichtung trifft man von jedem Atom aus in der übernächsten Basisebene wieder auf die gleiche Atomposition (Schichtfolge ABAB...). Jedes Atom ist in derselben Schicht von 6 gleichabständigen nächsten Nachbaratomen umgeben und von weiteren 6 nächsten Nachbarn, von denen sich je 3 in den beiden benachbarten Basisebenen befinden. Die Koordinationszahl ist somit, ebenso wie im kfz. Gitter, gleich 12. Die Gleichabständigkeit zwischen nächsten Nachbaratomen in derselben Schicht und zwischen denen in benachbarten Basisebenen ist nur bei einem "idealen" Achsenverhältnis

$$(c/a)_{id} = \sqrt{8/3} = 1.633$$

gewährleistet, wobei die Gitterkonstante a den Atomabstand in der Basisebene bezeichnet und c den Abstand zwischen übernächsten Basisebenen mit gleicher Atomposition. Bei Abweichungen vom Idealwert des Achsenverhältnisses beträgt der Abstand zu den nächst gelegenen Atomen in den benachbarten Basisebenen:

$$a' = \sqrt{\frac{1}{3}a^2 + \frac{1}{4}c^2} \ .$$

Die hdp. Kristallstruktur besteht aus zwei einander durchdringenden einfachen hexagonalen Gittern, die senkrecht um $c/2$ und waagerecht so gegeneinander verschoben sind, daß die Gitterpunkte des einen Gitters oberhalb der Mittelpunkte der Dreiecke liegen, die von den Gitterpunkten des anderen Gitters gebildet werden.

Obwohl auf den ersten Blick die hdp. und die kfz. Struktur sich deutlich unterscheiden, sind sie doch insofern sehr verwandt, als man beide durch eine bestimmte Folge von dichtgepackten Ebenen beschreiben kann. Wie Bild 1.3 b zeigt, sind im kfz. Gitter die senkrecht zu den Würfeldiagonalen liegenden (111)-Ebenen Netzebenen, in denen jedes Atom von sechs, ein reguläres Sechseck bildenen Nachbaratomen umgeben ist. Die Stapelfolge für diese Ebenenschar ist ABCABC... Zwischen zwei Lagen A liegen zwei verschiedene Lagen B und C. Aus Bild 1.3 a ist zu erkennen, daß das hdp. Gitter aus dem kfz. Gitter hervorgeht, wenn die Stapelfolge der $(111)_{\text{kfz}}$-Ebenen von ABCABC... in ABAB... geändert wird. Dann wird die $(111)_{\text{kfz}}$-Ebene zur hexagonalen Basisebene und die $[111]_{\text{kfz}}$-Richtung die hexagonale c-Achse. Aufgrund der strukturellen Verwandtschaft beider Gitter ist auch deren Enegiedifferenz relativ gering.

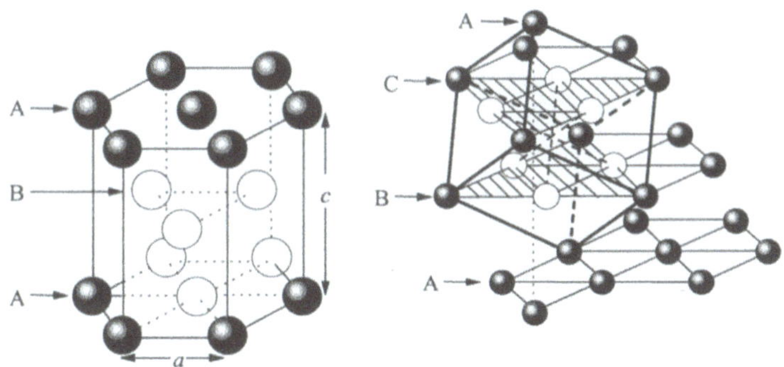

Bild 1.3. a) Hexagonal dichteste Kugelpackung mit der Stapelfolge ABABAB... b) Die (111)-Ebenen des kfz. Gitters mit der Stapelfolge ABCABC...

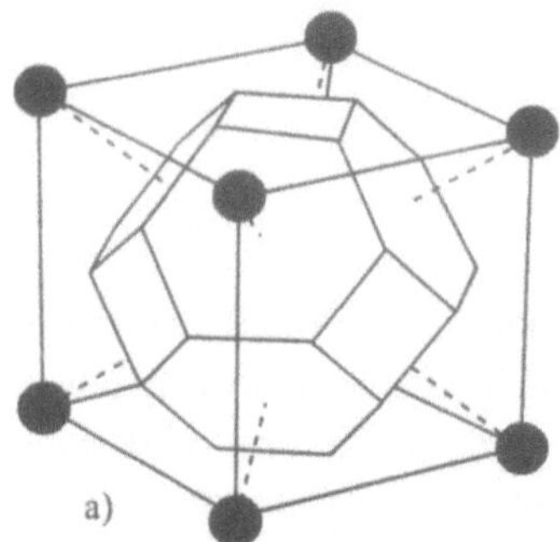
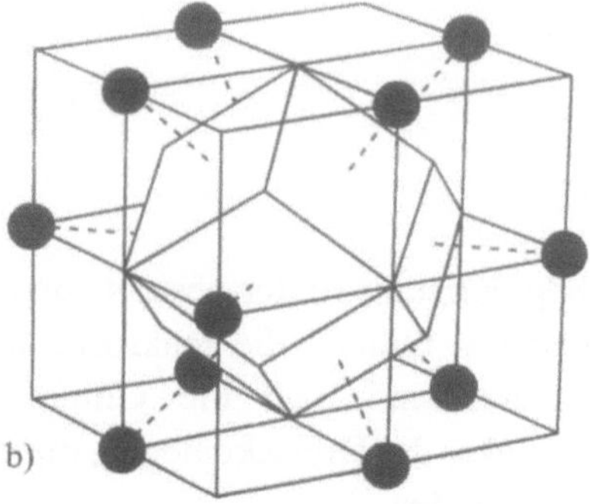

Bild 1.4. Wigner-Seitz-Zellen a) des krz. Gitters (Kuboktaeder) b) des kfz. Gitters
(Rhombendodekaeder)

Eine weitere Methode, einen Kristall raumerfüllend aufzubauen, ist die Atompolyeder-Methode nach Wigner-Seitz. Den von kubischen Metallgittern eingenommenen Raum denkt man sich lückenlos erfüllt von gleichen Polyedern, deren Flächen auf den Mitten der Verbindungsgeraden zwischen zwei Nachbaratomen senkrecht stehen, so daß die Atome in den Mittelpunkten der Polyeder liegen. Das Atompolyeder – die Wigner-Seitz-Zelle – des krz. Gitters ist ein an den 6 Ecken abgeschnittenes Oktaeder (Kuboktaeder), dessen 8 hexagonale Flächen den Abstand zwischen nächsten Nachbaratomen halbieren. Die 6 Würfelflächen halbieren den Abstand zu den 6 übernächsten Nachbarn. Der die Wigner-Seitz-Zelle umgebende Würfel entspricht der Einheitszelle des krz. Gitters (Bild 1.4 a).

Die Wigner-Seitz-Zelle des kfz. Gitters ist ein Rhombendodekaeder (Bild 1.4 b). Die Dodekaederrhomben halbieren den Abstand zu den 12 nächsten Nachbaratomen. Der die Wigner-Seitz-Zelle einschließende Würfel stellt nicht die gebräuchliche Einheitzelle dar, da die nächsten Nachbaratome sich in der Mitte der Würfelkanten befinden.

Wigner-Seitz-Zellen finden, da sie die volle Symmetrie des Kristalls enthalten, eine Anwendung bei der Berechnung der Eigenfunktionen der Elektronen im periodischen Potential der Kristalle. Sie können im Fall kubischer Gitter durch eine Kugel gleichen Volumens mit dem Wigner-Seitz-Radius r_{WS} angenähert werden.[*]

---

[*] Die Umrechnung von r_{WS} auf die Gitterkonstante a erfolgt durch Gleichsetzen des Kugelvolumens mit dem Atomvolumen, berechnet aus dem Kubus der Elementarzelle a^3 und der Zahl n der in ihr enthaltenen Atome:

$$a = [n(\frac{4}{3}\pi r_{WS}^3)]^{\frac{1}{3}} \, .$$

r_{WS} wird häufig in a.u. (atomic unit, Bohr'scher Radius) angegeben: 1 a.u. = 0.0529 nm.

Beim Aufbau eines Metallkristalls aus seinen Atomen, die vereinfacht als identisch harte Kugeln angenommen werden, hängt die resultierende Bindungsenergie primär von der effektiven Packungsdichte ab. Der energetisch günstigste Zustand ist erreicht, wenn der Atomabstand der Atome, die durch ein anziehendes Potential geringer Reichweite (Lennard-Jones-Potential) verbunden sind, dem Atomdurchmesser gleich ist, d. h. wenn sie sich direkt berühren. Die Atomkonfigurationen, die eine möglichst große Bindungsenergie ergeben, sind hochsymmetrische Polyeder, wie die Konstruktion der Wigner-Seitz-Zellen in Bild 1.4 zeigt. An die geometrischen Elemente, auf die der Zusammenbau des Kristalls zurückgeführt werden kann, wird nicht nur die Forderung nach großer Packungsdichte gestellt; sie müssen auch gitterbildend, d. h. raumerfüllend sein. Die Kugelpackung in der kubisch dichtesten kfz. Struktur und in der hexagonal dichtesten hdp. Struktur ist die dichteste raumerfüllende Packung identischer Kugeln, die überhaupt möglich ist. Die effektive Dichte d_{eff}, d. h. der Anteil der Kugeln am beanspruchten Volumen, beträgt

$$d_{eff} = \frac{\sqrt{2}\pi}{6} = 0.7405.$$

Dagegen besitzt die krz. Struktur mit

$$d_{eff} = \frac{\sqrt{3}\pi}{8} = 0.6802$$

eine wesentlich geringere effektive Dichte. Die verbleibenden "Hohlräume" bieten hinreichend große "Lückenvolumen" zum Einbau kleiner Metalloidatome (Kohlenstoff-, Stickstoffatome) auf sog. Zwischengitterplätzen des Kristalls (s. Kap. 5).

Der Zwang, daß die geometrischen Elemente, aus denen sich das Kristallgitter aufbauen läßt, raumerfüllend sein müssen, besteht nicht im Fall kleiner Atomaggregate, die als "Cluster" bezeichnet werden und die je nach ihrer Größe nur einige wenige und bis zu vielen Tausend Atome enthalten können. Dem Studium der Clustereigenschaften liegt die für die Grundlagenforschung wichtige Frage zugrunde, wie sich aus den Eigenschaften der Atome die makroskopischen Eigenschaften des Kristalls entwickeln. Dabei zeigt sich, daß die Metallcluster Strukturen aufweisen, die von denen des makroskopischen Kristalls erheblich abweichen. In den Clustern geringer Größe muß keine langreichweitige gitterbildende Ordnung aufgebaut werden. Vielmehr ist eine nahgeordnete Atomkonfiguration möglichst hoher lokaler Packungsdichte energetisch besonders günstig (Topologische Nahordnung [8]). Fügt man die als starre Kugeln

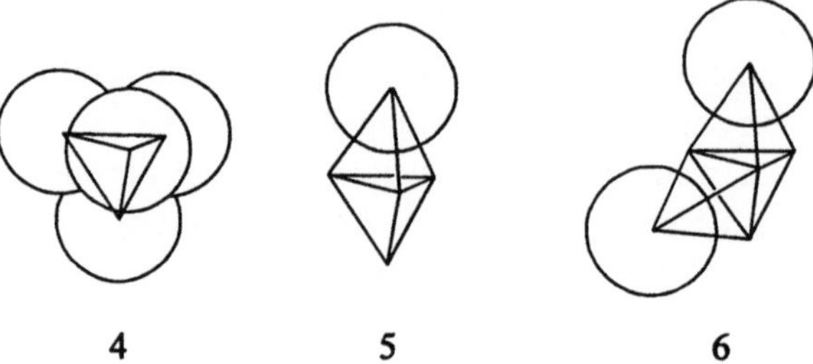

Bild 1.5. Tetraedrische Bauelemente im atomaren Nahordnungsbereich (4, 5 und 6 Atome)

angesehenen Atome so aneinander, daß sie die kleinstmöglichen Abstände von einem gemeinsamen Schwerpunkt haben, so erhält man aus den ersten vier Kugeln als kleinstes 3-dimensionales Aggregat ein reguläres Tetraeder. Durch fortschreitende Anlagerung weiterer Kugeln auf den Tetraederflächen entstehen unter Gewinn an Bindungsenergie mehr und mehr Tetraeder. Die ersten Schritte eines solchen Vorganges zeigt Bild 1.5. Eine energetisch besonders günstige Anordnung wird erreicht, wenn 20 solcher nur gering verzerrter Tetraeder ein Ikosaeder bilden (Bild 1.6). Es enthält 13 Atome: ein zentrales Atom ist in Richtung der Ikosaederecken von 12 nächsten Atomnachbarn umgeben. Mit immer weiterer Anlagerung tetraedrischer Bauelemente entsteht eine Folge von Aggregaten, die ebenfalls eine abgeschlossene ikosaedrische Konfiguration besitzen und sich durch eine bevorzugte Stabilität auszeichnen. Sie treten bei bestimmten Clustergrößen auf, d. h. bei bestimmten Atomzahlen pro Cluster, die als "magische Zahlen" bezeichnet werden ($N = 13, 55, 147, 309, 561...$). Bild 1.7 gibt ein Beispiel eines Clustermodells mit 309 Atomen, dessen Ikosaederstruktur an der 5-zähligen Symmetrie und an der durch gleichseitige Dreiecke gebildeten Oberfläche deutlich zu erkennen ist. Mit zunehmender Clustergröße macht sich jedoch die Unvereinbarkeit der ikosaedrischen Struktur mit der Forderung nach gitterbildender Raumerfüllung immer mehr bemerkbar. Es treten stärkere

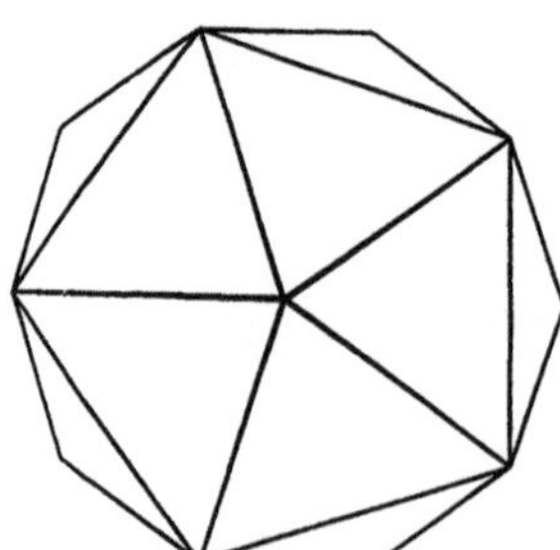

Bild 1.6.   Reguläres Ikosaeder (5-zählige Symmetrie)

Bild 1.7. Ikosaedrische Struktur eines Clusters mit
309 Atomen

Verzerrungen und damit mechanische Spannungen auf mit der Folge, daß die
ikosaedrische Struktur immer ungünstiger wird.

Nahgeordnete Aggregate treten bei der Entstehung neuer Phasen auf. Der
Startprozess bei strukturellen Phasenumwandlungen (Kondensation und Sieden,
Kristallisation und Schmelzen, Gitterumwandlungen u. a.) ist die Keimbildung,
d. h. eine lokale Aggregation von Atomen, die die neue Phase bilden. Die
Nahordnung mit ihrer dichtest möglichen Packung ist energetisch besonders
günstig. Da sich erst im Verlauf des weiteren Wachstums der Keime herausstellt,
daß die Nahordnungskonfigurationen nicht gitterbildend sind, sind nach diesem
mikroskopischen Modell die Phasenumwandlungen mit einer zusätzlichen
Umordnung verbunden.

Beim Schmelzen geht die ferngeordnete Kristallstruktur in einen nahgeordneten flüssigen Zustand mit zeitlich fluktuierender Atomkoordination über. Es
treten Dichteschwankungen auf, da die topologische Nahordnung hohe lokale
Dichten verursacht, die durch Fehl- oder Leerstellen über größere Entfernungen
ausgeglichen werden. Der Ordnungszustand der Schmelze unterscheidet sich von
dem des Kristalls also nicht nur hinsichtlich der Reichweite der geordneten
Volumenbereiche, sondern ist von anderem Ordnungstyp: dem der topologischen
Nahordnung. Das Kristallisieren erfordet einen qualitativen Umbau der
Atomkonfigurationen, verbunden mit einem zusätzlichen Energieaufwand, der die
Kristallisation erschwert und zu einer Unterkühlung führt. Werden Metalle so
schnell abgekühlt, daß sie erstarren, bevor sie kristallisieren, entstehen metallische
Gläser. Auch in diesen "eingefrorenen Schmelzen" scheint die ikosaedrische
Nahordnung ein wichtiges Strukturelement zu sein.

Eine Beschreibung des strukturellen Aufbaus nahgeordneter Systeme
(Schmelze, metallische Gläser, Keime) muß zunächst auf diese grundsätzlichen
Betrachtungen beschränkt bleiben, da verläßliche experimentelle Ergebnisse
bisher kaum vorliegen. Dagegen ermöglichen freie Metallcluster einen erfolg-
reichen Zugriff experimenteller Methoden. Freie Cluster können erzeugt werden,
indem das Metall thermisch in ein kaltes Inertgas verdampft wird. Die durch

Kondensation entstehenden Cluster strömen durch ein Blendensystem, und ihre Massen werden mittels einer Flugzeitmethode bestimmt. Auf diese Weise wurde gefunden, daß in Eisenclustern Atomanordnungen mit charakteristischen "magischen" Massenzahlen bevorzugt werden [9], und daß diese energetisch günstigen Strukturen sich durch abweichende physikalische Eigenschaften auszeichnen. Vorgreifend sei auf das beispielgebende Bild 2.13 (Kap 2.4.1) verwiesen.

Die Physik der Metallcluster befindet sich in einem Stadium schnell fortschreitender Entwicklung. Neben dem wissenschaftlichen Interesse dürfen aufgrund eines anderen Ordnungsprinzips besondere, aber bisher kaum untersuchte physikalische Eigenschaften und damit auch technische Anwendungsmöglichkeiten erwartet werden.

1.3 Atomvolumen

Die Gitterkonstante des α-Eisens bei Raumtemperatur (T=295 K) beträgt [10]:

$$a_{295} = 0.28662 \text{ nm},$$

das Volumen pro Atom somit

$$V_{At} = a^3/2 = 11.773 \times 10^{-3} \text{ nm}^3.$$

Durch Multiplikation mit der Avogadro-Konstanten $N_A = 6.022 \times 10^{23}$ folgt daraus das Molvolumen

$$V_{mol} = 7.09 \text{ cm}^3\text{mol}^{-1}.$$

Division des Molvolumens durch das Atomgewicht des Eisens $A_{Fe} = 55.847$ ergibt das spezifische Volumen. Sein Kehrwert ist die röntgenographische Dichte $d_{rö}$, die mit der nach dem Archimedischen Prinzip ermittelten makroskopischen Dichte

$$d_{rö} = 7.877 \text{ g cm}^{-3}$$

bis auf 2×10^{-4} übereinstimmt.

Da die γ- und ε-Phase des Eisens bei tiefen Temperaturen bzw. unter Normaldruck nicht stabil sind, können Aussagen über deren Grundzustandseigenschaften nur indirekt gewonnen werden. Durch geeignete Legierungselemente (C, N, Mn, Ni u.a.) wird die γ-Phase des Eisens bis zu tiefen Temperaturen stabilisiert, so daß man aus der Konzentrationsabhängigkeit der Eigenschaften von Legierungsreihen durch Extrapolation auf die Eigenschaften des reinen γ-Eisens schließen kann. Durch Einlagerung von Kohlenstoff- und Stickstoffatomen wird das Gitter des γ-Eisens in gleichem Maß aufgeweitet, und aus der linearen Konzentrationsabhängigkeit von etwa 2 bis 10 At.-% C, N folgt für $T = 295\,K$ eine Gitterkonstante von $a = 0.3571\,(\pm 0.0002)\,nm + 0.078\,nm$ pro At.-% C, N (s. Bild 5.5) [11-14]. Der Wert bei 4K ist das Ergebnis einer Extrapolation aus der Mischkristallreihe Fe-Mn und aus Legierungen der Zusammensetzung $Fe_x(Ni_{1/3}Mn_{2/3})_{1-x}$, eine Reihe mit konstanter, dem Eisen entsprechender Valenzelektronenzahl [15].

Aus der Druckabhängigkeit der Gitterkonstanten des ε-Eisens [16] läßt sich durch Extrapolation sein Atomvolumen unter Normaldruck bestimmen: $V_{At}^{\varepsilon} = (11.15 \pm 0.005) \times 10^{-3}\,nm^3$ (s. Kap 2.6).

In Tabelle 1.3 sind die Gitterkonstanten und Atomvolumina der drei Eisenmodifikationen zusammengestellt. Die Besonderheit des Eisens besteht darin, daß die weniger dichte krz. Struktur des α-Eisens im Grundzustand die stabilste Phase ist, obwohl deren Volumen bei 4 K um 3.5% größer ist als das der γ-Phase:

$$\frac{\Delta V}{V} = \frac{V_\alpha - V_\gamma}{V_\alpha} = 3.5\%.$$

Das ε-Eisen hingegen, das – wie aus dem Temperatur-Druck-Diagramm (s. Bild 1.1) ersichtlich – stabiler ist als die γ-Phase, besitzt der allgemeinen Regel entsprechend ein dieser gegenüber geringeres Atomvolumen.

Phasenumwandlungen erster Art sind mit einer sprunghaften Änderung des Volumens verbunden. Die Volumenunterschiede zwischen den Phasen stellen

Tabelle 1.3. Gitterkonstanten und Volumina der Eisenmodifikationen

Phase	T (K)	Gitterkonstante a (nm)	Volumen pro Atom $V_{At}(10^{-3}\,nm^3)$	Molvolumen $(cm^3\,mol^{-1})$
α	0 295	0.2860 0.2866	$a^3/2 = 11.697$ $= 11.773$	7.046 7.090
γ	0 295	0.3562 0.3571	$a^3/4 = 11.295$ $= 11.384$	6.802 6.855
ε	295	$a = 0.2523$ $c = 0.4044$ $c/a = 1.603$	$a^2 c \dfrac{\sqrt{3}}{4} = 11.15$	6.714

Tabelle 1.4. Volumenänderungen bei den Phasenumwandlungen des Eisens

	Phasen-übergang	T (K)	ΔV_{At} (10^{-3} nm³)	ΔV_{mol} (cm³/mol)	$\Delta V/V_1$ (%)	dT/dP (K/GPa)
p=0	$\alpha \leftrightarrow \gamma$	1184	-0.12	-0.073	-1.0	-105
	$\gamma \leftrightarrow \delta$	1665	0.058	0.035	0.5	65
	$\delta \leftrightarrow 1$	1809	0.44	0.275	3.5	35
Tripelpunkt $\alpha, \varepsilon, \gamma$ p=11 GPa	$\alpha \leftrightarrow \varepsilon$		-0.55	-0.33	-4.9	~ -300
	$\varepsilon \leftrightarrow \gamma$	765	0.23	0.14	2.2	28
	$\gamma \leftrightarrow \alpha$		0.32	0.19	2.9	-30
Tripelpunkt $\gamma, \delta, 1$ p=5.2 GPa	$\gamma \leftrightarrow \delta$		0.12	0.07	1.0	65
	$\delta \leftrightarrow 1$	1990	0.46	0.275	3.7	35
	$1 \leftrightarrow \gamma$		-0.58	-0.35	-4.5	37.5

eine wichtige Größe zum Verständnis der Phasenumwandlungen dar. Diese werden durch die Clausius-Clapeyron'sche Gleichung beschrieben, in der die Volumendifferenz und die Umwandlungswärme in Beziehung gesetzt werden zur Änderung der Umwandlungstemperatur durch Druckänderung. In Tabelle 1.4 sind die Volumenunterschiede an den Umwandlungspunkten des Eisens bei Normaldruck und für die Umwandlungen an den Tripelpunkten zusammengestellt. Die Werte für dT/dp ergeben sich aus der Neigung der Phasengrenzen im Temperatur-Druck-Diagramm. Die Volumenunterschiede an den Tripelpunkten müssen dabei die aus der Thermodynamik folgende Bedingung erfüllen:

$$\sum_{i=1}^{3} \Delta V_i = 0.$$

Eine wichtige Anmerkung: Aus den Atomvolumina für die α- und γ-Phase bei tiefen Temperaturen (s. Tabelle 1.3) folgt ein Volumenunterschied von 3.5 %. Dieser schrumpft auf 1 % bei der $\alpha \rightarrow \gamma$-Umwandlungstemperatur und auf 0.5 % bei der γ-δ-Umwandlung (Tabelle 1.4). Diese starke Abnahme der Volumendifferenz beruht auf einer anomal großen thermischen Ausdehnung des γ-Eisens, die zurückzuführen ist auf einen thermisch anregbaren magnetischen Zustand, der sich vom magnetischen Grundzustand durch ein höheres magnetisches Moment und ein größeres Volumen unterscheidet. Dieses Verhalten, das ausführlich in Kap. 3.2 diskutiert wird, ist von grundlegender Bedeutung für den Magnetismus des γ-Eisens und verantwortlich für die besonderen physikalischen Eigenschaften, die die γ-Eisenlegierungen und damit die austenitischen Werkstoffe auszeichnen.

2. Der Magnetismus des Eisens

Die Bedeutung, die das Eisen als vielseitigster metallischer Werkstoff besitzt, verdankt es seinem Magnetismus. Der Polymorphismus, die Stabilität seiner verschiedenen Kristallstrukturen, die ihrerseits wiederum unterschiedliche magnetische Phänomene aufweisen, seine vom "normalen" Verhalten der Metalle abweichenden thermisch-elastischen Eigenschaften u.a. beruhen auf seinem Magnetismus. Das physikalische Verhalten des Eisens zu verstehen heißt, die Frage nach dem atomphysikalischen Ursprung des Magnetismus zu beantworten. Warum sind gerade α-Eisen, Kobalt und Nickel ferromagnetisch, γ-Eisen, Mangan und Chrom antiferromagnetisch? Woher rührt die spontane Magnetisierung und durch welche Faktoren wird ihr Betrag, d.h. die Größe der magnetischen Momente bestimmt? Welche Legierungen sind magnetisch geordnet und welche magnetischen Eigenschaften besitzen sie? Der Magnetismus ist ein quantenmechanisches Phänomen. Zum Verständnis der magnetischen Erscheinungen werden in dieser Darstellung aber lediglich die physikalischen Modelle beschrieben, die der Quantentheorie des Magnetismus zugrunde liegen. Die Ergebnisse der Theorie bilden dann den Rahmen, in dem sich die umfangreichen experimentellen Ergebnisse, die am Eisen und seinen Legierungen gewonnen wurden, einordnen lassen [1].

Ferro- und Antiferromagnetismus sind Eigenschaften des Kristalls und resultieren aufgrund der räumlichen Anordnung der Atome im Kristall aus deren komplexen elektronischen Wechselwirkungen. Es sind emergente Qualitäten, die sich nicht *unmittelbar* auf die Eigenschaften der Atome zurückführen lassen. Die intraatomaren Strukturen bilden jedoch die Voraussetzung für das Zustandekommen der magnetischen Erscheinungen. Deshalb sei zunächst der Bau des freien Atoms skizziert, wie er aus dem Aufbauprinzip des Periodensystems der Elemente folgt, um sodann aufzuzeigen, welche Zustandsänderungen und Wechselwirkungen die Elektronen der Atomhülle erfahren, wenn sich die Atome zum Kristall zusammenfügen.

Tabelle 2.1. Stabile Isotope des Eisens

Ordnungs-zahl Z	Massen-zahl M	Neutronen-zahl $N=M-Z$	relative Häufigkeit %	Isotopenmasse[*] $(C^{12}=12.000000)$	Atom-gewicht
26	54	28	5.81	53.939621	
	56	30	91.64	55.934932	55.847
	57	31	2.21	56.935394	
	58	32	0.34	57.933272	

[*] Die geringen Abweichungen der Isotopenmassen von der Ganzzahligkeit ($\sim 0.1\,\%$) sind auf den Massendefekt infolge der Kernbindungsenergie zurückzuführen.

2.1 Das freie Atom

Das Atomgewicht des Eisens beträgt 55.847. Die Abweichung von der Ganzzahligkeit folgt aus der relativen Häufigkeit seiner vier Isotope, die in Tabelle 2.1 mit ihren Massenzahlen aufgeführt sind. Der Ordnungszahl 26 entsprechend ist der Kern des Eisenatoms von 26 Elektronen umgeben, deren Anordnung und energetischer Zustand durch die Hierarchie der Atomzustände im Periodensystem bestimmt sind. Die Elektronen bewegen sich auf bestimmten, durch deren Quantenzahlen gegebenen Bahnen um den Atomkern. Die Hauptquantenzahl n bezeichnet die Hauptschale im Periodensystem ($n=1, 2, 3, 4,..$); die Nebenquantenzahl l kennzeichnet als Größe des Bahndreh-impulses eine Unterschale und eine dritte Quantenzahl m ist eine Größe, die die Richtung des Bahndrehimpulses angibt. Das Elektron weist aufgrund einer Drehung um die eigene Achse eine Eigenheit auf, die als innerer Drehimpuls oder als Elektronenspin bezeichnet wird. Er ist eine gerichtete Größe mit nur zwei Einstellungsmöglichkeiten: die eine parallel, die andere antiparallel zu einer vorgegebenen Richtung, so daß die Spinquantenzahl s die Werte $+\frac{1}{2}\,(h/2\pi)$ oder

Tabelle 2.2. Aufbau der Elektronenschalen in der 4. Periode

Haupt-schale	Unter-schale	K	Ca	Sc	Ti	V	Cr	Mn	Fe	Co	Ni	Cu	Zn
	3s	2	2	2	2	2	2	2	2	2	2	2	2
M	3p	6	6	6	6	6	6	6	6	6	6	6	6
	3d			1	2	3	5	5	6	7	8	10	10
N	4s	1	2	2	2	2	1	2	2	2	2	1	2

$-\frac{1}{2}(h/2\pi)$ besitzen kann (h: Planck'sches Wirkungsquantum). Mit dem Elektronenspin gekoppelt und ihm gleichgerichtet ist ein magnetisches Moment.

Für die Anordnung der Elemente im Periodensystem und der sich in ihr widerspiegelnden Auffüllung der Elektronenschalen ist eine sehr wichtige Regel, das Pauli-Prinzip, von grundlegender Bedeutung. Dieses Prinzip besagt, daß in einem beliebigen System zwei Elektronen (wegen ihrer halbzahligen Spins) nicht denselben, durch seine Quantenzahlen eindeutig bestimmten Zustand besetzen können. Durch die Einführung der Quantenzahlen und durch das Pauli-Prinzip sind die Grundlagen zum Verständnis des Atombaus geschaffen, wenn man von der folgenden quantenmechanischen Vorschrift Kenntnis nimmt: Bei gegebener Hauptquantenzahl n kann die Nebenquantenzahl l nur ganzzahlige Werte zwischen Null und $n-l$ annehmen. Für die Werte $l = 0, 1, 2, 3...$ (in Einheiten von $h/2\pi$) sind die Buchstaben s, p, d, f... eingeführt. Die Quantenzahl m darf nur die ganzzahligen Werte von $-l$ bis $+l$ überstreichen. Da die Spinquantenzahl $+1/2$ oder $-1/2$ sein darf, gehören zum gleichen n: 2s-, 6p-, 10d-, 14f-Zustände.

In den drei ersten Perioden des Systems wird nun nacheinander die "K-Schale" der 1s-Elektronen, die "L-Schale" der 2s- und 2p-Elektronen und die "M-Schale" bis zum Abschluß der 3s- und 3p-Gruppe ausgebaut. Für die Eigenschaften der nun folgenden Elemente – und damit auch für die des Eisens – ist der weitere in Tab. 2.2 angegebene Schalenaufbau entscheidend. Die 3d-Schale bleibt beim Kalium und Kalzium noch leer; sie wird erst nach doppelter Besetzung des 4s-Zustandes ausgebaut und ist beim Kupfer voll aufgefüllt. Dasselbe wiederholt sich in den beiden nächsten Perioden hinsichtlich der 4d- und 5d-Zustände. Die doppelte Besetzung der 4s-Schale wird im Chrom und im Kupfer nicht eingehalten. Zur Erklärung der Zurücknahme eines Elektrons in die d-Schale sei nur der Hinweis gegeben, daß aus energetischen Gründen die Tendenz besteht, eine halb- bzw. vollgefüllte d-Schale zu bilden.

Der Einbau der Elektronen mit steigender Ordnungszahl erfolgt nach der Hund'schen Regel. Sie besagt, daß in nicht abgeschlossenen Schalen im energetisch günstigsten Zustand die maximal mögliche (mit dem Pauli-Prinzip verträgliche) Anzahl von Elektronenspins sich parallel ausrichtet. (In der Sprache der Spektroskopie: Grundzustand ist der Zustand maximaler Multiplizität). Physikalische Grundlage der Hund'schen Regel ist die von Heisenberg eingeführte "Austauschkraft", eine quantenmechanische Abstoßungskraft, die zwischen Elektronen mit parallelen Spins auftritt, nicht dagegen bei antiparalleler Spinausrichtung. Zwischen zwei Elektronen wirkt die Coulomb'sche Abstoßung ihrer elektrischen Ladungen. Durch die zusätzliche Abstoßungskraft zwischen zwei Elektronen mit parallellen Spins ist deren Abstand größer als bei antiparallelen Spins, so daß die Parallelstellung der Spins die Coulomb-Wechselwirkung verringert, d. h. energetisch günstiger ist. Dieser quanten-

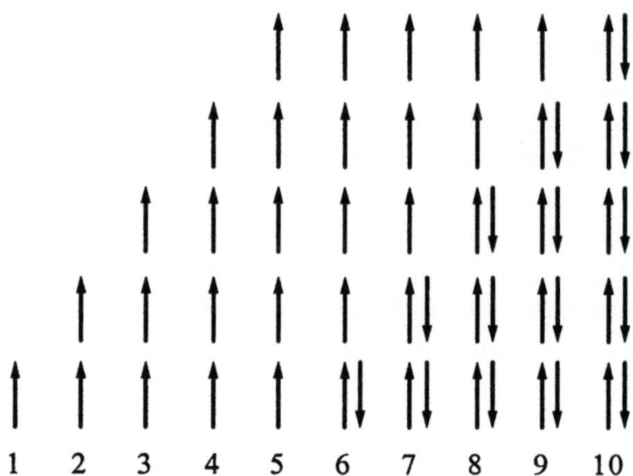

Bild 2.1. Spinstruktur einer d-Schale mit 1 bis 10 Elektronen

mechanische Austauscheffekt ist auch maßgeblich für den Ferromagnetismus. Die Spinstruktur einer nach der Hund'schen Regel aufgebauten d-Schale, die 1 bis 10 Elektronen enthält, ist in Bild 2.1 dargestellt. Für das Eisenatom folgt daraus der in Bild 2.2 veranschaulichte Schalenaufbau. Die den Kreisen eingefügten Zahlen geben an, wieviele Elektronen mit ↑- bzw. ↓-Spins in der jeweiligen Schale enthalten sind, wobei mit ↑ und ↓ die beiden möglichen Spinrichtungen bezeichnet sind. Während die Zahl der Elektronen mit ↑- und ↓-Spin in den voll gefüllten Schalen gleich ist, so daß die magnetischen Momente der Elektronen sich kompensieren, steht in der 3d-Schale den 5 Elektronen mit ↑-Spin nur 1 Elektron mit ↓-Spin gegenüber. 4 Elektronenspins sind ungepaart, d. h. unkompensiert und verursachen eine Polarisation des Atoms: es besitzt ein permanentes magnetisches Moment.

Das mit einem einzelnen Elektronenspin gekoppelte magnetische Moment bildet die natürliche Einheit des magnetischen Momentes: das Bohr'sche Magneton. Sein Wert beträgt:

$$\mu_B = 9.274 \times 10^{-24} \, JT^{-1} = 0.578 \times 10^{-4} \, eVT^{-1}.$$

Multiplikation mit der Avogadro'schen Zahl N_{Av} ergibt das magnetische Moment pro Mol eines Elements mit $1\mu_B$ pro Atom: $N_{Av}\mu_B = 5.585 \times 10^{-3} \, J\,mol^{-1}T^{-1}$.

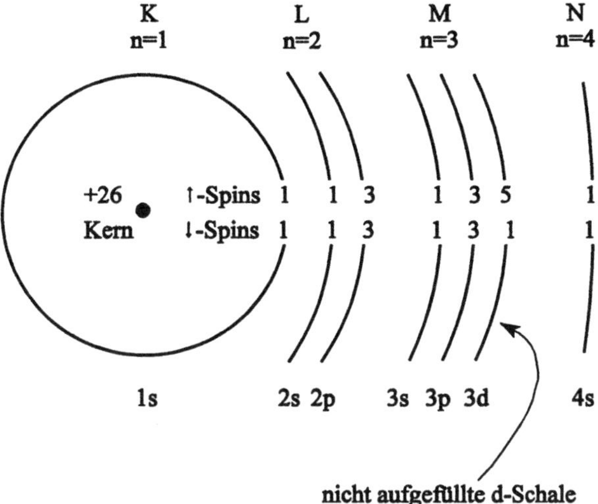

Bild 2.2. Aufbau eines Eisenatoms im freien Zustand

Aufgrund der Hund'schen Regel besitzt das freie Atom des Eisens ein magnetisches Moment von $4\,\mu_B$, das des Kobalts $3\,\mu_B$ und des Nickels $2\,\mu_B$.[*]

Im gasförmigen Zustand sind infolge der ungeordneten thermischen Bewegung der Atome die Richtungen ihrer magnetischen Momente über den gesamten Raumwinkel statistisch verteilt. In einem ordnenden magnetischen Feld stellt sich eine kleine Komponente aller Momente in Feldrichtung ein. Sie ist dem ausrichtenden Feld direkt und der absoluten Temperatur umgekehrt proportional. Als Maß für die Magnetisierbarkeit dient die Suszeptibilität χ. Sie ist mit der Magnetisierung M, d. h. dem magnetischen Moment der Volumeneinheit (bzw. der Massen- oder Mengeneinheit)[**] und der magnetischen Feldstärke H verknüpft gemäß der Bezeichnung

$$M = \chi H.$$

---

[*] Anmerkung: Außer dem Spinmoment besitzen die Elektronen ein Bahnmoment, da ein um den Atomkern kreisendes Elektron vermöge seiner elektrischen Ladung einen Ringstrom darstellt, der einem magnetischen Moment äquivalent ist. In den Übergangsmetallen kompensieren sich die Bahnmomente, so daß das resultierende magnetische Moment allein vom Elektronenspin getragen wird.

[**] Volumen-Suszeptibilität χ_V (emu cm^3 Oe^{-1}), Massen-Suszeptibilität χ_g (emu g^{-1} Oe^{-1}), Molare-Suszeptibilität χ_{mol} (emu mol^{-1} Oe^{-1}), Magnetisches Moment μ (erg / g = emu)

Ein solches Verhalten wird als paramagnetisch bezeichnet. Die Temperatur-abhängigkeit wird durch das Curie'sche Gesetz beschrieben:

$$\chi = \frac{C}{T},$$

wobei C die vom atomaren Moment abhängige Curie-Konstante ist. Die Suszeptibilität rein paramagnetischer Stoffe wächst mit abnehmender Temperatur hyperbolisch und geht bei Annäherung an den absoluten Nullpunkt gegen unendlich.

Atome mit abgeschlossenen Elektronenschalen besitzen kein resultierendes magnetisches Moment. Sie verhalten sich in einem äußeren magnetischen Feld wegen dessen Induktionswirkung auf die Elektronen diamagnetisch: ihre deutlich geringere Suszeptibilität ist negativ und temperaturunabhängig.

2.2 Charakteristiken des magnetischen Verhaltens

Beim Zusammenbau der Atome zum Kristallgitter führen die magnetischen Wechselwirkungen zwischen den Atomen zu unterschiedlichen räumlichen Richtungsverteilungen der magnetischen Momente. Besteht keine oder nur eine sehr schwache Wechselwirkung zwischen benachbarten Atomen, d. h. tritt keine wesentliche Änderung gegenüber dem Zustand der 3d-Elektronen im freien Atom ein, erhält man ein System von an den Gitterplätzen lokalisierten magnetischen Momenten zwar definierter und konstanter Größe, aber zunächst beliebiger Orientierung. Das System ist paramagnetisch. Ferro- und Antiferromagnetismus sind aber dadurch ausgezeichnet, daß die magnetischen Momente aller Atome sich untereinander parallel bzw. antiparallel ausrichten. Im Fall des Ferromagnetismus führt eine solche Ausrichtung zu einer spontanen Magnetisierung des Kristalls, während in einem Antiferromagneten die Momente sich in Dimensionen der kristallographischen Einheitszelle kompensieren. In magnetisch geordneten Systemen müssen sich die für den Magnetismus verantwortlichen 3d- Schalen (oder in der Sprache der Quantentheorie: die Wellenfunktionen der 3d-Elektronen) benachbarter Atome überlappen, damit die Spins über eine gewisse Distanz im Gitter soweit miteinander wechselwirken, daß sich ihre Orientierungen beeinflussen und eine magnetische Ordnung entstehen kann. Eine solche interatomare Korrelation der Spins erfolgt über die Austauschwechselwirkung, auf die auch die intraatomare Spinanordnung im freien Atom zurückgeführt wird (Hund'sche Regel). Sie ist abhängig von der Anzahl und Anordnung der Nachbaratome (Kristallstruktur) und insbesondere von den intra- und interatomaren Abständen. Die 3d-Elemente mit mehr als halbgefüllter 3d-Schale

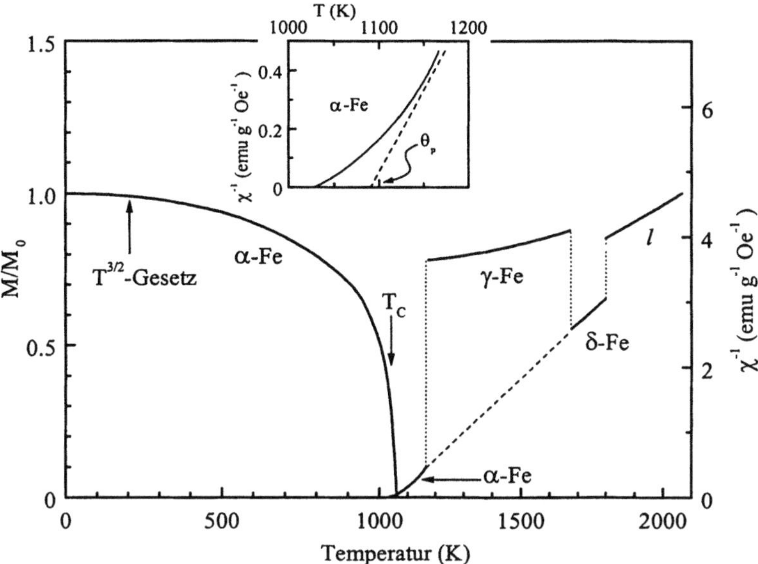

Bild 2.3. Spontane Magnetisierung $T < T_C$ und reziproke Suszeptibilität $T > T_C$ des Eisens (Zahlenangaben in [2]). Die gestrichelte Linie verbindet χ^{-1} der α- und der δ-Phase. Inset: Curie-Weiss-Verhalten bei $T \approx T_C$ (gestrichelte Linie). θ_p: Paramagnetische Curietemperatur

erfüllen die Bedingungen, damit ferro- und antiferromagnetische Momentanordnungen die energetisch günstigsten Zustände darstellen.

Bild 2.3 gibt einen Überblick über das durch verschiedenartige Spinkonfigurationen bedingte magnetische Verhalten des Eisens in Abhängigkeit von der Temperatur. Ferromagnete sind unterhalb der magnetischen Ordnungstemperatur – der Curietemperatur T_C – bis zur Sättigung spontan magnetisiert. Im Grundzustand des α-Eisens sind alle Spins parallel ausgerichtet; das Sättigungsmoment beträgt am absoluten Nullpunkt $M_0 = 2.22\,\mu_B$ pro Atom. Mit steigender Temperatur nimmt der Ordnungsgrad infolge der Konkurrenz zur thermischen Energie ab. Die Störung des Ordnungsgrades erfolgt aber nicht in der Weise, daß die Richtung einzelner Spins sich ändert, vielmehr sind Anregungen mit wesentlich geringerer Energie möglich, bei denen eine Richtungsänderung auf alle Spins gleichmäßig verteilt ist. Die elementaren Anregungen eines Spinsystems haben Wellencharakter und werden Spinwellen (in der Sprache der Quasiteilchen "Magnonen") genannt. Sie bestehen in räumlich und zeitlich periodischen Abweichungen vom Sättigungswert, ähnlich den Gitterschwingungen (Phononen), bei denen sich die Lage der Atome im Kristallgitter periodisch ändert. Spinwellen beschreiben den bei tiefen Temperaturen zunächst allmählichen Abbau der magnetischen Fernordnung. Die Abnahme der spontanen Magnetisierung gehorcht dem Bloch'schen $T^{3/2}$-Gesetz:

$$\frac{M_0 - M_T}{M_0} = AT^{3/2}$$

mit dem Wert $A = 3.4 \times 10^{-6} K^{-3/2}$ für Eisen. Dieses Gesetz ist bis etwa $T \approx 200\,K$ ($T/T_C \approx 0.2$) gültig. Die weitere Abnahme der Magnetisierung durch thermische Fluktuationen erfolgt stetig, dem Verlauf einer kontunierlichen Phasenumwandlung (zweiter Art) entsprechend. Für den steilen Abfall der Magnetisierung bei Annäherung an die Curietemperatur ($T_C = 1041\,K$) ist ein Potenzgesetz der Form $(T - T_C)^\beta$ charakteristisch mit dem kritischen Exponenten $\beta = 1/3$. Bei T_C hat die spontane Magnetisierung den Wert Null: es gibt keine stabile Ordnung mehr; das Eisen ist paramagnetisch. Eine Darstellung der reduzierten spontanen Magnetisierung $M(T)/M_0$ vs. T/T_C führt zu einer im allgemeinen für alle Ferromagnete gültigen Kurve.

Im Temperaturbereich des paramagnetischen Eisens folgt die reziproke Suszeptibilität recht gut einem Curie-Weiß-Gesetz:

$$\frac{1}{\chi} = \frac{(T - T_C^{para})}{C}.$$

Die Reziproke der Suszeptibilität ist eine Gerade, aus deren Steigung die Curie-Konstante C folgt. Aus dem Schnittpunkt von χ^{-1} mit der Temperaturachse erhält man die paramagnetische Curietemperatur $T_C^{para} = 1093\,K$. In der Nähe von T_C wird der Verlauf von χ^{-1} durch Fluktuationen konvex. Es treten fluktuierende magnetisch korrelierte Bereiche in der ungeordneten Matrix auf. Da die Magnetisierung im Ferromagneten um mehrere Größenordnungen höher ist als im Paramagneten, werden durch ein von außen angelegtes Magnetfeld mehr Spins ausgerichtet, als wenn keine geordneten Bereiche vorhanden wären. χ^{-1} nimmt mit $(T - T_C)^\gamma$ ab mit dem kritischen Exponenten $\gamma = 4/3$. Die Suszeptibilität divergiert bei der Curietemperatur und χ^{-1} wird Null (s. Kap. 2.4.2).

Die strukturellen Umwandlungen des Eisens $\alpha \leftrightarrow \gamma \leftrightarrow \delta \leftrightarrow l$ verursachen sprunghafte Änderungen der Suszeptibilität. Sie sind als diskontinuierliche Phasenumwandlungen (erster Art) mit einer Temperaturhysterese verbunden. Der sehr flache Verlauf von χ^{-1} im Stabilitätsgebiet der γ-Phase führt zu einer negativen paramagnetischen Curietemperatur von $\sim -3000\,K$. Das magnetische Verhalten von γ-Fe wird in Kap. 2.5 ausführlich erörtert. $\chi^{-1}(T)$ des δ-Eisens folgt der χ^{-1}-Geraden des α-Eisens, wie die gestrichelt gezeichnete Verbindungslinie zeigt. Die Suszeptibilität des flüssigen Zustandes ist der des γ-Eisens ähnlicher als der des $\delta(\alpha)$-Eisens und darauf zurückzuführen, daß der Raumerfüllungsgrad der nahgeordneten Atomkonfiguration im flüssigen Eisen der des γ-Eisens ähnlicher ist als der des α-Eisens.

Es bleibt die Frage zu beantworten, warum ein Ferromagnet, der im feldfreien Raum auf eine Temperatur unterhalb T_C abgekühlt wird, trotz der Spontanmagnetisierung ohne ein äußeres Feld "unmagnetisch" ist. Dieser pauschal unmagnetische ("abmagnetisierte") Zustand wird dadurch ermöglicht, daß der Kristall in eine Vielzahl kleiner Volumenbereiche (als Weiß'sche Bezirke oder magnetische Domänen bezeichnet) unterteilt ist, in denen die spontane Magnetisierung verschiedene Richtungen hat, so daß sich die magnetischen Momente der spontan magnetisierten Bezirke in ihrer Wirkung nach außen kompensieren können. Es gibt also zwei voneinander abgegrenzte Fragestellungen: die Frage nach den Ursachen der spontanen Magnetisierung innerhalb der Weiß'schen Bezirke und die Frage nach der pauschalen Magnetisierung als Folge des Zusammenwirkens der Weiß'schen Bezirke. Die Anordnung der Weiß'schen Bezirke und deren Änderung durch ein äußeres Feld bilden die Grundlage zum Verstehen der "Technischen Magnetisierungskurve" (Bild 2.4). Wird von einem pauschal unmagnetischen Zustand ausgehend ein äußeres Magnetfeld angelegt und die Feldstärke H stetig gesteigert, so ändert sich die Magnetisierung M im

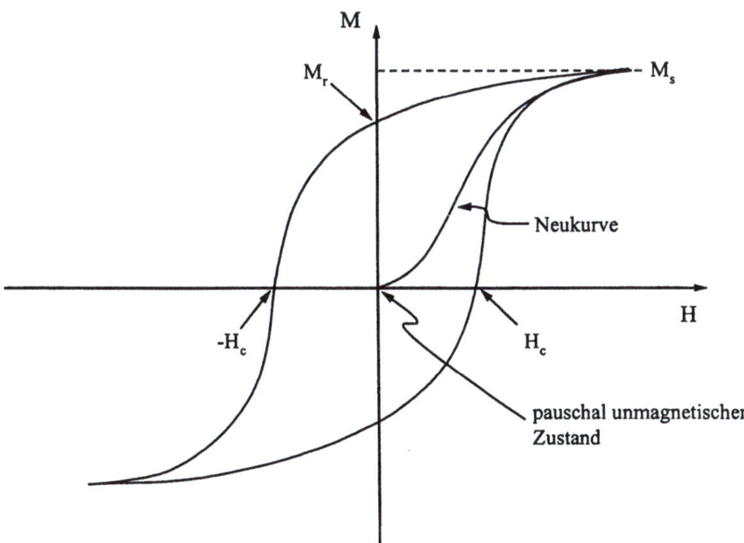

Bild 2.4. Technische Magnetisierungskurve (schematisch). M_s: Sättigungsmagnetisierung, Mr: Remanenz, H_c: Koerzitivfeldstärke

Ferromagneten gemäß der Neukurve und erreicht oberhalb einer gewissen Feldstärke einen Sättigungswert M_S. Dieses Verhalten ist auf zwei Vorgänge zurückzuführen: Verschiebungen der Grenzen (Bloch-Wände) benachbarter Weiß'scher Bezirke und Drehung der magnetischen Polarisation in den Bezirken. Nach Abschalten des Feldes verbleibt eine gewisse Magnetisierung, die Remanenz M_r, und es ist ein Gegenfeld in Höhe der Koerzitivfeldstärke H_c nötig, um die Magnetisierung zum Verschwinden zu bringen. Als Maß für die Magnetisierbarkeit gilt die Permeabilität μ, d. h. die Anfangssteigung der Neukurve. Die relative Permeabilität ist der Quotient aus magnetischer Polarisation und Feldstärke: $\mu = M/H$.

Die Magnetisierung durch ein äußeres Feld hängt von der Kristallorientierung ab, wie die an Eisen-Einkristallen gemessenen Magnetisierungskurven zeigen (Bild 2.5). Bei Magnetisieren längs einer der Würfelkanten <100> steigt die Magnetisierung mit der ausrichtenden Feldstärke sehr steil bis zur Sättigung an, da das Eisen in <100> Richtungen spontan magnetisiert ist. Stimmt die Feldrichtung mit der Richtung einer Flächendiagonalen <110> oder einer Raumdiagonalen <111> überein, so erfolgt zunächst auch ein steiler Anstieg, dann aber ein viel schwächeres Steigen zum Sättigungswert. Dieser Befund bedeutet, daß alle spontan magnetisierten Bezirke sich zunächst ohne große Hemmung in die Richtung der der Feldrichtung nächsten Würfelkante einstellen, während das Herausdrehen aus diesen Vorzugsrichtungen in die jeweilige Feldrichtung eine wesentlich größere Kraft erfordert. Nach Ausschalten des

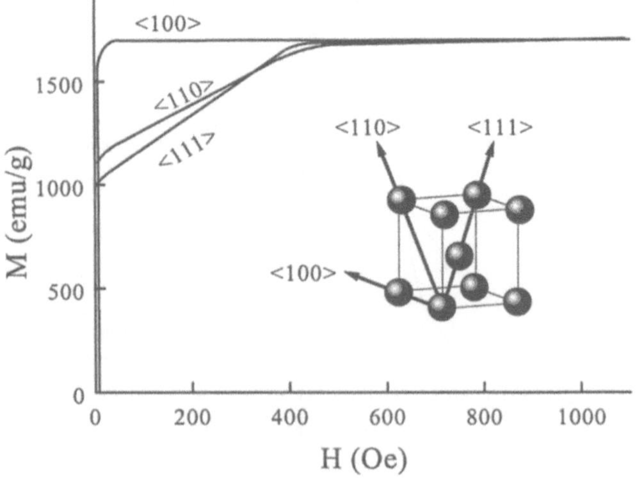

Bild 2.5. Anisotropie der Magnetisierung eines Eiseneinkristalls

äußeren Feldes drehen sich die magnetischen Bereiche bis in die Richtung der nächstgelegenen Würfelkanten zurück. Ihr Verharren dort erklärt zwangslos die Erscheinung der Remanenz. Der Energieaufwand, der erforderlich ist, um einen Kristall in einer anderen als der Vorzugsrichtung zu magnetisieren, wird als Anisotropieenergie oder einfach als Kristallenergie bezeichnet.

Die die Hystereseschleife kennzeichnenden Größen – Permeabilität, Remanenz, Koerzitivkraft und Sättigung – beschreiben die Materialeigenschaften, die für die technischen Anwendungen der Magnetwerkstoffe entscheidend sind. Sie sind in hohem Maße "strukturempfindlich", d. h. abhängig vom Realbau der Kristalle und vom Gefüge der Werkstoffe. Sie ermöglichen dadurch sehr verschiedenartige Hysteresekurven mit einer Fülle unterschiedlicher technischer Anwendungsmöglichkeiten [3]. Als "sekundäre" magnetische Eigenschaften sind sie zu unterscheiden von den "primären" Eigenschaften, wie Suszeptibilität, spontane Magnetisierung, Curie- und Néeltemperaturen, die als inhärente Eigenschaften des Kristalls von Kristallbaufehlern weitgehend unbeeinflußt bleiben.

2.3 Physikalische Modelle des Magnetismus

2.3.1 Modell lokalisierter Momente

Das in Bild 2.3 beschriebene magnetische Verhalten läßt sich durch unterschiedliche räumliche Verteilungen der lokalen Spinmomente deuten. Dieser Erklärung liegt das von Heisenberg entwickelte Modell lokalisierter Spins zugrunde. Betrachtet man die Spins als klassische Vektoren konstanter Länge, so kann bei endlichen Temperaturen jeder Spinvektor in eine beliebige Richtung weisen, die von Gitterplatz zu Gitterplatz verschieden und zeitlich veränderlich sein kann. Durch Mittelung über die Richtungen der Spinvektoren erhält man ein zeitunabhängiges mittleres Moment. Die Spinanordnungen in Bild 2.6a geben eine Vorstellung von den Ordnungszuständen nach dem Modell lokalisierter Spins. Sie sind als "Momentaufnahmen" aufzufassen und unterliegen einem ständigen zeitlichen Wechsel, im Gegensatz zum zeitunabhängigen mittleren magnetischen Moment. Bei $T = 0\,K$ sind alle Spins parallel zueinander ausgerichtet; ihr Mittelwert ergibt die Sättigungsmagnetisierung M_s. Mit steigender Temperatur beginnen die Spins zu fluktuieren, ohne dabei ihre Länge zu verändern. Solange $T < T_C$ ist, besteht aber eine gewisse Vorzugsrichtung, so daß der Mittelwert der spontanen Magnetisierung $<M_T>$ zwar kleiner, aber immer noch endlich ist. Für $T > T_C$ sind schließlich alle Richtungen so gleichmäßig verteilt, daß ihr Mittelwert Null ist. Die Spinmomente selbst überstehen unbeschadet den Phasenübergang vom Ferro- zum Paramagnetismus; das magnetische Moment ist an jedem Gitterplatz konstant und temperaturunabhängig.

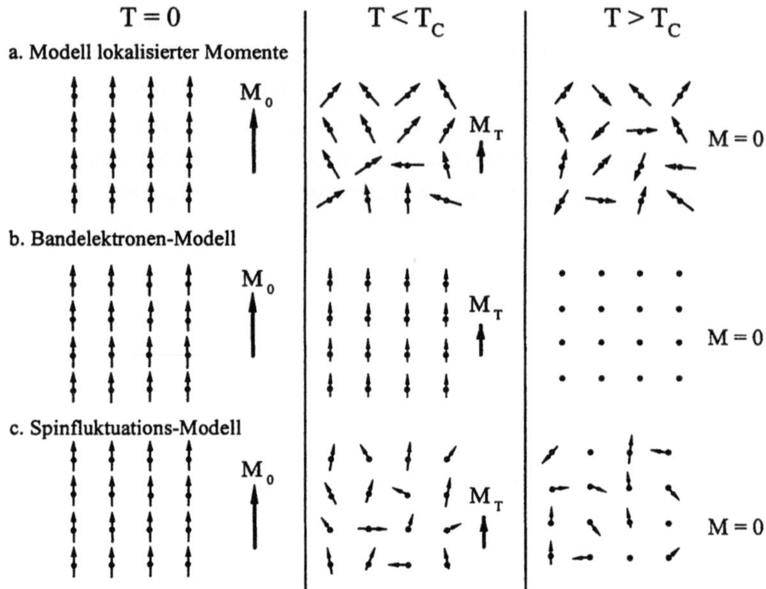

Bild 2.6. Modell der Spinkonfigurationen und resultierende Magnetisierung M

Die starke Bindung der d-Elektronen an den Atomkern – nur die s-Elektronen sind kollektiviert – hat aber zur Folge, daß auch im Kristall nur ganzzahlige Momente wie im freien Atom auftreten sollten. Die experimentell beobachteten Sättigungsmomente pro Eisen-, Kobalt- und Nickelatom mit $2.2\,\mu_B$, $1.7\,\mu_B$ und $0.6\,\mu_B$ sind aber weit entfernt von jedem ganzzahligen Wert. Damit tauchen Zweifel auf, ob die Grundannahme lokalisierter Momente der 3d-Elektronen zutrifft. Lokalisierte d-Elektronen sollten im Gegensatz zu kollektivierten Bandelektronen auch die Zustandsdichte an der Fermikante nicht beeinflussen und keinen Beitrag zum elektronischen Anteil der spezifische Wärme und zur Leitfähigkeit leisten. Dagegen stehen die experimentellen Ergebnisse. Die große elektronische spezifische Wärme der magnetischen 3d-Metalle (s. Kapitel 3.1) kann aber nur erklärt werden aufgrund hoher Zustandsdichten, die nur dann möglich sind, wenn die d-Elektronen deutlich ausgeprägte Energiebänder bilden. Das Modell lokalisierter Momente reicht nicht aus zur mikroskopischen Beschreibung der kollektiven magnetischen Phänomene der Übergangsmetalle.

Vielmehr bedarf es eines Bandelektronen-Modells miteinander wechselwirkender Bandelektronen (Stoner-Theorie).

2.3.2 Bandelektronen-Modell

Die Elektronen eines einzelnen Atoms, die sich in ganz bestimmten Energieniveaus befinden, sind um so schwächer an den Atomkern gebunden, je weiter sie von ihm entfernt sind. Die potentielle Energie E der Elektronen nimmt mit dem Abstand vom Kern hyperbelartig zu. Die erlaubten potentiellen Energien sind die Energieniveaus der Elektronen im freien Atom (Bild 2.7 a). Im Kristallgitter (Bild 2.7 b) addieren sich die Potentialkurven zu einer Gesamtkurve des periodischen Gitterpotentials, und die Elektronenwolken verschiedener Atome überlappen sich mehr oder weniger: es kann ein Austausch von Elektronen benachbarter Atome erfolgen, d. h. die Elektronen können sich von Atom zu Atom bewegen (itinerantes Verhalten). Jede Kopplung zweier Quantenzustände bewirkt nun eine Aufspaltung in zwei Zustände verschiedener Energie. Daher erfahren die Energieterme der Atomelektronen bei der Bildung des Kristalls eine Aufspaltung zu Energiebändern, deren Breite durch die Stärke der Austauschkopplung bestimmt ist. Je tiefer die Terme liegen, um so geringer ist die Bandbreite und die Übergangswahrscheinlichkeit für die Elektronen. Die äußeren Elektronen bilden durchgehende Bänder; sie können sich im Kristall nahezu frei bewegen.

Bei den Übergangsmetallen spaltet bei Annäherung der Atome der s-Zustand stärker auf als der d-Zustand (Bild 2.8), so daß bei dem wirklichen Gitterabstand

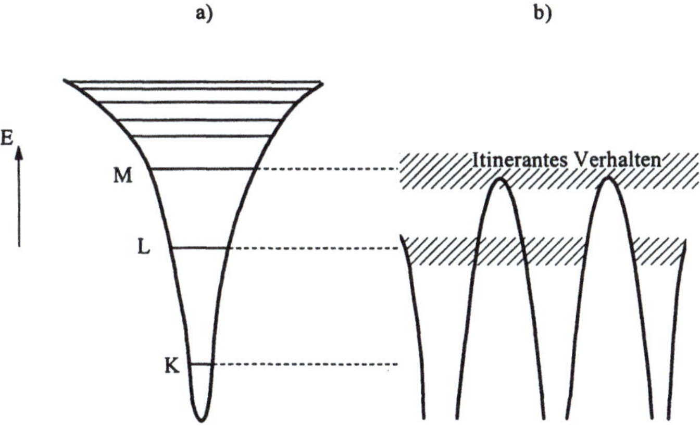

Bild 2.7. Potentialverlauf beim Übergang vom Einzelatom (links) zum Bänderschema des Kristallgitters.

das schmale d-Band an seinem unteren und oberen Rand von dem mehrfach breiteren s-Band überlappt wird. Dies ist die entscheidende Ursache für die vielen Besonderheiten der Übergangsmetalle. Die Folge der Überlappung des schmalen d-Bandes, das pro Atom 10 Zustände enthält, mit dem breiten s-Band, das nur Platz für 2 Elektronen pro Atom hat, sind hohe Zustandsdichten N(E). Die wichtige Größe "Zustandsdichte" (definiert als Anzahl der Zustände pro Energieeinheit) in Vielteilchensystemen kann als Verallgemeinerung des Begriffs "Energieniveau" aufgefaßt werden. Da das d-Band der Übergangsmetalle nicht voll aufgefüllt ist, liegt die Fermigrenze E_F, unterhalb derer alle Zustände besetzt sind, im Überlappungsgebiet. Der Inhalt der schraffiert gezeichneten Fläche vom unteren Bandrand bis zur Fermigrenze entspricht der Anzahl der besetzten 4s- und 3d-Zustände. Mit zunehmender Bandauffüllung verschiebt sich die Fermigrenze zu höheren Energien, so daß sie für die Edelmetalle Kupfer, Silber und Gold oberhalb des voll besetzten d-Bandes im s-Band liegt.

Dem in Bild 2.8 schraffiert gekennzeichneten Band liegt eine paramagnetische Zustandsdichte zugrunde. Man kann nun dieses Band in zwei identische Teilbänder der möglichen Spinorientierung "Spin up" (↑) und "Spin down" (↓) aufspalten, die bis zu einer gemeinsamen Fermikante E_F gleich besetzt sind, d. h. es gibt die gleiche Anzahl ↑- wie ↓-Elektronen (Bild 2.9a). Postuliert

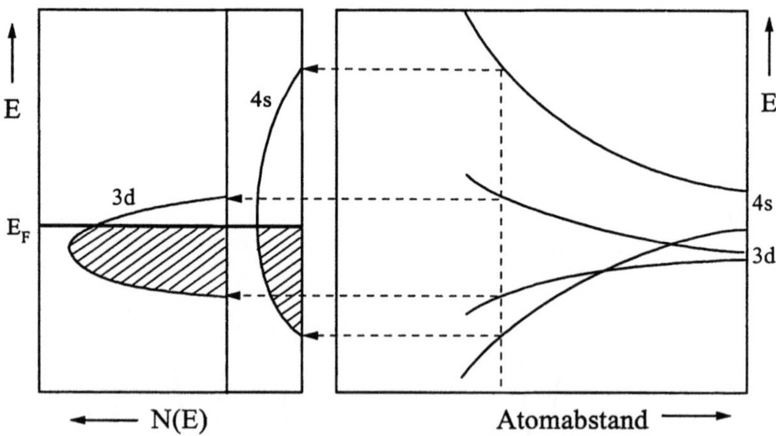

Bild 2.8. s- und d-Band der Übergangselemente (schematisch). Aufspaltung des s- und d-Bandes der Übergangselemente in Abhängigkeit vom Atomabstand und resultierende Zustandsdichte N(E) im Gleichgewichtsabstand a_0. Besetzte Zustände unterhalb E_F sind schraffiert.

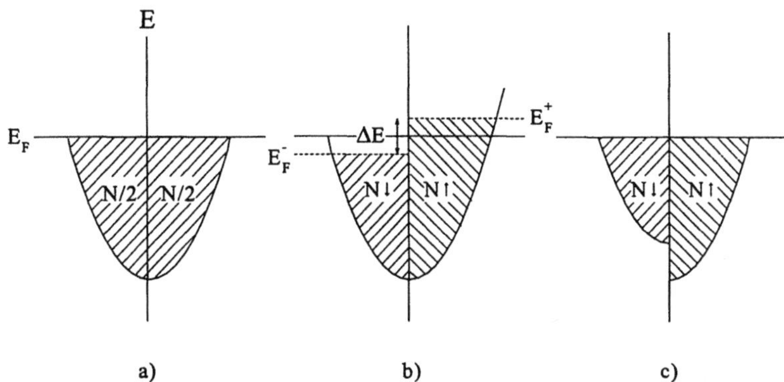

Bild 2.9. Entstehung der spontanen Magnetisierung nach dem spinpolarisierten Bandmodell (E_F: Fermienergie, N: Zahl der Elektronen pro Atom). a) Paramagnetischer Zustand, b) Aufspaltung ΔE durch Molekularfeld, c) Folge: Unterschiedliche Besetzung für ↑- und ↓-Elektronen im Gleichgewicht.

man die Existenz eines inneren magnetischen Feldes (Molekularfeld), über dessen Ursprung keine spezifischen Aussagen erforderlich sind, dessen Wirkung lediglich der eines fiktiven äußeren Magnetfeldes entspricht, so verschieben sich die Spin-Teilbänder proportional zur Magnetisierung symmetrisch gegeneinander um den Energieunterschied ΔE, der als Austauschaufspaltung bezeichnet wird (Bild 2.9 b). Da die Fermienergie für beide Teilbänder gleich sein muß (gleiches chemisches Potential für beide Spins), kommt es zu einer unterschiedlichen Besetzung der beiden Teilbänder und damit zur Ausbildung einer spontanen Magnetisierung (Bild 2.9 c). Nach diesen theoretischen Vorstellungen bewegen sich die d-Elektronen in einem periodischen Kristallpotential, das verschieden ist für ↑- und ↓-Elektronen. Der Magnetismus wird von Momenten getragen, die über den gesamten Kristall verteilt sind. Im Gegensatz zur Ganzzahligkeitsvorschrift im Modell lokalisierter Momente kann jeder beliebige Wert für das magnetische Moment pro Atom verwirklicht sein.

Wechselwirkungsfreie Elektronen ungleicher Spinorientierung bewegen sich vollkommen unkorreliert. Spinparallele Elektronen aber gehen einander aus dem Wege, da das Pauli-Prinzip sie daran hindert, sich zu stark anzunähern. Für sehr kurze Abstände ist die Aufenthaltswahrscheinlichkeit eines Elektrons in der Nähe eines Elektrons mit gleicher Spinorientierung viel geringer als für Elektronen mit antiparalleler Spinorientierung. Die abstoßende Wechselwirkung zwischen den Elektronen begünstigt die Parallelstellung der Spins und damit den spontan magnetisierten Zustand; die potentielle Energie wird erniedrigt. Die Ausbildung einer bevorzugten Spinrichtung ist jedoch mit einem Verlust an kinetischer Energie verbunden, denn es müssen Elektronen aus einem Teilband in unbesetzte Zustände des anderen Teilbandes oberhalb der Fermienergie befördert werden. Das bedeutet eine Erhöhung der kinetischen Energie um ΔE pro Elektron. Ob die Erniedrigung der potentiellen Energie den Verlust an kinetischer Energie überwiegt, so daß ein spontan magnetisierter Grundzustand sich ausbilden kann, darüber entscheidet das wichtige Stoner-Kriterium:

$$I \cdot N(E_F) > 1 \, .$$

Da der Stoner-Parameter I (berechnet aus der Austauschwechselwirkung) durch unterschiedliche metallische Bindungsverhältnisse (z.B. verschiedene Kristallstrukturen) nur unwesentlich beeinflußt wird, ist die entscheidende Größe die Zustandsdichte an der Fermigrenze $N(E_F)$. Eine hohe Zustandsdichte ermöglicht den Ferromagnetismus. Hohe Zustandsdichten entsprechen einer relativ instabilen Situation, da schon schwache Störungen, z. B. sehr geringe Volumenfluktuationen, die Umbesetzung einer großen Anzahl von Elektronen erfordern. Das System vermeidet die Instabilität durch einen magnetischen Phasenübergang und wird – wie vom Stoner-Kriterium gefordert – ferromagnetisch.

Die spinpolarisierte Bandtheorie, deren Entwicklung vornehmlich mit den Namen Stoner, Slater und Wohlfahrt [4] verbunden ist, stellt zweifelsfrei ein geeignetes Modell dar, um die Grundzustandseigenschaften des 3d-Magnetismus richtig zu beschreiben. Sie läßt sich auch auf die Behandlung des Antiferromagnetismus und komplizierte magnetische Strukturen erweitern. Auch die Teilnahme der 3d-Elektronen am Leitungsmechanismus und deren große Elektronenwärme werden aufgrund der hohen Zustandsdichte verständlich. Das in Bild 2.6b dargestellte magnetische Verhalten aufgrund des Bandelektronenmodells ist jedoch gegenüber dem Modell lokalisierter Momente von grundsätzlich anderer Art. Für $T=0$ sind alle Spins natürlich parallel ausgerichtet, und der Unterschied gegenüber Bild 2.6a besteht nur darin, daß die Spinmomente nicht mehr ganzzahlig sein müssen. Während aber nach dem Modell lokalisierter Momente für $T>0$ Richtungsfluktuationen auftreten, behalten jetzt die Spins ihre parallele Ausrichtung, doch ihre Länge verringert sich kontinuierlich und für alle Gitterplätze einheitlich, und aus diesem Grunde nimmt die Magnetisierung ab. Oberhalb T_C existieren keine Momente mehr, so daß es nach dem Bandmodell auch kein Curie-Weiß-Verhalten und keine Spinfluktuationen geben darf. Auch die Größenordnung von T_C stimmt nicht mit der Erfahrung überein. Da die Curietemperatur mit der Bandaufspaltung ΔE verknüpft ist über $kT_C \approx \Delta E$, ergeben sich unrealistisch hohe Werte: für das Eisen $T_C \approx 20000\,K$. Bei höheren Temperaturen versagt also die Stoner-Theorie, während sie für hinreichend tiefe

Temperaturen $(T \ll T_C)$ mit großem Erfolg angewendet werden kann. In Kapitel 2.4.2 wird ein neueres Modell – das Spinfluktuations-Modell – vorgestellt, das durch eine Synthese der Modelle mit lokalisierten bzw. itineranten Momenten die Schwierigkeiten behebt, das magnetische Verhalten bei hohen Temperaturen zu verstehen.

2.4 Ferromagnetismus des α-Eisens

Die beiden gegenübergestellten Modelle des Magnetismus – das der lokalisierten und das der itineranten Momente – sind nur in limitierten Volumen- bzw. Temperaturbereichen gültig. Lokalisierte Momente, die ohne wesentliche Wechselwirkung mit den Nachbaratomen aufgrund der Hund'schen Regel gebildet werden, setzen große Atomabstände voraus. Itinerante Momente der Bandelektronen entstehen durch interatomare Wechselwirkungen. In der Realität treten sowohl lokalisierte als auch itinerante Momente nebeneinander auf, so daß eine umfassende Theorie des Magnetismus beide Modelle als Extreme mit allerdings unterschiedlicher Gewichtung enthalten muß. Die Gültigkeit des spinpolarisierten Bandmodells bleibt zwar auf die Beschreibung der Grundzustände beschränkt, seine Anwendung hat aber so tiefe Einsichten vermittelt, daß das magnetische Verhalten der 3d-Metalle bei tiefen Temperaturen in seinen vielfältigen Erscheinungsformen heute verstanden wird. Voraussetzung war der in den letzten Jahrzehnten entwickelte mathematische Formalismus zur Beschreibung der komplexen Bewegungen und Wechselwirkungen der Elektronen in einem periodischen Gitterpotential. Hochgeschwindigkeitsrechner ermöglichen heute selbstkonsistente Berechnungen der Zustandsdichte, der Gesamtenergie und der magnetischen Momente in Abhängigkeit vom Volumen. Die zugrunde liegende (*ab initio*) Theorie bedarf keiner experimentellen Parameter. Allein durch die Vorgabe der Ordnungszahl und der kristallographischen Struktur ist das zu berechnende System charakterisiert. Eine Übersicht über die Methoden, die Ergebnisse und das Schrifttum wird in Ref. [5] gegeben. Ein Vergleich mit den experimentellen Ergebnissen entscheidet darüber, ob die theoretischen Modelle die magnetischen Phänomene zufriedenstellend beschreiben. Einer solchen Prüfung liegen – neben dem in Kap. 2.2 dargestellten magnetischen Verhalten – die Ergebnisse sehr unterschiedlicher experimenteller Methoden zugrunde. Da Neutronen ein magnetisches Moment, jedoch keine elektrische Ladung tragen, treten sie nur mit den Spins der Metallelektronen, nicht jedoch mit deren elektrischer Ladung in Wechselwirkung. Durch Neutronen-Streuexperimente lassen sich somit Informationen über die Magnetisierungsdichte, d. h. über die Spinanordnung gewinnen. Mössbauerexperimente geben Auskünfte über die

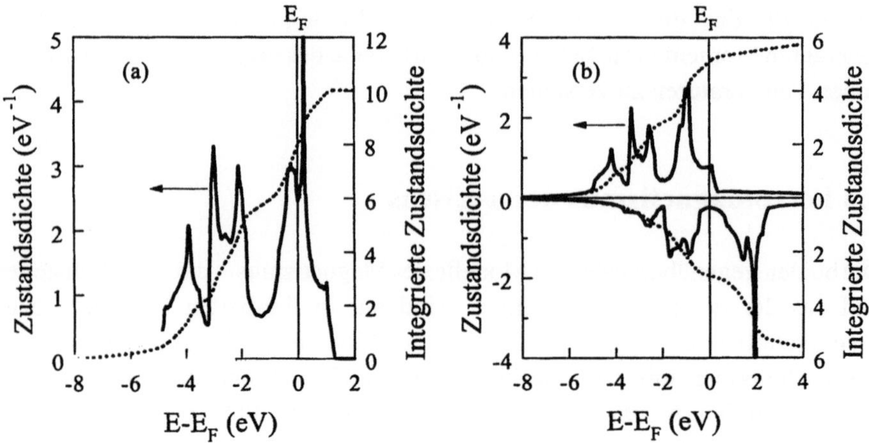

Bild 2.10. Zustandsdichten von α-Eisen. a) nichtmagnetisch, b) ferromagnetisch (nach [6]).
Punktiert: Integrierte Zustandsdichte (Zahl der Elektronen)

magnetischen Ordnungszustände und ermöglichen Schlußfolgerungen auf die
magnetischen Momente. Spektroskopische Methoden, wie die Photoemission,
erlauben, wenn sie auch sehr oberflächensensitiv sind, Aussagen über die
Zustandsdichte an der Fermigrenze, und schließlich bestehen aufgrund thermodynamischer Beziehungen aufschlußreiche Abhängigkeiten der thermoelastischen
Eigenschaften (spezifische Wärme, thermische Ausdehnung, Elastizität) vom
magnetischen Verhalten.

2.4.1 Grundzustand

Bild 2.10 zeigt die berechnete Grundzustandsdichte des α-Eisens sowohl für den
nichtmagnetischen (a) als auch für den ferromagnetischen Zustand (b). Dabei
ist die Zahl der Zustände pro eV relativ zur Fermienergie ($E_F = 0$) aufgetragen.
Bild 2.10a entspricht der schematischen Darstellung in Bild 2.9a mit gleicher
Anzahl ↑- und ↓-Elektronen. Der gegenüber der parabolischen Modellform stark
strukturierte Verlauf wird durch die Überlappung der Teilbänder der 10 d-Elektronen verursacht. Die hohe Zustandsdichte an der Fermikante übertrifft deutlich
die Forderung des Stoner-Kriteriums, so daß es gemäß Bild 2.9 zu einer
Verschiebung der Besetzungszahl und einer Austauschaufspaltung ($\Delta E \approx 2$ eV)
und damit zur Ausbildung eines magnetischen Momentes kommt (Bild 2.9b).
Dessen Größe ergibt sich aus der Differenz der Besetzungen. Aus der in
Bild 2.10b punktiert gezeichneten integralen Zustandsdichte, die die Auffüllung

des d-Bandes mit zunehmender Elektronenzahl angibt (für Fe: $N\uparrow + N\downarrow = 8$), folgt für das ↑-Band (Majoritätsband) $N\uparrow = 5.1$ und für das ↓-Band (Minoritätsband) $N\downarrow = 2.9$, d.h. ein magnetisches Moment $(N\uparrow - N\downarrow) = 2.2\,\mu_B$ in guter Übereinstimmung mit dem Experiment ($2.22\,\mu_B$).

Die Fermienergie liegt – typisch für die Zustandsdichte der krz. Struktur – in einem Minimum des Minoritätsbandes. Das Majoritätsband ist nicht vollständig aufgefüllt; die Fermienergie schneidet die obere Schulter der Zustandsdichtekurve ab, so daß etwa 0.2 bis 0.3 d-Zustände nicht besetzt sind. Für ein voll aufgefülltes Majoritätsband würde man ein maximales Moment von etwa 2.4 bis $2.5\,\mu_B$ erwarten. α-Eisen ist ein "schwacher" Ferromagnet im Gegensatz zu den "starken" Ferromagneten Kobalt, Nickel und dem γ-Eisen im ferromagnetischen HS-Zustand (Bild 2.20) mit vollständig aufgefülltem Majoritätsband (s. die in Bild 4.3 dargestellte Slater-Pauling-Kurve).

Die Bandbreite und damit die Zustandsdichte und folglich auch die magnetischen Eigenschaften werden vom Atomabstand maßgeblich beeinflußt (Bild 2.11), denn die Bandbreite W gehorcht der Heine-Beziehung:

$$W \propto r_{WS}^{-5}.$$

Das Majoritätsband liegt energetisch tiefer als das Minoritätsband und ist folglich

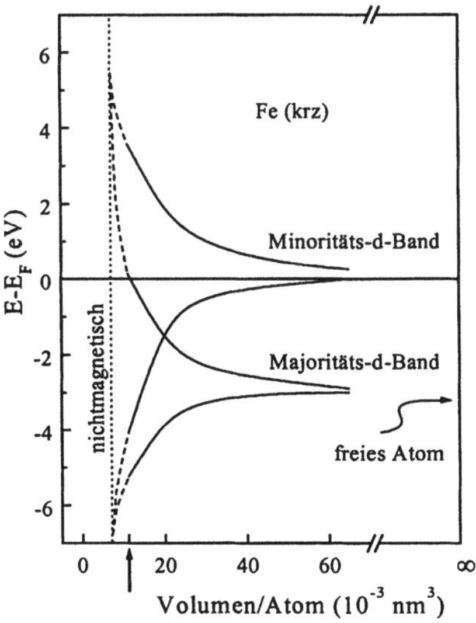

Bild 2.11. d-Bänder des α-Eisens vom nichtmagnetischen Zustand bis zum Grenzfall freier Atome. Der Pfeil kennzeichnet das Gleichgewichtsvolumen (nach [7]).

etwas enger. Bei großen Abständen gehen die Bänder in die diskreten Niveaus des freien Atoms über. Unterhalb $V_{at} \approx 20\,nm^3$ überlappen sich Majoritäts- und Minoritätsband.[*] Der Gleichgewichtsabstand ist durch einen Pfeil gekennzeichnet; ihm zugehörig ist die in Bild 2.10 dargestellte Zustandsdichte. Bei noch weiterer Kompression des Gitters (gestrichelt gezeichneter Verlauf) erfolgt schließlich eine Verschmelzung der beiden Bänder: das System ist bei $V_{At} \leq 10\,nm^3$ unmagnetisch.

Die wichtigsten Ergebnisse der spinpolarisierten Bandtheorie im Hinblick auf das α-Eisen sind in Bild 2.12 zusammengefaßt: die Zusammenhänge zwischen der Gesamtenergie des Systems, dem Volumen und dem magnetischen Moment. Im thermodynamischen Gleichgewicht befindet sich das System im Grundzustand: bei einem bestimmten Gleichgewichtsvolumen besitzt die Gesamtenergie den minimalen Wert E_0. Wird durch äußere Einflüsse, z.B. durch Druck, das Volumen verringert, so steigt die Gesamtenergie, bezogen auf den Grundzustand $E - E_0$, an. Umgekehrt erfolgt auch eine Zunahme der Gesamtenergie durch eine zwangsweise Volumenvergrößerung, und bei unendlichem Abstand der Atome wird der atomare Grenzwert erreicht. Durch die Differenz zwischen der Gesamtenergie des Kristalls im Gleichgewichtsabstand und der Energie bei unendlichem Abstand ist die Kohäsionsenergie des Systems definiert. Sie gibt den Energiegewinn an bei der Bildung des Kristalls aus freien Atomen. Die für das α-Eisen berechnete Kohäsionsenergie (s. Bild 2.12) ist um etwa 30 % größer als der experimentell aus der Sublimationswärme folgende Wert (s. Tab. 3.1). Das Gleichgewichtsvolumen, das dadurch festgelegt ist, daß die erste Ableitung der Gesamtenergie nach dem Volumen zu Null wird $(\partial E / \partial V)_M = 0$, weicht um nur $-5.5\,\%$ vom tatsächlichen Volumen ab:

$$V_{At}^{exp.} = 11.8 \ nm^3; \ V_{At}^{theor.} = 11.15 \ nm^3 .$$

Das magnetische Moment, bei kleinem Volumen im nichtmagnetischen Zustand mit Null beginnend, strebt dem Moment $4\,\mu_B$ der Elektronenkonfiguration $3d^6 4s^2$ des freien Eisenatoms asymptotisch zu. Auffällig ist der singuläre Übergang vom nichtmagnetischen in den magnetischen Zustand. Die Momentzunahme verläuft ähnlich einer kontinuierlichen Phasenumwandlung.

---

[*] In theoretischen Arbeiten wird der Atomabstand zumeist durch den Wigner-Seitz-Radius in a.u. (atomic units) angegeben. Dabei besteht folgender Zusammenhang zwischen r_{WS} in a.u. und V_{At} in nm^3:

$$V_{At} \ [nm^3] = (0.62 \times 10^{-3}) r_{WS}^3 \ [a.u.^3] .$$

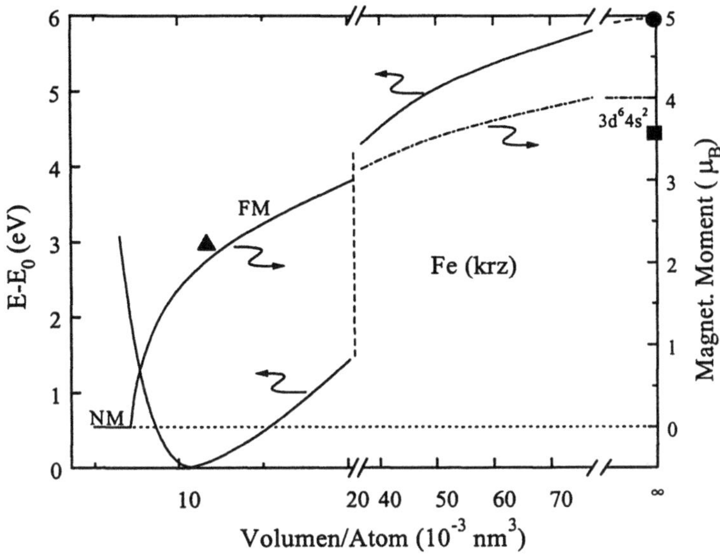

Bild 2.12. Gesamtenergie E-E$_0$ (bezogen auf den Grundzustand) und magnetisches Moment in Abhängigkeit vom Atomvolumen (berechnet) (nach [8]). ▲ μ$_0$ (Experiment). Kohäsionsenergie (für V$_{At}$ → ∞): ● berechnet, ■ Experiment (aus Sublimationswärme, s. Tab. 3.1).

Ihre Charakteristik ist bedingt durch die starken Änderungen der Zustandsdichten an der Fermikante bei beginnender Austauschaufspaltung. Der gesamte Volumenbereich vom freien Atom bis zum nichtmagnetischen Kristall reicht natürlich weit über den Bereich experimenteller Zugänglichkeit hinaus. Dieser ist beschränkt auf Volumenänderungen der Größenordnung ±10%, und entsprechend gering ist auch die Variationsbreite der magnetischen Momente. So würde z.B. die Verwirklichung eines α-Eisenkristalls mit einem Moment von 3 μ$_B$ – wie dem Bild 2.12 zu entnehmen ist – einen Energieaufwand von E − E$_0$ ~ 1.4 eV erfordern, ausreichend, um den Kristall zum Schmelzen zu bringen. Diese Betrachtungen zeigen einerseits, daß der ferromagnetische Zustand des α-Eisens sehr stabil ist. Andererseits gewährt Bild 2.12 einen Überblick über das grundsätzliche magnetische Verhalten und die ihm zugrunde liegenden elektronischen Änderungen über einen sehr großen Volumenbereich.

Das bandtheoretische Modell, das nach Bild 2.12 eine Annäherung an den Zustand des freien Atoms durch immer größere Atomabstände beschreibt, entspricht allerdings nicht der Wirklichkeit. Die Natur geht einen anderen Weg bei der Kondensation des Eisendampfes zum Kristall. Zunächst bilden sich Aggregate von Atomen mit größtmöglicher Packungsdichte (topologische Nahordnung). Wie in Kap. 1.2 beschrieben, tritt im Verlauf des Wachstums dieser kleinen Cluster mit ikosaedrischem Grundmuster durch Anlagerung weiterer Atome eine Folge von bevorzugten, energetisch günstigen Clustergrößen auf, die eine bestimmte Anzahl von Atomen pro Cluster (magische Zahlen) besitzen. In den magnetischen Eigenschaften der Cluster – sie sind ferromagnetisch – sind solche begünstigten Clustergrößen erkennbar. Bild 2.13 zeigt die Größenabhängigkeit der magnetischen Momente von Clustern mit 25 bis 700 Atomen pro Cluster. Das magnetische Moment sehr kleiner Cluster ($25 \leq N \leq 130$) beträgt $3\,\mu_B$, wird mit steigender Atomzahl kleiner und erreicht den Wert des Eisenkristalls ($2.2\,\mu_B$) bei $N \geq 500$. Charakteristisch ist das Auftreten mehrerer Maxima. Vergleicht man die diesen Maxima entsprechenden Atomzahlen mit den am oberen Bildrand angegebenen magischen Zahlen einer ikosaedrischen Nahordnung, so besteht Übereinstimmung nur für $N=55$, $N=309$ und $N=561$, während die Atomzahlen der anderen Maxima davon abweichen. Die Struktur der Eisencluster und die damit verbundenen magischen Zahlen können offensichtlich nicht allein aufgrund topologischer Betrachtungen verstanden werden. Sie sind auch abhängig von der Entwicklung der elektronischen Zustände des Eisenatoms über die

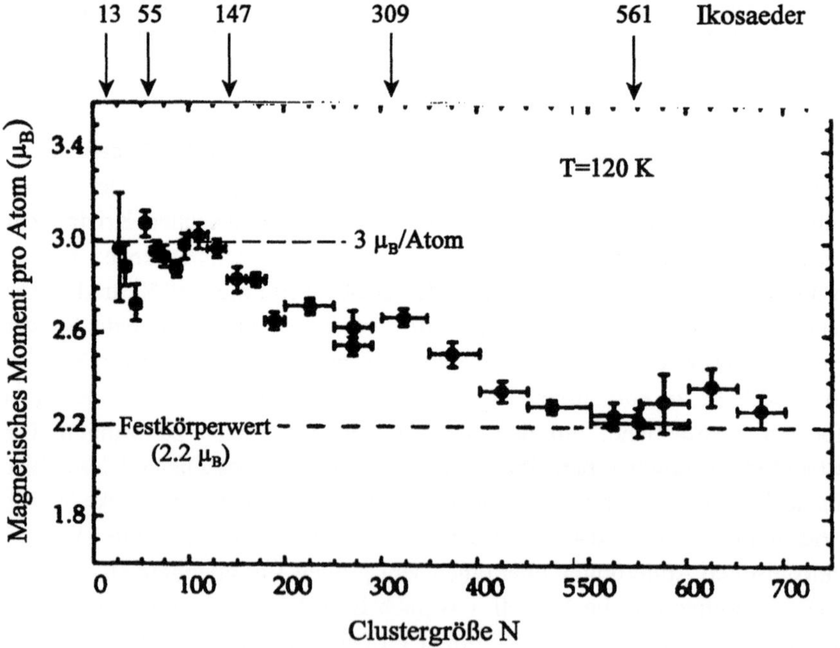

Bild 2.13. Magnetisches Moment pro Atom für Fe$_N$-Cluster (nach [9]).

Cluster zum Kristall. So erreichen auch verschiedene physikalische Eigenschaften ihren makroskopischen Wert bei unterschiedlichen Clustergrößen. Die Curietemperaturen $T_C(N_{130}) \approx 700\,K$ und $T_C(N_{600}) \approx 550\,K$ liegen um einige Hundert Kelvin tiefer als der Wert für massives Eisen ($T_C = 1043\,K$). Dieser mag erst erreicht werden, wenn die nicht raumerfüllende und somit nicht gitterbildende topologische Nahordnung instabil wird und in das krz. Gitter des α-Eisens übergeht. In welchem Größenbereich diese Umordnung stattfindet, ist eine der vielen offenen Fragen, die die im Nanometerbereich operierende Clusterphysik zu einem interessanten, noch zu erschließenden Forschungsfeld machen.

2.4.2 Der ferromagnetisch-paramagnetische Phasenübergang

Die spinpolarisierte Bandtheorie liefert ganz ohne Zweifel eine richtige Beschreibung der magnetischen Grundzustände der 3d-Metalle. Nicht zu verstehen ist allerdings die Hochtemperatur-Suszeptibilität, die ein Curie-Weiss-Verhalten zeigt. Nach dem Stoner-Modell existieren oberhalb der Curietemperatur keine Momente mehr und die Austauschaufspaltung sollte zu Null werden; doch die dafür erforderlichen Curietemperaturen besäßen unrealistisch hohe Werte. Das Stoner-Modell versagt bei hohen Temperaturen, und es sieht so aus, als ob das Heisenberg-Modell geeigneter wäre zur Beschreibung der magnetischen Eigenschaften in der Nähe und oberhalb der Curietemperatur. Dieses setzt aber als Träger der magnetischen Momente die in den Elektronenschalen des Atoms lokalisierten Spinmomente voraus im Widerspruch zur begründeten Feststellung, daß die d-Elektronen der Übergangsmetalle weitgehend delokalisiert sind und elektronische Bänder bilden. Was geschieht also, wenn die langreichweitigen Spinkorrelationen bei der Curietemperatur in kurzreichweitige Zustände übergehen?

Bei einem Vergleich der lokalisierten Spinkonfiguration mit der des Bandelektronen-Modells (s. Bild 2.6) drängt sich die Frage auf, ob nicht auch dessen Momente Richtungsfluktuationen ausführen und von Ort zu Ort unterschiedliche Werte annehmen können (Bild 2.6 c). Eine Beantwortung dieser Frage erfordert eine Beschreibung des magnetischen Phasenüberganges auf mikroskopischer Ebene und eine Lösung des zentralen Problems, wie der itinerante Charakter der Bandelektronen mit dem lokalisierten Charakter ihrer Spins zu vereinbaren ist. Zur Lösung dieses Problems war der Gedanke entscheidend, daß zwei unterschiedliche Zeitskalen berücksichtigt werden müssen, um die Elektronenkorrelationen in den ferromagnetischen 3d-Metallen beschreiben zu können [10, 11]. Die kürzere Zeitskala wird bestimmt durch die Bewegung der Elektronen, die in einer charakteristischen "Quantenfluktuationszeit" t_q von Gitterplatz zu Gitterplatz hüpfen. Diese Zeit ist von der Größenordnung

$$t_q = \frac{h}{W} \approx 10^{-15} \text{ s}.$$

Hier ist h die Planck'sche Konstante und $W \approx 5\,eV$ die Breite des 3d-Bandes. Während dieser Zeit t_q bewegen sich die Elektronen im Kristallgitter über eine gewisse Distanz λ genügend korreliert (ihre Wellenfunktionen sind phasenkohärent), so daß eine lokale Magnetisierung in einer bestimmten Richtung möglich ist. Diese über die Quantenfluktuationszeit t_q gemittelte Magnetisierung kann aber ihre Richtung auf einer Zeitskala ändern, die bestimmt ist von der für Spinwellen typischen Frequenz und die um etwa zwei Größenordnungen langsamer ist als t_q: $t_{sp} \approx 10^{-13}$ s. Während das System also etwa 10^{-13} s benötigt, um sich auf eine geänderte Elektronenkonfiguration einzustellen, finden etwa 100 Fluktuationszyklen ($t_q \approx 10^{-15}$ s) statt, so daß die Anregung der Fluktuationen keinen Einfluß auf die Elektronenstruktur hat.

Die Größe der Bereiche, die die Elektronen während der Zeit t_q korreliert überqueren, besitzen eine als "elektronische Korrelationslänge" λ bezeichnete Lineardimension von einigen Atomabständen mit einer Spinkonfiguration, in der die benachbarten Momente spinwellenartig um Winkel von etwa $\sim 30°$ bis $40°$ gegeneinander verdreht sind. Eine solche Spinkonfiguration entspricht einer sehr starken kurzreichweitigen Nahordnung (massive Nahordnung).

Dieses Spinfluktuations-Modell (Bild 2.6c) behebt die Widersprüche zwischen den beiden kontroversen Modellen mit lokalisierten bzw. itineranten Momenten [11]. Bei $T=0$ stimmen die Spinkonfigurationen aller drei Modelle überein (abgesehen von der Ganzzahligkeit der Momente im Heisenberg-Modell); die Stoner-Theorie liefert die richtige Beschreibung der Grundzustandseigenschaften. Im Temperaturbereich $T < T_C$ treten Richtungsfluktuationen (transversale Spinfluktuationen) auf, und die mittlere Vektorlänge nimmt wie in der Stoner-Theorie langsam ab. Es besteht eine gewisse Vorzugsrichtung, die bei der Curietemperatur – wie im Heisenberg-Modell – zusammenbricht, obwohl lokale Momente erheblicher Größe erhalten bleiben. Das System zeigt somit für $T > T_C$ – wie das Modell lokalisierter Momente – ein Curie-Weiß-Verhalten. Die thermische Anregung transversaler Spinfluktuationen ist verantwortlich für den ferromagnetisch-paramagnetischen Phasenübergang und somit für das Verschwinden der ferromagnetischen Fernordnung bei T_C. Im paramagnetischen Temperaturbereich existiert eine magnetische Nahordnung, in der in sich magnetisierte Bereiche so gegeneinander verdreht sind, daß keine Vorzugsrichtung resultiert. Da die Austauschaufspaltung ΔE mit der Größe der Momente, nicht aber mit deren Ausrichtung verknüpft ist, wird auch das durch Photoemissionsspektroskopie experimentell gesicherte Ergebnis verständlich, daß ΔE

den Phasenübergang unbeschadet übersteht und auch bei Temperaturen weit oberhalb T_C noch erhalten bleibt [12]. Die Momente werden mit zunehmender Temperatur zwar kleiner, verschwinden aber erst bei der um eine Größenordnung höheren "Stoner-Curietemperatur".

Das durch Neutronen-Streuexperimente ermittelte magnetische Moment beträgt $1.3 \pm 0.1 \, \mu_B$ bei $1.07 \, T/T_C$. Es ist damit deutlich kleiner als im Bereich $T < T_C$ ($\mu = 2.22 \, \mu_B$) mit langreichweitiger magnetischer Ordnung [13]. Dabei ist allerdings zu berücksichtigen, daß das beobachtete Moment einen Mittelwert darstellt über eine charakteristische, durch das Streuexperiment gegebene Meßzeit (einige 10^{-13} s). Magnetisierungskomponenten, die schneller fluktuieren, werden nicht erfaßt. Die Korrelationslänge λ beträgt ~ 1.5-2.0 nm und nimmt mit steigender Temperatur nur schwach ab.

Das Spinfluktuations-Modell liefert eine qualitativ befriedigende Beschreibung der grundsätzlichen Mechanismen, die den Phasenübergang betreiben. Diesem Geschehen auf mikroskopischer Ebene sind die auf einer anderen Ebene ablaufenden Vorgänge überlagert, die für das Auftreten "kritischer Phänomene" in unmittelbarer Nähe der Curietemperatur verantwortlich sind und die durch die "Methode der Renormierungsgruppe" (von K. G. Wilson) vollständig beschrieben und erklärt werden [14]. Die makrophysikalischen Eigenschaften von Vielteilchensystemen zeigen in der Nähe der kritischen Temperatur ein merkwürdiges Verhalten [15]: sie nehmen nahezu beliebig hohe Werte an (kritische Divergenzen). Diese Divergenz der Eigenschaften folgt in allen Fällen einem einfachen Potenzgesetz:

$$E = E_0^{\pm} \, \varepsilon^z ,$$

wobei E die betreffende Eigenschaft bezeichnet, $E_0^{\pm}$ eine Konstante, $\varepsilon = |T - T_C| / T_C$ den Temperaturabstand vom kritischen Punkt und z den kritischen Exponenten. Das Potenzgesetz beschreibt eine zu T_C symmetrische Temperaturabhängigkeit und nur die Koeffizienten E_0 sind beiderseits von T_C verschieden. Es gilt allerdings nur in einem relativ kleinen Temperaturbereich von 1% ($\varepsilon \leq 10^{-2}$) um T_C. Besonders bemerkenswert ist die sogenannte "Universalität" dieses Verhaltens, denn verschiedene physikalische Eigenschaften in sehr verschiedenen Systemen mit kontinuierlicher Phasenumwandlung sind in derselben Weise von der Temperatur abhängig. Für die Suszeptibilität eines Ferromagneten bei T_C (s. Bild 2.3) gilt (ebenso wie für die Kompressibilität einer Flüssigkeit an ihrem kritischen Punkt) der Wert $z = \gamma = -1.33$. Der Ordnungsparameter, der bei einem Ferromagneten durch die spontane Magnetisierung repräsentiert und bei T_C zu Null wird, gehorcht ebenfalls einem solchen Potenzgesetz mit positivem $z = \beta = 0.33$. Doch nicht nur Suszeptibilität und spontane Magnetisierung divergieren, sondern alle vom Ordnungsprozeß betroffenen Eigenschaften, da bei genügender Annäherung an T_C der Einfluß des Ordnungsprozesses alle anderen Abhängigkeiten überwiegt (z. B. spezifische Wärme, Temperaturkoeffizient der Leitfähigkeit u. a.).

Der Ordnungsparameter ist eine makroskopische Größe und somit spontanen Schwankungen durch die thermische Bewegung der Atome unterworfen. Bei T_C werden diese Fluktuationen besonders groß, denn im Gegensatz zur diskontinuierlichen Umwandlung können sich bei einer kontinuierlichen Umwandlung beide Phasen ohne Energieaufwand ineinander umwandeln. Bei T_C verschwindet die Grenzflächenenergie zwischen beiden Phasen, und ein spontan entstehender Keim der einen Phase kann auf Kosten der anderen Phase so lange wachsen, bis er durch eine weitere spontane Fluktuation wieder zerstört wird. Die geordneten und ungeordneten Bereiche entstehen und verschwinden in einem ständigen zeitlichen und örtlichen Wechsel. Ihre Grenzen sind fließend, und es ist sinnvoll, die Größe der Fluktuationen durch ihre Lineardimension zu charakterisieren: der "thermodynamischen Korrelationslänge" ξ (zur Unterscheidung von der bereits definierten "elektronischen Korrelationslänge" λ). Spins, deren Richtungen sich gegenseitig beeinflussen, sind korreliert; zwei Spins, deren Abstand größer ist als die Korrelationslänge, sind in ihrem Verhalten unabhängig. Die Divergenz der Eigenschaften wird wesentlich von der Größe der Fluktuationen, d. h. von deren Korrelationslänge ξ und von ihrer Lebensdauer τ bestimmt. Diese folgen ebenfalls einem Potenzgesetz (Bild 2.14 a):

$$\xi = \xi_0\, \varepsilon^{-0.67}; \qquad \tau = \tau_0\, \varepsilon^{-0.33}.$$

Für das Eisen gelten etwa folgende Zahlenwerte:

$$|T - T_C| = 0.1\,\text{K} \quad (\varepsilon = 10^{-5}): \qquad \xi = 10^4\,\text{Å}; \quad \tau = 10^{-10}\,\text{s}$$
$$|T - T_C| = 10\ \text{K} \quad (\varepsilon = 10^{-2}): \qquad \xi = 10^2\,\text{Å}; \quad \tau = 10^{-11}\,\text{s}.$$

Bei einer um $10\,\text{K}$ von T_C abweichenden Temperatur entspricht die Korrelationslänge etwa 40 Atomabständen; ein diesen Abständen entsprechender räumlicher Bereich enthält einige Zehntausend Atome. Diese Abstände sind groß gegenüber den Reichweiten interatomarer Wechselwirkungen, so daß Details dieser Wechselwirkung zurücktreten gegenüber dem beherrschenden Einfluß von ξ und τ auf die Temperaturabhängigkeit der magnetischen Eigenschaften in der Nähe von T_C.

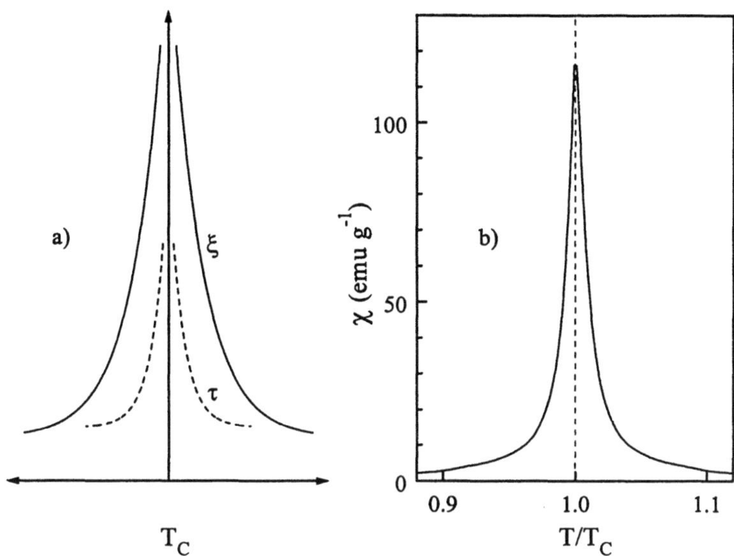

Bild 2.14.   a) Korrelationslänge ξ und Lebensdauer τ der Fluktuationen nahe T_C.
b) Suszeptibilität des Eisens um T_C.

Im Ferromagneten ist die Suszeptibilität um Größenordnungen höher als im Paramagneten, weil in jenem nur Arbeit gegen die Anisotropieenergie geleistet werden muß, in diesem aber gegen die viel größere thermische Energie. Mit Annäherung aus dem paramagnetischen Temperaturbereich an T_C nehmen Größe und Zahl der magnetisch geordneten Fluktuationen zu, und durch ein schwaches von außen angelegtes Feld werden immer mehr Spins ausgerichtet. Die Suszeptibilität nimmt den in Bild 2.14b gezeigten Verlauf. Bei T_C wird die Korrelationslänge unendlich, d. h. beliebig weit entfernte Spins sind jetzt korreliert. Das System ist aber außerordentlich empfindlich gegenüber kleinsten Störungen. Werden nur wenige Spins beeinflußt, so pflanzt sich diese Störung über den Kristall fort und das gesamte System wird magnetisiert. Unterhalb T_C ist es spontan magnetisiert. Es enthält nun fluktuierende, nicht ferngeordnete Bereiche, die bei weiterer Abkühlung geringer werden, und am absoluten Nullpunkt sind alle Spins ausgerichtet.

Wenn mit Annäherung an T_C die Korrelationslänge rasch anwächst und die Spinfluktuationen an Größe gewinnen, so werden jedoch kleinere Fluktuationen nicht unterdrückt, sondern sie bilden eine feinere Struktur in einer größeren. Das bedeutet, daß in einer großen Fluktuation nicht alle Spins ausgerichtet sind. Sie enthält vielmehr mehrere kleine Fluktuationen und wird nur dadurch erkennbar, daß insgesamt eine Spinrichtung überwiegt. So können sich in einem großen Bereich, in dem die Mehrzahl der Spins korreliert ist, kleinere Bereiche mit anders gerichteten Spins befinden, und in diesen wieder noch kleinere Inseln mit einer anderen bevorzugten Spinrichtung usw.. In einem ständigen zeitlichen und räumlichen Wechsel bestehen also Fluktuationen auf einer Längenskala mit Reichweiten sehr unterschiedlicher Größenordnungen. Das System befindet sich in einem "skaleninvarianten" Zustand. Für diese merkwürdige Struktur geometrisch sich verfeinernder Wiederholungen wurde der Begriff "Selbstähnlichkeit" geprägt. Selbstähnliche Strukturen – in der Natur weit verbreitet – sind eine Folge nichtlinearer naturgesetzlicher Zusammenhänge [16].

Welche aber ist die kleinste Fluktuation? Das kritische Verhalten am Phasenumwandlungspunkt beruht auf Änderungen der Reichweite der kritischen Fluktuationen. Kleine Änderungen der intensiven Parameter (Temperatur, Druck, Magnetfeld) bewirken große Änderungen der thermodynamischen Korrelationslänge ξ. Solange ξ groß ist gegenüber den Atomabständen, gelten kritische Exponenten und Skaleninvarianz. Sie verlieren ihre Gültigkeit, wenn ξ vergleichbar wird mit der Reichweite der ordnenden Kräfte zwischen den Spins, d. h. mit der elektronischen Korrelationslänge λ transversaler Spinfluktuationen ($\lambda \approx 1.5 - 2.0\,\mathrm{nm}$). Die thermische Anregung dieser Spinoszillationen führt zum Abbau der magnetischen Fernordnung unterhalb T_C und betreibt den Phasenübergang. Oberhalb T_C bewirken diese Fluktuationen die Ausbildung einer ausgeprägten magnetischen Nahordnung. Den sehr schnellen Fluktuationen der Elektronenkorrelation sind in der Nähe von T_C die thermodynamischen Schwankungen mit ihrer um Größenordnungen höheren Lebensdauer überlagert, aber zwischen der thermodynamischen Theorie des kritischen Verhaltens bei T_C und der mikroskopischen Spinfluktuationstheorie besteht kein direkter innerer Zusammenhang; sie scheinen voneinander unabhängig zu sein.

2.5 Magnetismus des γ-Eisens

2.5.1 Der antiferromagnetische Grundzustand

Im Gegensatz zum ferromagnetischen α-Eisen besitzt das γ-Eisen einen antiferromagnetischen Grundzustand. Da das γ-Eisen nur bei höheren Temperaturen im Bereich $1184\,\mathrm{K} < T < 1665\,\mathrm{K}$ thermodynamisch stabil ist, erfordern unmittelbare Untersuchungen der Grundzustandseigenschaften eine Stabilisierung der γ-Phase bis zu sehr tiefen Temperaturen. Eine solche Stabilisierung ist verwirklicht in kohärenten γ-Eisen-Ausscheidungen, die in übersättigten Kupfer-Eisen-Mischkristallen mit etwa 1 - 3 % Fe durch Auslagerung bei höheren Temperaturen entstehen [17, 18]. Eine zweite Möglichkeit bieten auf Kupfer [19] bzw. auf Kupferlegierungen [20, 21] gewachsene dünne epitaktische γ-Eisen-Schichten. So wurde mit Hilfe der Mössbauer-Spektrometrie [22] und mittels Neutronenstreuung [23, 24] ein unmittelbarer Nachweis einer antiferromagnetischen Ordnung in den oben erwähnten Ausscheidungen erbracht und übereinstimmend eine magnetische Umwandlungstemperatur (Néeltemperatur T_N) von 67 K und ein magnetisches Moment von ~0.7 μ_B für die Atome des γ-Eisens ermittelt.

Während in einem Ferromagneten alle Momente einheitlich parallel ausgerichtet sind, werden in antiferromagnetischen Systemen die magnetischen Momente bereits in Dimensionen der kristallographischen Einheitszelle so kompensiert, daß nach außen kein magnetisches Moment wirksam ist. Die Anordnung der Spins kann dabei sehr unterschiedlich sein: in kollinearen Spinstrukturen eine Antiparallelstellung der Spins benachbarter Atome in bestimmten ausgezeichneten kristallographischen Richtungen, in nichtkollinearen Strukturen eine Verkantung der Spinrichtungen oder spiralförmige (helikale) Strukturen, in denen die Spinrichtung von Atom zu Atom um einen bestimmten Winkel verdreht ist. Zwischen der antiferromagnetischen Spinanordnung und der Kristallstruktur besteht eine wechselseitige Abhängigkeit. Die Kristallstruktur gibt vor, welche kollineare antiparallele Spinstruktur möglich ist, und diese beeinflußt umgekehrt die Kristallsymmetrie. In der kfz. Struktur sind 4 der 12 nächsten Nachbaratome untereinander wiederum nächste Nachbarn (s. Kap. 1.2), so daß ein beliebiges Atom nicht nur von Atomen mit entgegengesetztem Spin umgeben sein kann. Vielmehr treten auch bei größtmöglicher antiferromagnetischer Ordnung neben antiparalleler Spinkopplung auch parallel gerichtete Spins zwischen nächsten Nachbarn auf. In der in Bild 2.15 a wiedergegebenen kollinearen Spinstruktur besitzen nächste Nachbaratome in den (100)-Ebenen gleiche Spinrichtung, zwischen benachbarten (100)-Ebenen besteht eine antiparallele Spinkopplung. Als Folge dieser "Spinfrustrationen" treten symmetrieerniedrigende Verzerrungen auf, die die kubische Symmetrie brechen. Zwischen Nachbarn gleicher Spinrichtung sind die Abstände vergrößert gegenüber den Abständen zwischen Atomen antiparalleler Spinrichtung: der Kristall ist tetragonal verzerrt mit einem Achsenverhältniss $c/a < 1$ (Bild 2.15 b). Die vergrößerten Abstände zwischen Atomen gleicher Spinrichtung vermindern deren Kopplung und begünstigen damit energetisch die antiferromagnetische Spinstruktur. So ist z.B. die antiferromagnetische Ordnungseinstellung in γ-Mangan mit einem sehr ausgeprägten Phasenübergang kfz.→tfz. (tetragonal-flächenzentriert) bei gleichzeitiger Volumenzunahme verbunden (Kap. 4.1.6) [25].

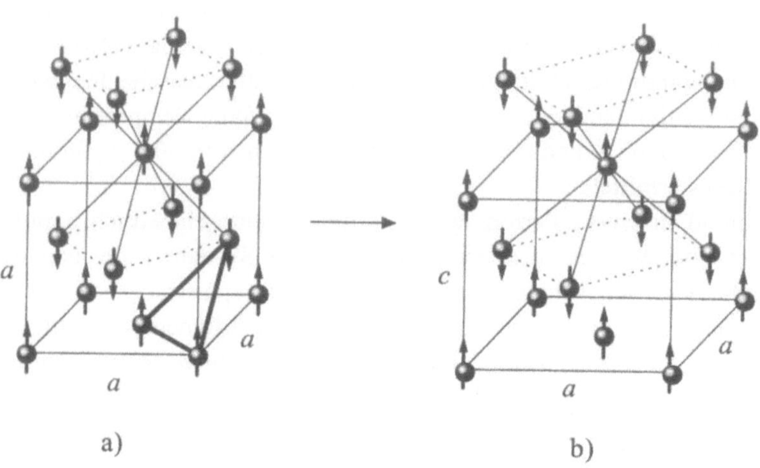

Bild 2.15. AF-I-Struktur. a) "frustruiert" b) im Gleichgewicht durch Verzerrung (c/a < 1).

Auch in den antiferromagnetischen γ-Eisen-Ausscheidungen in Cu tritt unterhalb 67 K eine Symmetrieerniedrigung der kfz. Struktur auf [25], die jedoch mit der einfachen kollinearen AF-Struktur nicht hinreichend beschrieben werden kann. Vielmehr wird die Spinfrustration ausgeglichen durch Gitterverzerrungen, die sich aus Komponenten aller drei Raumrichtungen zusammensetzen und zu einer periodisch verzerrten Gitterstruktur führen [26]. Wie die schematische Darstellung in Bild 2.16 zeigt, sind die Atompositionen in der c-Ebene in Form einer statischen transversalen Gitterwelle in Richtung [100] moduliert. Die Wellenlänge λ beträgt bei tiefen Temperaturen ~10 nm und die maximale Verzerrung $\Delta \approx 0.05$ nm. Während in Richtung der c-Achse das Gitter einheitlich um etwa 0.17 % kontraktiert, sind die Verzerrungen in der c-Ebene mit ~2.5 % wesentlich größer, so daß insgesamt eine uneinheitliche orthorhombische Gitterstruktur resultiert ($a^+ > c > a^-$). An den Knotenpunkten der Scherwelle wird die orthorhombische Verzerrung maximal (Verhältnis der Gitterkonstanten $a^-/a^+ = 0.975$), und an den Wellenbäuchen tritt lediglich eine tetragonale Verzerrung auf $c/a = 0.995$ mit $a^+ = a^-$. Die Gitterverzerrung ist mit einer Volumenzunahme des Kristalls von ~0.25 % verbunden [25, 27]. Der periodischen Gitterstruktur ist eine antiferromagnetische Spinstruktur mit gleichem

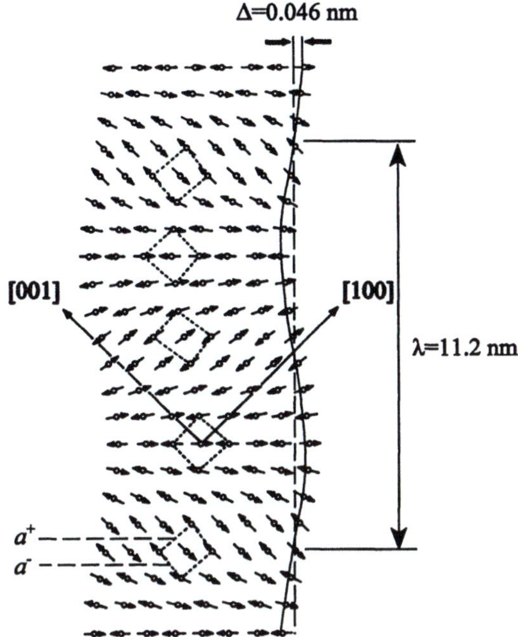

Bild 2.16. Schematische Darstellung der periodischen Gitterverzerrung und der Spinstruktur von γ-Fe-Ausscheidungen in Cu (c-Ebene). Mittlerer Teilchendurchmesser ~50 nm (nach [28]).

wellenförmigen Charakter überlagert [28]. Da die Umwandlung bei 67 K eine Temperaturhysterese aufweist, ist sie erster Art, und daraus folgt, daß durch die Modulierung der kfz. Gitterstruktur die antiferromagnetische Ordnung in den γ-Fe-Ausscheidungen stabilisiert wird.

Aufgrund der unterschiedlichen Gitterkonstanten zwischen den γ-Eisen-Ausscheidungen und der Matrix entstehen Kohärenzspannungen, die durch die periodische Gitterstruktur auf ein Mindestmaß reduziert werden. Es stellt sich daher die Frage, ob die an den feindispersen Ausscheidungen gewonnenen Ergebnisse auch für einen massiven Kristall gültig sind, da die Kohärenzspannungen von der Teilchengröße abhängig sind. Die Abhängigkeit der magnetischen Umwandlungstemperaturen vom mittleren Teilchendurchmesser gibt Bild 2.17 wieder [21]. Bei großen Durchmessern (d>50 nm) – und an solchen wurde die oben beschriebene periodische Struktur ermittelt – erreicht die Umwandlungstemperatur den Grenzwert von 67 K, und das magnetische Moment beträgt 0.7 μ_B. Die Ausscheidungen dürfen indessen nicht beliebig wachsen, denn eine obere Grenze ist durch den Verlust der Kohärenz mit der Matrix gegeben,

d. h. die Ausscheidungen besitzen dann die bei tiefen Temperaturen stabile Struktur des α-Eisens.

Für kleinere Teilchen (d<25 nm) aber bleibt die kubische Symmetrie der kfz. Struktur beim magnetischen Phasenübergang $T_N \approx 40\,K$ erhalten. Das Moment ist – wie aus Messungen des Hyperfeinfeldes mit dem Mössbauer-Effekt abgeschätzt werden kann – auf $0.4 - 0.5\,\mu_B$ erniedrigt. Im Größenbereich zwischen 25 und 50 nm herrscht ein Mischzustand, und für sehr kleine Ausscheidungen mit kfz. Struktur (d<12.5 nm) wird mit abnehmendem Teilchendurchmesser ein sehr starker Abfall der Néeltemperatur beobachtet, der auf superparamagnetische Relaxationen zurückzuführen ist.

Durch geringe Beimengungen von Kobalt wird die strukturelle Umwandlung unterdrückt; die Symmetrie der kfz. Struktur auch größerer Ausscheidungen bleibt ungebrochen [29]. Die an den kubischen γ-Fe$_{1-x}$Co$_x$-Ausscheidungen gewonnenen Ergebnisse führen zu einer Néeltemperatur des kubischen γ-Eisens von 50 K in befriedigender Übereinstimmung mit dem aus Bild 2.17 folgenden Wert.

Die kubische Symmetrie des kfz. Gitters und eine kollineare antiferromagnetische Spinstruktur sind aber unvereinbar. So besitzt das kubische γ-Eisen – wie aus Neutronen-Streuexperimenten folgt – eine nichtkollineare, spiral-

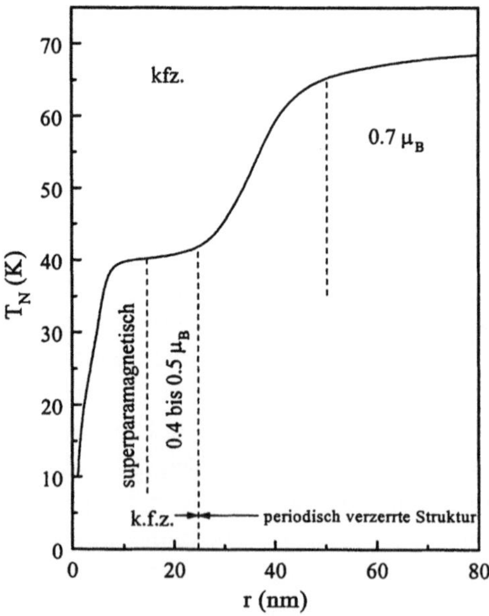

Bild 2.17. Magnetische Übergangstemperatur in Abhängigkeit vom mittleren Durchmesser von γ-Fe-Ausscheidungen in Cu (nach[21]).

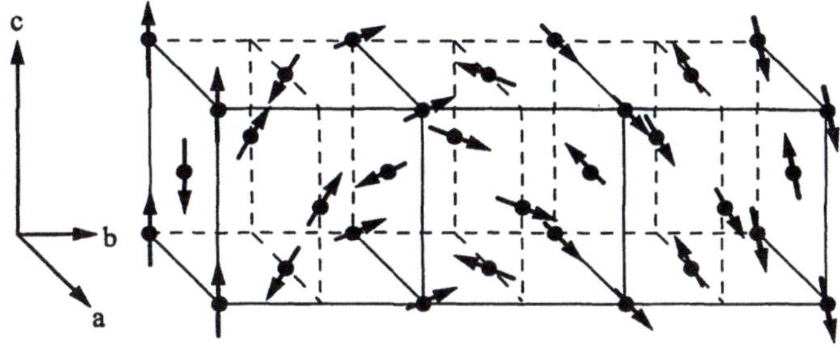

Bild 2.18. Schema einer Spin-Spirale im kubischen γ-Eisen (nach[29]).

förmige Spinanordnung (Bild 2.18) [29]. Die Spins, die in der a-c-Ebene antiferromagnetisch gekoppelt sind, haben b- und/oder c-Komponenten. Eine parallele Spinkopplung in der b-c-Ebene wird teilweise ausgeglichen auf Kosten der antiparallelen Kopplung in einer anderen Ebene (a-b-Ebene). Insgesamt wird so die ferromagnetische Komponente durch die spiralige Modulation über einer Periodenlänge von 10 Gitterabständen kompensiert. Dieser experimentelle Befund findet eine Bestätigung durch die Theorie, denn Berechnungen der Gesamtenergie weisen die Spiralstruktur als die stabilste antiferromagnetische Struktur des γ-Eisens aus [30].

Die experimentellen Ergebnisse lassen sich so zusammenfassen:

1. γ-Eisen-Ausscheidungen hinreichender Größe (d>50 nm) besitzen eine modulierte Gitterstruktur, die den Antiferromagnetismus stabilisiert. Dieser Gitterverzerrung ist eine entsprechend modulierte Spinstruktur überlagert. Die strukturelle und magnetische Übergangstemperatur beträgt 67 K und das magnetische Moment 0.7 μ_B.

2. γ-Eisen-Ausscheidungen mit voller kubischer Symmetrie weisen eine Néel-temperatur $T_N \approx 40$ bis 50 K auf und ein magnetisches Moment von 0.4 bis 0.5 μ_B in einer spiralförmigen Spinanordnung. Diese den antiferromagnetischen Grundzustand kennzeichnenden Werte sind für ein hypothetisches bei tiefen Temperaturen stabiles massives γ-Eisen gültig.

2.5.2 Moment-Volumen-Kopplung in γ-Eisen

Die Übergangsmetalle zeigen in Abhängigkeit vom Atomvolumen eine Folge unterschiedlicher magnetischer Eigenschaften. Allgemein gilt, daß magnetische Übergangsmetalle bei komprimiertem Volumen nichtmagnetisch werden und nichtmagnetische Übergangsmetalle bei hinreichend ausgedehntem Volumen ferromagnetisch. Die magnetischen Zustände und Momente ändern sich jedoch nicht stetig mit dem Atomvolumen; es treten Singularitäten in der Volumenabhängigkeit auf, d. h. bei Erreichen eines definierten kritischen Volumens erfolgt eine plötzliche Änderung des Momentes (Moment-Volumen-Kopplung). Im α-Eisen verläuft der Übergang vom nichtmagnetischen in den ferromagnetischen Zustand ähnlich einer kontinuierlichen Phasenumwandlung bei einem allerdings sehr kleinen, experimentell nicht erreichbaren Atomvolumen. Der ferromagnetische Zustand des α-Eisens ist folglich sehr stabil (s. Kap. 2.4.1. und Bild 2.12). Im γ-Eisen dagegen treten verschiedene magnetische Zustände in einem Volumenbereich auf, der dem Experiment zugänglich ist. Allein die temperatur- und legierungsbedingten Volumenänderungen bewirken, daß unterschiedliche magnetische Phasen entstehen. Neben dem antiferromagnetischen Grundzustand mit kleinem Volumen und kleinem Moment, dem sog. γ_1-Zustand, existiert – so postulierte R. J. Weiss [31] – ein zweiter sog. γ_2-Zustand, der ferromagnetisch geordnet ist und sich durch ein hohes Moment und ein großes Atomvolumen auszeichnet. Die Weiss'schen Annahmen werden gestützt durch Extrapolation der physikalischen Eigenschaften von γ-Eisenlegierungen, die je nach Legierungssystem ferro- oder antiferromagnetisch geordnet sind. Aus der Konzentrationsabhängigkeit des magnetischen Momentes und des Atomvolumens antiferromagnetischer Legierungen (z. B. Fe-Mn, Fe-C, Fe-N) folgen Werte, die dem γ_1-Zustand entsprechen: $\mu(\gamma_1)=0.5\,\mu_B$; $V(\gamma_1)=11.30\times10^{-3}\,\text{nm}^3$, während eine Extrapolation aus ferromagnetischen Legierungsreihen (z. B. Fe-Ni, Fe-Pt, Fe-Pd) auf den γ_2-Zustand schließen lassen: $\mu(\gamma_2)=2.8\,\mu_B$; $V(\gamma_2)=12.06\times10^{-3}\,\text{nm}^3$. Mit Hilfe dieses fruchtbaren und wegweisenden "γ_1-γ_2-Modells" fand eine Reihe von Fragen – insbesondere das Invarproblem (s. Kap. 4.4) – eine qualitative Deutung. Auch die Schwierigkeiten, das Hochtemperaturverhalten des γ-Eisens mit seinen Grundzustandseigenschaften in Einklang zu bringen, konnten behoben werden (s. Kap. 3). Wenn auch die Weiss'schen Vorstellungen phänomenologischer Natur sind und keine Rückschlüsse erlauben über die Art und Weise der Kopplung zwischen Moment und Volumen, so besitzt der Grundgedanke der Existenz zweier verschiedener magnetischer Zustände aber nicht nur hypothetischen Charakter. Er ist gültig und wird begründet durch die Ergebnisse von Bandstrukturrechnungen und deren Bestätigung durch das Experiment.

Bild 2.19 zeigt neuere Berechnungsergebnisse. In ihm sind die Gesamtenergien bezogen auf den Grundzustand $E-E_0$ und die magnetischen Momente in Abhängigkeit vom Atomvolumen dargestellt. Die verschiedenen Kurven entsprechen unterschiedlichen magnetischen Zuständen:

- Der nichtmagnetische Zustand NM, dadurch charakterisiert, daß er ebenso viele $\uparrow$- wie $\downarrow$-Elektronen enthält, und der erst bei stark komprimiertem Atomvolumen ($V_{At}<9\times10^{-3}\,\text{nm}^3$) stabil würde.

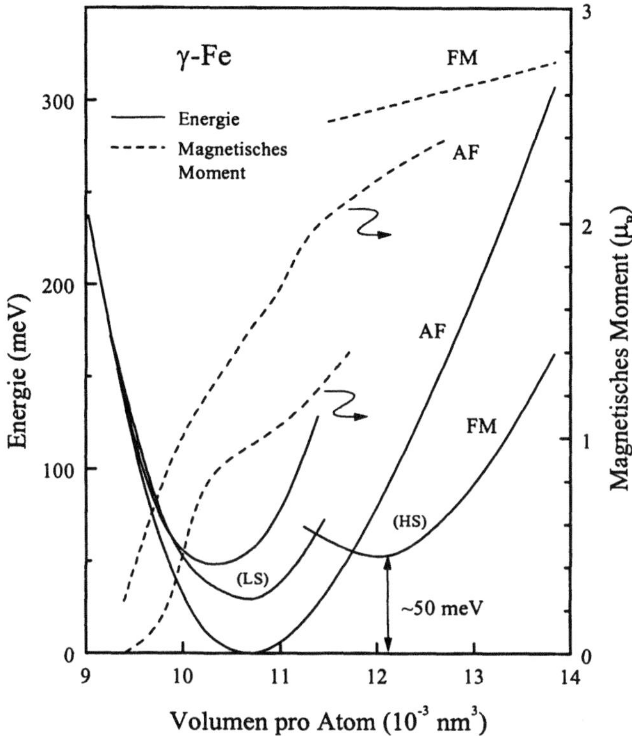

Bild 2.19. Gesamtenergie und magnetisches Moment in Abhängigkeit vom Atomvolumen für verschiedene magnetische Zustände des γ-Eisens. NM: nichtmagnetisch, FM: ferromagnetisch, AF: antiferromagnetisch (nach [32]).

- Der ferromagnetische Zustand FM, der zwei Minima aufweist, von denen eines einem instabilen ferromagnetischen low-spin-Zustand (LS) mit kleinem Volumen und kleinem Moment entspricht, das andere einem ferromagnetischen high-spin-Zustand (HS), der stabiler ist als ein antiferromagnetischer Zustand gleichen Volumens.

- Der antiferromagnetische Zustand AF, der – wie aufgrund der experimentellen Ergebnisse erwartet – Grundzustand ist. Antiferromagnetischer Grundzustand und ferromagnetischer LS-Zustand besitzen nur gering unterschiedliche Volumina und Momente

Die einem Wechsel vom LS- in den HS-Zustand zugrunde liegenden Änderungen der elektronischen Struktur vermittelt die Darstellung der

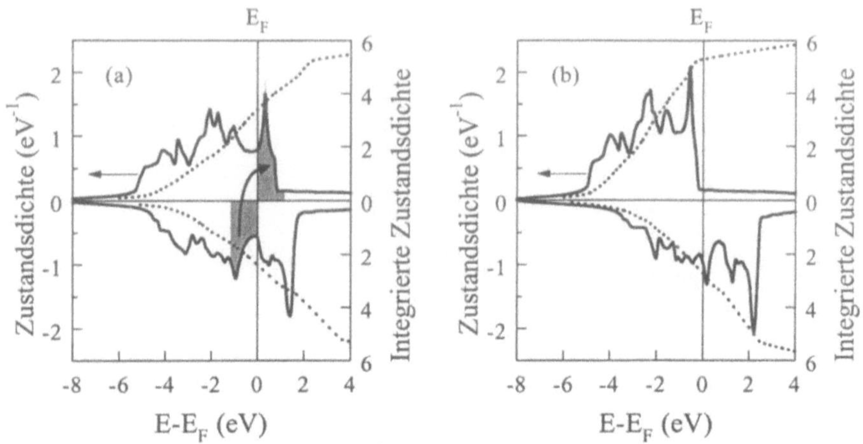

Bild 2.20. Spinpolarisierte Zustandsdichte von (a) LS- und (b) HS-γ-Eisen (nach [32]).
Punktiert: Integrierte Zustandsdichte (Zahl der Elektronen)

spinpolarisierten Zustandsdichten in Bild 2.20. Die zugehörigen Gleichgewichts-volumina entsprechen den beiden Kurvenminima (für LS bzw. HS) in Bild 2.19. Durch Vergrößerung des LS-Atomabstandes erfolgt eine Umverteilung der Elektronen in den durch graue Schattierung gekennzeichneten Zustandsbereichen (Bild 2.20a). Elektronen des Minoritätsbandes dicht unterhalb der Fermi-energie E_F, werden – wie die Pfeilrichtung anzeigt – in nicht besetzte Zustände des Majoritätsbandes oberhalb E_F transferiert. Zunehmende Auffüllung des Majoritätsbandes vergrößert die Bandaufspaltung, und bei vollständiger Besetzung liegt E_F oberhalb der Bandkante: γ-Eisen im HS-Zustand ist ein starker Ferromagnet (Bild 2.20b). Fügt man dem HS-γ-Eisen weitere Elektronen durch Legierungselemente (mit höherer Elektronenzahl als Eisen) hinzu, wird das Minoritätsband besetzt und das magnetische Moment nimmt gemäß der Slater-Pauling-Kurve ab (Bild 4.3).

Nach Bild 2.19 wird das thermodynamische Gleichgewicht bestimmt durch die beiden Kurvenminima mit den kleinsten Gesamtenergien bei $V_{At}=10.7\times10^{-3}\,\mathrm{nm}^3$ bzw. $V_{At}=12.1\times10^{-3}\,\mathrm{nm}^3$. Daraus folgt die Koexistenz zweier Zustände: ein antiferromagnetischer Grundzustand mit einem relativ kleinen magnetischen Moment und ein ferromagnetischer HS-Zustand mit großem Moment.

Der Übergang vom antiferromagnetischen in den ferromagnetischen Zustand am Schnittpunkt der AF- mit der FM-Kurve ist mit einer sprunghaften Vergrößerung des magnetischen Momentes verbunden und beweist damit eine ausgeprägte Moment-Volumen-Kopplung. Für solche volumenabhängigen Instabilitäten der magnetischen Zustände bei gleichzeitiger diskontinuierlicher Änderung der Momente wurde der Terminus "Moment-Volumen-Instabilität" eingeführt.

Um den volumenbedingten magnetischen Phasenübergang experimentell untersuchen zu können und den ferromagnetischen HS-Zustand zu realisieren, bedarf es großer Gitteraufweitungen, die durch kohärente Ausscheidungen des γ-Eisens in Kupfer nicht zu erreichen sind, da sie über den Gitterabstand des Kupfers hinausreichen. γ-Eisen kann in sehr dünnen Schichten durch epitaktisches Wachstum auf einkristallinen Kupfer- bzw. Kupferlegierungsoberflächen stabilisiert werden. Dabei werden ihm große Gitterabstände aufgezwungen. Cu_3Au besitzt ein um 11 % größeres Atomvolumen als Cu, und in der Tat erweisen sich aus einigen Monolagen bestehende epitaktische γ-Eisen-Schichten auf Cu_3Au als ferromagnetisch. Auch Nitride und Karbide des Eisens befinden sich in einem high-spin-Zustand (z.B. die kfz. γ'-Fe_4N-Phase) aufgrund des expandierten Gitters durch die interstitiellen Stickstoff- und Kohlenstoffatome (s. Kap. 5).

Bild 2.21 enthält repräsentative Ergebnisse über die magnetischen Zustände des γ-Eisens in Abhängigkeit von der Gitterkonstanten bzw. vom Atomvolumen. Das mit der Konversionselektronen-Mössbauerspektroskopie gemessene Hyperfeinfeld, das ein Maß für das magnetische Moment ist, ändert sich sprunghaft bei einem kritischen Volumen $V_c = a_c^3/4$ von etwa $12.0 \pm 0.1 \times 10^{-3}\,nm^3$ ($a_c = 0.364\,nm$). Der antiferromagnetische Zustand mit kleinem Moment geht durch eine diskontinuierliche Umwandlung in den ferromagnetischen Zustand mit hohem Moment über. Die Atomvolumina des massiven γ-Eisens, der γ-Eisen-Ausscheidungen in Cu, des γ-Eisens in epitaktischen Schichten Fe(001)/Cu_3Au(001) und für das Nitrid Fe_4N sind durch Pfeile gekennzeichnet. Magnetisierungsmessungen an Vielschichtsystemen, die alternierend aus Cu(Au)- und γ-Eisenschichten aufgebaut sind, weisen für den ferromagnetischen Zustand ein hohes magnetisches Moment von $2.5 - 2.7\,\mu_B$ aus, und aus der Temperaturabhängigkeit der Magnetisierung kann eine Curietemperatur von $400 - 580\,K$ (abhängig von Schichtzahl und Schichtdicke) abgeschätzt werden [33].

Experiment und Theorie stimmen in den Grundaussagen überein, daß bei Erreichen eines kritischen Volumens der antiferromagnetische Zustand durch eine diskontinuierliche Phasenumwandlung in einen ferromagnetischen HS-Zustand übergeht. Zwischen diesen beiden Zuständen besteht ein so geringer Energieunterschied $E_{AF} - E_{FM} \approx -50\,meV$, daß der höherenergetische HS-Zustand thermisch angeregt werden kann ($50/k_B\,meV \rightarrow 600\,K$). Einer solchen Anregung liegt die in Bild 2.20 beschriebene Umverteilung der Elektronen zugrunde. Die Existenz ferromagnetischer Korrelationen wurde durch Neutronenstreuung im

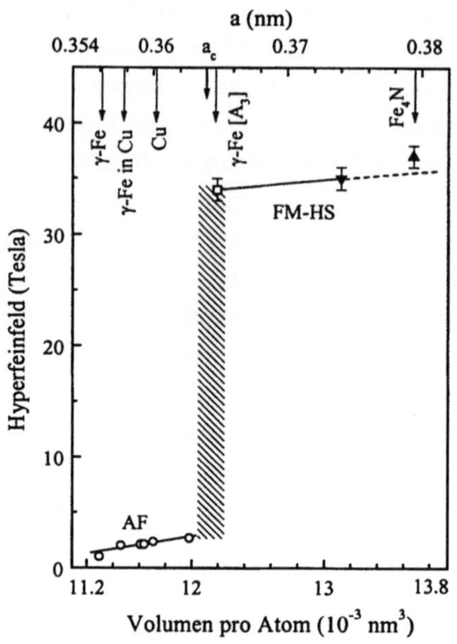

Bild 2.21. Hyperfeinfeld in Abhängigkeit von der Gitterkonstanten für (O) γ-Fe-Ausscheidungen in Cu und Cu-Al (AF-Zustand), für (□) γ-Fe-Schichten Fe(001)/Cu(001) und (▼) Fe(001)/Cu₃Au(001) (FM-Zustand) (nach [21]). ▲: Fe₄N.

Stabilitätsgebiet der γ-Phase (T = 1184 – 1665 K) nachgewiesen und ein mittleres Moment von 1 μ_B gemessen [13, 34]. Dieses Moment ist doppelt so groß wie das experimentell ermittelte Moment von 0.5 μ_B im antiferromagnetischen Grundzustand und ähnlich dem des α-Eisens (~1.3 μ_B) bei vergleichbaren Temperaturen. Das aus der Theorie und aus dem Weiss'schen Modell folgende Moment von $\mu \approx 2.8\,\mu_B$ ist zwar deutlich größer, jedoch auf T = 0 bezogen. Auch ist zu berücksichtigen, daß nur solche Fluktuationen zum beobachteten Moment beitragen, deren Lebensdauer größer ist als die für das Experiment charakteristische Meßzeit von einigen 10^{-13} s. Während für den ferromagnetischparamagnetischen Phasenübergang vornehmlich transversale (Richtungs-) Fluktuationen des Momentes verantwortlich sind (Fluktuationen der Vektorrichtungen), wird der LS-HS-Übergang durch longitudinale Moment-Fluktuationen betrieben (Fluktuationen der Vektorlänge). Neuere Ergebnisse der Neutronenstreuung an eisenreichen Fe-Ni-Legierungen mit antiferromagnetischem Grundzustand bestätigen die Existenz longitudinaler Fluktuationen im paramagnetischen Temperaturbereich und zeigen eine Zunahme ferromagnetischer Korrelationen mit steigender Temperatur [35]. Da die Momentfluktuationen mit Volumenfluktuationen gekoppelt sind, darf angenommen werden, daß ihre Lebensdauer größer ist als die durch die Debye-Frequenz bestimmte Schwingungsdauer der Atome ($\tau \sim 10^{-13}$ s.).

Es gibt allerdings keine Anzeichen von antiferromagnetischen Korrelationen, die auf einen direkten Übergang AF→FM im paramagnetischen Temperaturbereich hinweisen. Vielmehr scheint nach Auflösung der antiferromagnetischen Ordnung oberhalb T_N ein Zwischenzustand aufzutreten, der dem instabilen ferromagnetischen LS-Zustand in Bild 2.19 entspricht. Das Volumen dieses LS-Zustandes ist – wie Bild 2.19 zu entnehmen ist – geringfügig kleiner als das Volumen des AF-Grundzustandes, da dessen Gitter – wie experimentell nachgewiesen – aufgrund einer positiven Volumenmagnetostriktion ($\Delta V / V \approx 0.25\,\%$) aufgeweitet ist [25].

Aufgrund der Moment-Volumen-Kopplung verursacht die Anregung von HS-Zuständen eine anomale Vergrößerung des Atomvolumens und damit der thermischen Ausdehnung. Die Bezeichnung dieser Ausdehnungsanomalie als "Antiinvar-Effekt" drückt ein zum "Invar-Effekt" inverses Verhalten aus, insofern, als letzterer eine anomal geringe thermische Ausdehnung beschreibt, die auf einen Übergang von einem HS-Grundzustand in einen thermisch angeregten LS-Zustand zurückzuführen ist (s. Kap. 4.1.4).

Die Moment-Volumen-Instabilitäten beeinflussen – wie in Kap. 3 ausführlich erörtert wird – die gesamten thermischen Eigenschaften des γ-Eisens. Sein magnetisches Verhalten, geprägt durch die Moment-Volumen-Kopplung, ist verantwortlich für seine vielen physikalischen Besonderheiten und für die der γ-Eisenlegierungen.

2.6 Magnetismus des ε-Eisens

Das hdp. ε-Eisen ist bei hohen Drucken ($p > 13\,$GPa) stabil. Aus der Druckabhängigkeit der γ→ε-Umwandlungstemperatur folgt, daß im Grundzustand unter Normaldruck die ε-Phase stabiler ist als die γ-Phase (Bild 1.1). Dem entspricht auch die größere Dichte des ε-Eisens. Aus der Druckabhängigkeit der Gitterkonstanten des ε-Eisens [36] läßt sich sein Atomvolumen unter Normaldruck extrapolieren (Bild 2.22). Die Druckabhängigkeit von a_ε wird für $T = 293\,$K durch die folgende empirische Beziehung beschrieben:

$$a_\varepsilon = 0.2523\,(1 + \frac{P}{32.5})^{-0.065}$$

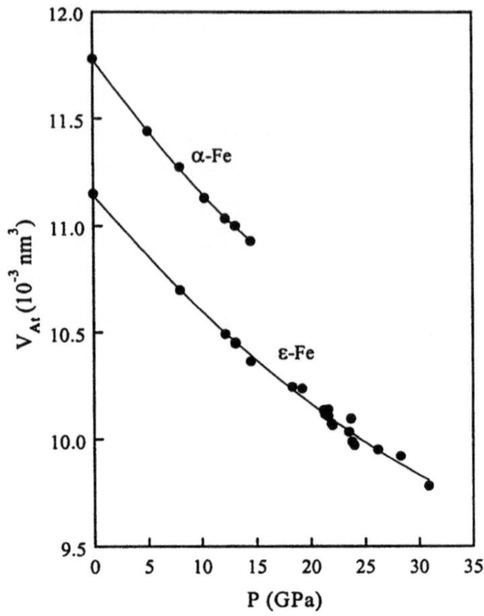

Bild 2.22. Druckabhängigkeit des Atomvolumens von α- und γ-Eisen bei 295 K. Für p = 0 durch Extrapolation: $V_{At} = (11.15 \pm 0.005) \times 10^{-3}$ nm^3 (nach [36]).

(p in GPa, a in nm). Das Achsenverhältnis ist druckunabhängig:

$$c/a = 1.603 \pm 0.001$$

Für das Atomvolumen gilt:

$$V_{At}(\varepsilon) = V_0 (1 + \frac{P}{32.5})^{-0.196} \quad \text{mit} \quad V_0 = 11.15 (\pm 0.05) \times 10^{-3} \text{nm}^3.$$

Wie im Kapitel 2.5.2 ausführlich dargestellt, werden die physikalischen Eigenschaften des γ-Eisens durch das Auftreten von Moment-Volumen-Instabilitäten in besonderer Weise beeinflußt: es gibt kritische Atomvolumina, bei denen ein magnetischer Zustand instabil wird und das magnetische Moment sich sprunghaft ändert. Wegen der kristallographischen Ähnlichkeit der kfz. mit der hdp. Struktur und wegen des geringen Energieunterschiedes zwischen beiden Phasen ist zu vermuten, daß auch die ε-Phase eine extreme Volumenabhängigkeit ihrer magnetischen Eigenschaften aufweist. Die Ergebnisse aus Bandstruktur-rechnungen entsprechen dieser Erwartung [37, 38]. In Bild 2.23 sind die

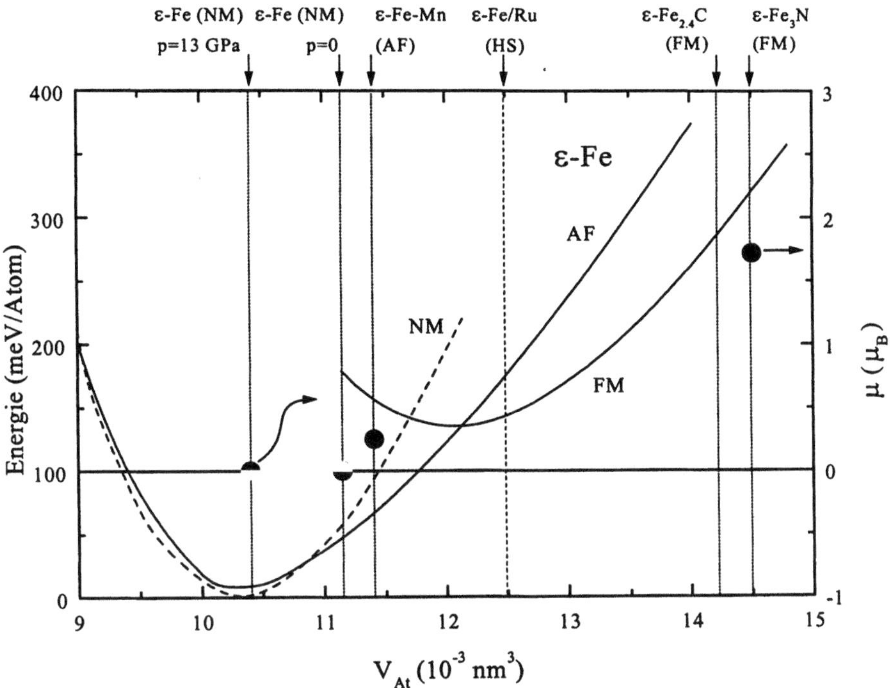

Bild 2.23. Gesamtenergie und magnetisches Moment von ε-Fe. ●: Experimentelle Ergebnisse (s. Text u. Tab. 2.3).

Gesamtenergien für ε-Eisen in Abhängigkeit vom Atomvolumen dargestellt. Es gibt jedoch gegenüber der γ-Phase deutliche Unterschiede. Im Gegensatz zum antiferromagnetischen Grundzustand des γ-Eisens ist das ε-Eisen nichtmagnetisch, wenn auch der Energieunterschied zwischen nichtmagnetischem und antiferromagnetischem Zustand nur sehr gering ist. Antiferromagnetismus tritt erst bei größeren Atomvolumina auf, und dessen magnetisches Moment ist stark volumenabhängig. Bei sehr starken Gitteraufweitungen erweist sich ein ferromagnetischer Zustand mit großem Moment stabiler als die antiferromagnetische Phase. Dieses berechnete Diagramm wird durch die experimentellen Ergebnisse bestätigt.

1. Mit Hilfe der Mössbauer-Spektrometrie wurde nachgewiesen, daß im ε-Eisen bis zu sehr tiefen Temperaturen (T=0.03 K) und Drucken bis 21 GPa in Übereinstimmung mit den Aussagen in Bild 2.23 keine magnetischen Ordnungen

auftreten [39]. Der nichtmagnetische Zustand ist nicht nur bei hohen Drucken, sondern auch bei p=0 gegenüber der γ-Phase stabil.

2. Die ε-Phase tritt in einigen binären Mischkristallen des Eisens mit seinen Homologen Ruthenium [40] und Osmium, sowie mit den benachbarten Elementen Mangan [41] und Iridium [42] und in den ternären Systemen Fe-Co-Mn [43] und Fe-Ni-Cr [44, 45] auf. Die Valenzelektronenkonzentration dieser Legierungen weichen von der des Eisens nur wenig ab (7.7<e/a<8.5). Die ε-Phase entsteht durch martensitische Umwandlungen aus der γ-Phase, ist also nur in Systemen vorzufinden, in denen die Legierungselemente die γ-Phase stabilisieren. Sie ist aber keineswegs nur als metastabile Zwischenstufe bei der γε-Umwandlung auszusehen, sondern stellt eine stabile Phase dar. Durch die Umwandlung des kfz. Gitters in das dichter gepackte hdp. Gitter wird das Atomvolumen verringert. Von einigen ε-Mischkristallen ist bekannt, daß sie sich antiferromagnetisch ordnen, offenbar aufgrund des gegenüber dem reinen ε-Eisen aufgeweiteten Gitters durch die Legierungsatome.

Im System Fe-Mn (s. Bild 4.26) erstreckt sich die ε-Phase über den Konzentrationsbereich von 10 bis 28 At.-% Mn. Die Néeltemperatur (T_N=230 K) und das magnetische Moment (~0.25 μ_B) sind nahezu konzentrationsunabhängig [46]. Das Atomvolumen bei 22 At.-% Mn beträgt 11.45×10^{-3} nm³ und ist damit um ~1.5% geringer als das der γ-Phase.

In Eisen-Ruthenium-Legierungen wird die ε-Phase im Konzentrationsbereich von 12 bis 35 At.-% Ru beobachtet [41]. Die Mischkristalle sind antiferromagnetisch mit einem kleinen Moment von ~0.1 μ_B. Die Néeltemperaturen betragen für $Fe_{70}Ru_{30}$ und $Fe_{85}Ru_{15}$ 60 K bzw. 210 K [47].

3. Die ε-Mischkristalle mit Mangan und Ruthenium befinden sich in einem low-spin-Zustand. Ein high-spin-Zustand des ε-Eisens wird in Eisenschichten erreicht, die epitaktisch auf dem hexagonal kristallisierenden Ruthenium gewachsen sind. Dem dadurch erzielten großen Atomvolumen V_{At}=12.5×10^{-3} nm³ entspricht nach Bild 2.23 ein antiferromagnetischer high-spin-Zustand des ε-Eisens [48].

4. Die Nitride und Karbide des Eisens sind sog. Einlagerungsverbindungen, d.h. die Stickstoff- und Kohlenstoffatome besetzen keine regulären Gitterplätze, sondern befinden sich als Zwischengitteratome in oktaedrischen Lücken-positionen des Metallgitters (s. Kap. 5). Diese eingelagerten Atome verursachen eine starke Volumenexpansion. Das hexagonale Nitrid Fe_3N ist ein Ferromagnet mit einem magnetischen Moment von 1.8 μ_B und einer Curietemperatur T_C=500 K. Der Berechnung des Atomvolumens pro Eisenatom

$$V_{At} = \frac{\sqrt{3}}{4} a^2 c = 14.55 \times 10^{-3} \, nm^3$$

Tab. 2.3. Atomvolumina und magnetische Zustände verschiedener ε-Eisenphasen.

Phase	Atomvol. $(10^{-3}\,nm^3)$	$r_{W.S.}$ (a.u.)	μ (μ_B)	magnetischer Zustand
ε-Fe (p = 13 GPa)	10.45	2.56	0	NM
ε-Fe (p = 0)	11.15	2.62	0	NM
ε-Fe$_{78}$Mn$_{22}$	11.45	2.64	0.25	AF
ε-Fe / Ru (epitakt.)	12.50	2.72		HS
ε-Fe$_3$N	14.56	2.86	1.72	FM, HS
ε-Fe$_{2.4}$C	14.30	2.84		FM, HS

liegt die vereinfachende Annahme zugrunde, daß der Raum der Elementarzelle ausschließlich von Eisenatomen erfüllt ist, die eingelagerten Atome somit nur gitteraufweitend wirken. Trotz der Vernachlässigung des Raumbedarfs der eingelagerten N-Atome erklärt die Darstellung in Bild 2.23 den ferromagnetischen high-spin-Zustand dieser Verbindung. Auch ein isostrukturelles Eisenkarbid mit einer Zusammensetzung ~Fe$_{2.4}$C ist ferromagnetisch. Da dieses Karbid bei einer Temperatur unterhalb der Curietemperatur instabil wird, kann diese nur abgeschätzt werden ($T_C \approx 750\,K$). Das Volumen pro Eisenatom beträgt ~$14.3 \times 10^{-3}\,nm^3$. Die Einlagerungsverbindungen, ihr Magnetismus und die elektronischen Wechselwirkungen werden in Kap. 5 ausführlich abgehandelt.

Die experimentell ermittelten Atomvolumina und die damit verbundenen magnetischen Zustände der verschiedenen ε-Eisenphasen sind in Tabelle 2.3 zusammengefaßt und durch die Pfeilmarkierungen in Bild 2.23 den theoretischen Ergebnissen zugeordnet. Experiment und Theorie finden eine sehr befriedigende wechselseitige Bestätigung.

3. Thermische Eigenschaften

3.1 Wärmekapazität und thermischer Energieinhalt

Am absoluten Nullpunkt – im Grundzustand – sind die Atome mit einer bestimmten Kohäsionsenergie aneinander gebunden. Eine Erwärmung (oder eine sonstige elektrische, magnetische, optische oder mechanische Störung) befördert die Atome aus diesem Grundzustand in einen angeregten Zustand. In diesem Kapitel soll erörtert werden, welche Anregungen durch eine Erwärmung erfolgen und welcher Anregungsenergien sie bedürfen, um zu verstehen, wie die thermische Energie eines Eisenkristalls mit der Temperatur zunimmt und seine Bindungsenergie demnach abnimmt, eine Voraussetzung zum Verständnis der Stabilität der verschiedenen Eisenmodifikationen und deren physikalischer Eigenschaften.

Ein Maß dafür ist die experimentell direkt bestimmbare Wärmekapazität bei konstantem Druck c_p. Durch Zufuhr einer bestimmten Wärmemenge ΔQ während einer gewissen Heizzeit wird die Temperatur einer Probe mit der Masse m um ΔT erhöht: $c_p = (dQ/dT)/m$. Dieses Experiment erfordert sehr genaue Energiemessungen bis zu hohen Temperaturen unter quasiadiabatischen Bedingungen, d. h. unter sorgfältiger Berücksichtigung des Wärmeaustausches zwischen Probe und Umgebung. Die Ergebnisse der zahlreichen Untersuchungen an Eisen weisen bei hohen Temperaturen ($T > 1000$ K) zum Teil erhebliche Unterschiede auf [1]. Nach kritischer Durchsicht der bisherigen Ergebnisse kann die in Bild 3.1 dargestellte Temperaturabhängigkeit der molaren Wärmekapazität als repräsentativ angesehen werden [2-4]. Stark ausgeprägt ist der Einfluß der ferromagnetischen Ordnung des α-Eisens mit dem typischen Merkmal einer kontinuierlichen Umwandlung: ein steiler Anstieg bis zur Curietemperatur und nach Überschreiten eines Spitzenwertes ein sehr steiler Abfall. Die Wärmekapazität ändert sich sprunghaft bei der α-γ- und der γ-δ-Umwandlung. Die Wärmekapazität des γ-Eisens ist deutlich geringer als die des α-Eisens. Der Übergang in den flüssigen Zustand ist mit einem weiteren sprunghaften Anstieg verbunden. Die gestrichelten Kurven beschreiben den aus physikalischen Modellvorstellungen hergeleiteten Verlauf der Wärmekapazität in den Nichtstabilitätsgebieten des α- bzw. γ-Eisens.

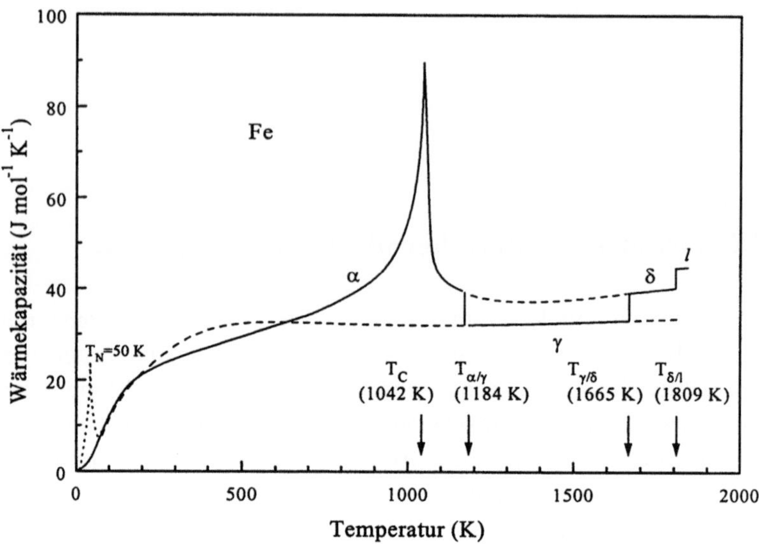

Bild 3.1. Wärmekapazität des Eisens.

Die Wärmekapizität bei konstantem Druck c_p setzt sich – den verschiedenen thermischen Anregungen entsprechend – aus mehreren Anteilen zusammen, und es bedarf zum Verständnis der physikalischen Eigenschaften, der thermodynamischen Funktionen und zur Berechnung der Phasenstabilität (s. Kap. 4) einer Aufgliederung in diese einzelnen Anteile:

a)   den Anteil der Gitterschwingungen (bei konstantem Volumen) c_v, der sich – unter der Annahme harmonischer Schwingungen der Atome um feste Ruhelagen – nach der Debye'schen Theorie berechnen läßt;

b)   einen anharmonischen Beitrag c_{an}, der der thermischen Ausdehnungsarbeit entspricht, die bei der Vergrößerung der Atomabstände infolge Erwärmung aufgebracht werden muß;

c)   einen elektronischen Anteil c_{el}, der durch Temperaturanregung der Elektronen an der Fermikante beigetragen wird;

d)   und – im Falle magnetisch geordneter Stoffe – einen magnetischen Anteil c_m, der der magnetischen Ordnungsenergie entspricht.

Unter der Annahme eines additiven Zusammenhanges der Einzelanteile gilt also:

$$c_p = c_v + c_{an} + c_{el} + c_m.$$

3.1.1 α-Eisen

- Der Gitterschwingungsanteil c_v

Wegen der quasielastischen Bindungskräfte zwischen den Atomen können diese bei Energiezufuhr um ihre Ruhelage schwingen. Über diese thermischen Gitterschwingungen (Phononen) ging Debye von der Annahme aus, daß deren Frequenzen den gesamten Bereich aller möglichen elastischen Schwingungen bis zu einer oberen Grenzfrequenz v_g umfassen. Das Produkt hv_g (h: Planck'sche Konstante) geteilt durch die Boltzmann-Konstante k

$$\frac{hv_g}{k} = \Theta_D \tag{3.1}$$

ist eine für den Kristall charakteristische Größe und wird, da sie die Dimension einer Temperatur hat, Debye-Temperatur Θ_D genannt. Der Gitterschwingungs-anteil der Wärmekapazität ist für alle festen Körper eine Funktion von Θ_D/T als der einzigen Variablen und in Tabellenwerken angegeben [5]. Für tiefe Temperaturen ($T < 0.1\,T/\Theta_D$) vereinfacht sich die Debye-Funktionen zu einem T^3-Gesetz: $c_v \sim (T/\Theta_D)^3$. Bei hohen Temperaturen strebt c_v – wie aus der kinetischen Wärme-theorie folgt – dem Grenzwert $c_v = 3N_A k = 24.95\,J\,mol^{-1}K^{-1}$ zu (N_A: Avagadro-Zahl). Die Debye-Temperatur kann aus den gemessenen c_p-Werten im Bereich des Steilanstieges bei tiefen Temperaturen bestimmt werden. In diesem Tempe-raturbereich sind die übrigen Anteile der Wärmekapazität nicht nur sehr klein, sie können auch – wie weiter unten dargestellt wird – aufgrund theoretisch herleitba-rer Zusammenhänge mit hinreichender Genauigkeit berücksichtigt werden. Dabei zeigt sich, daß Θ_D selbst temperaturabhängig ist. Bei sehr tiefen Temperaturen werden höhere Debye-Temperaturen ermittelt (für $T < 10\,K$: $\Theta_D = 463\,K$), und erst oberhalb $\sim 0.1\,\Theta_D$ wird ein konstanter Wert erreicht: Für α-Eisen $\Theta_D = 430\,K$.

Die Debye'sche Theorie führt das kalorische Verhalten der Materie zurück auf ihre elastischen Eigenschaften. Die niederfrequenten Eigenschwingungen sind stehende Schallwellen, deren Frequenz gleich dem Verhältnis von Schallge-schwindigkeit zur Wellenlänge ist. Da die kürzeste Wellenlänge dem doppelten Atomabstand entspricht, läßt sich die Grenzfrequenz v_g durch eine mittlere Schallgeschwindigkeit $<c>$ und durch das Molvolumen V_{Mol} ausdrücken, und es folgt aus der Forderung, daß die Gesamtzahl der Schwingungen in einem Mol $3N_A$ betragen soll:

$$v_g = <c> \left(\frac{3N_A}{4\pi V_{Mol}} \right)^{1/3}. \tag{3.2}$$

$<c>$ ist mit den Ausbreitungsgeschwindigkeiten für longitudinale Wellen c_l und für transversale Wellen c_t durch die Beziehung

$$\frac{1}{c^3} = \frac{1}{3}\left(\frac{2}{c_t^{\,3}} + \frac{1}{c_l^{\,3}}\right) \tag{3.3}$$

verbunden. Mit den für α-Eisen bei Raumtemperatur gültigen Werten [6]

$$c_t = 3.24 \times 10^5 \, \text{cms}^{-1}, \quad c_l = 5.93 \times 10^5 \, \text{cms}^{-1}$$

folgt aus Gl. (3) und (2):

$$\nu_g = 9.86 \times 10^{12} \, \text{s}^{-1}$$

und aus Gl. (1):

$$\Theta_D^c = 473 \ \text{K}.$$

Damit übertrifft der aus dem elastischen Verhalten ermittelte Wert Θ_D^c die Debye-Temperatur von 430K um etwa 10%, stimmt aber gut überein mit dem aus Wärmekapazitätsmessungen bei tiefen Temperaturen gewonnenen Wert $\Theta_D^c = 463\,\text{K}$ [6]. Die Temperaturabhängigkeit der Debye-Temperatur und die unterschiedlichen Ergebnisse aus elastischen und kalorischen Messungen liegen in der Dispersion der Schallwellen begründet. Für große Wellenlängen, die man wie Schwingungen eines elastischen Kontinuums behandeln kann, ist die Ausbreitungsgeschwindigkeit größer als für die bei tiefen Temperaturen eingefrorenen kurzen Wellenlängen.

- Der anharmonische Gitterschwingungsanteil c_{an}

Die Tatsache, daß bei hohen Temperaturen der Gitterschwingungsanteil nicht dem Grenzwert $c_v = 24.92\,\text{J}\,\text{mol}^{-1}\text{K}^{-1}$ zustrebt, sondern weiterhin ansteigt, beruht u.a. auf der mit der Erwärmung verkoppelten thermischen Ausdehnung und ist wie diese bedingt durch die anharmonische Natur der Gitterschwingungen. Mit zunehmender Schwingungsamplitude durch Temperaturerhöhung wächst der mittlere Atomabstand, und entsprechend nehmen Bindungsenergie und Schwingungsfrequenz ab. Der anharmonische Anteil ist ein Maß für die Energie, die wegen der Vergrößerung der mittleren Atomabstände bei Erwärmung gegen die Bindungskräfte zwischen den Atomen aufgewendet werden muß. Er läßt sich auf die beiden meßbaren Größen – den thermischen Volumenausdehnungskoeffizienten β und die Kompressibilität κ – zurückführen, gemäß

$$c_{an} = \frac{\beta^2 V_{Mol} T}{\kappa} \tag{3.4}$$

(V_{Mol}: Molvolumen). Da Kompressibilität und Molvolumen am absoluten Nullpunkt endlich bleiben, während die thermische Ausdehnung mit abnehmender Temperatur gegen Null geht, spielt c_{an} nur bei mittleren und hohen Temperaturen eine merkliche Rolle und kann bei tiefen Temperaturen vernachlässigt werden. Da die Kenntnis von κ besonders bei höheren Temperaturen mit großen Unsicherheiten behaftet ist, kann statt Gl. (4) eine Näherungsformel verwendet werden:

$$c_{an} = \beta c_v T \gamma \tag{3.5}$$

mit der Grüneisen-Konstanten $\gamma = 1.7$ für α-Eisen. Mit diesem Wert läßt sich die Temperaturabhängigkeit von c_{an} durch eine Gerade mit der Steigung $2.1\, \mathrm{mJ\, mol^{-1} K^{-2}}$ beschreiben.

- *Die elektronische Wärmekapazität c_{el}*

Zur Wärmekapazität tragen nur die Elektronen bei, deren Zustände innerhalb eines Energiebereichs kT vom Fermi-Niveau liegen. Nur die N Elektronen aus diesem Energiebereich (bei 300 K etwa 0.025 eV) können thermisch angeregt werden und bei der Temperatur T einen Beitrag NkT zur Wärmekapazität liefern. Dieser Beitrag ist somit abhängig von der Zustandsdichte an der Fermikante $N(E_F)$ und direkt proportional der Temperatur:

$$c_{el} = \gamma T \tag{3.6}$$

mit

$$\gamma = (\pi^2/3)^2 N(E_F)(1 + \lambda). \tag{3.7}$$

Der "enhancement"-Faktor λ berücksichtigt den Einfluß von Wechselwirkungen zwischen den Elektronen und Phononen, da die angeregten Elektronen das Bestreben haben, den Kristall in ihrer Umgebung zu polarisieren bzw. zu verzerren. λ besitzt für Eisen den Wert ~ 0.5 [7, 8]. Der Einfluß der Elektron-Phonon-Wechselwirkung ist auf tiefe Temperaturen beschränkt und oberhalb $\sim \Theta_D / 2$ zu vernachlässigen.

Aufgrund der linearen Abhängigkeit von der Temperatur ist die Elektronenwärme nur in zwei weit voneinander entfernten Temperaturbereichen zu

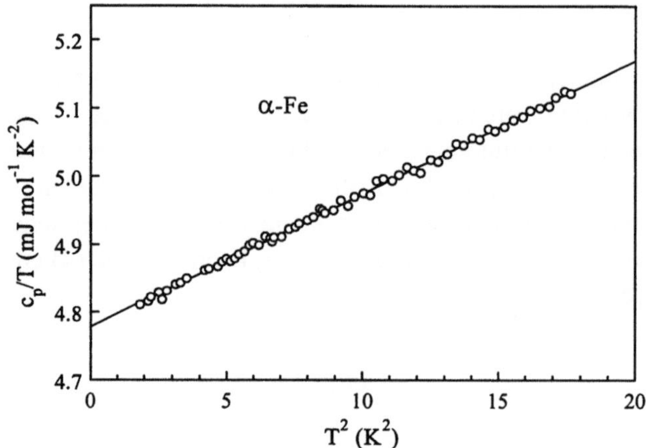

Bild 3.2. Bestimmung der Elektronenwärme von α-Eisen (nach[6]).

beobachten: bei hohen und sehr tiefen Temperaturen, während sie bei mittleren Temperaturen von den übrigen Beiträgen so überdeckt wird, daß sie sich sicherer Beobachtungsmöglichkeit entzieht. Bei hohen Temperaturen, wenn die Gitterwärme sich dem Debye'schen Grenzwert nähert, verursacht die Elektronenwärme einen deutlichen Anstieg der Wärmekapazität und übertrifft den Einfluß der Anharmonizität der Gitterschwingungen.

Um den elektronischen Anteil zu bestimmen, ist es zweckmäßig, die experimentellen c-Werte in einem Diagramm der Form c/T in Abhängigkeit von T^2 aufzutragen. Dann sollten alle Meßpunkte auf einer Geraden liegen mit dem Achsenabschnitt γ. Bild 3.2 zeigt eine derartige Darstellung. Aus ihr folgt ein γ-Wert von 4.78 mJ mol^{-1}K^{-1}, der aber einer geringen Korrektur bedarf, da ein dem T^3-Gesetz folgender Gitteranteil βT^3 und in ferromagnetischen Metallen ein magnetischer Beitrag durch Anregung von Spinwellen $\alpha T^{3/2}$ zu einem etwas kleineren Wert von γ führen. Bei hinreichend tiefen Temperaturen läßt sich die Wärmekapazität des α-Eisens als Summe der beteiligten Anregungen in folgender Form darstellen:

$$c = \gamma T + \beta T^3 + \alpha T^{3/2} \ \text{mJmol}^{-1}\text{K}^{-1}$$
$$(\text{mit } \gamma = 4.76, \ \beta = 0.018, \ \alpha = 0.03 \ \text{mJmol}^{-1}\text{K}^{-1}; \ \Theta_D = 463\,\text{K}).$$

Die Gültigkeit eines linearen Zusammenhanges zwischen Elektronenwärme und Temperatur setzt voraus, daß die Zustandsdichte im Bereich der thermischen Anregung am Fermi-Niveau als konstant angesehen werden kann. Diese Voraussetzung ist für Übergangsmetalle mit ihren stark strukturierten Zustandsdichten im allgemeinen nicht erfüllt. Eine stark variierende Zustandsdichte bewirkt Abweichungen in dem Sinne, daß ein starker Anstieg von N(E) oberhalb der Fermikante die Elektronenwärme stärker als linear ansteigen läßt, während ein starker Abfall von N(E) einen schwächeren Anstieg verursacht. Die Abweichungen von der linearen Temperaturabhängigkeit müssen numerisch berechnet werden mit Hilfe experimentell oder theoretisch erschlossener Zustandsdichte-Kurven. Für ferromagnetisches α-Eisen ist die elektronische Wärmekapazität durch die Summe der Zustandsdichten für die beiden Teilbänder mit $\uparrow$- und $\downarrow$-Spins gegeben. Wie Bild 2.10 zeigt, liegt E_F dann in einer sehr flachen Mulde, so daß γ als temperaturunabhängig angenommen werden kann.

- Der Beitrag des magnetischen Phasenübergangs c_m

Zur Beschreibung der magnetischen Wärmekapazität konnten noch keine brauchbaren physikalischen Modelle mit hinreichender Genauigkeit entwickelt werden. Unter der Voraussetzung, daß c_p sich additiv aus den einzelnen Beiträgen zur Wärmekapazität zusammensetzt, gewinnt man c_m durch Bildung der Differenz zwischen c_p und der Summe aus c_v, c_{an} und c_{el}. Im nichtstabilen Bereich des α-Eisens muß der Verlauf extrapoliert werden mit der Maßgabe, daß der Beitrag von c_m oberhalb einer Temperatur zu vernachlässigen ist, bei der c_p allein durch Addition der übrigen Beiträge berechnet werden kann. Das ist oberhalb der γ-δ-Umwandlung der Fall. In Bild 3.3 ist neben c_v, c_{an} und c_{el} der Verlauf von c_m

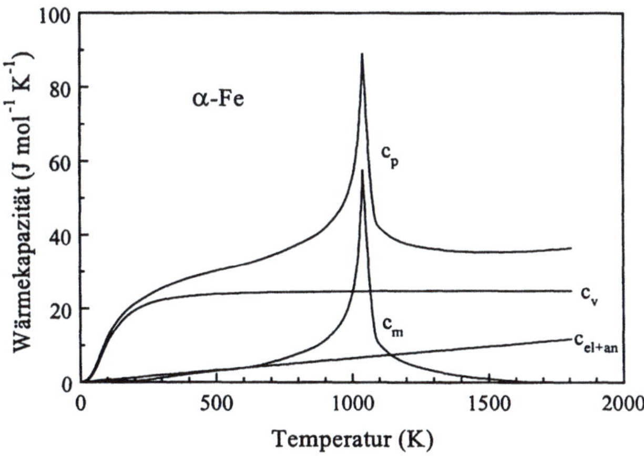

Bild 3.3. Aufgliederung der Wärmekapazität des α-Eisens

dargestellt. Er umschließt eine Fläche, aus der eine magnetische Umwandlungswärme von $8300 \pm 200 \, \text{J mol}^{-1}$ folgt mit einem $2/3$-Anteil unterhalb und $1/3$-Anteil oberhalb T_C.

Das in Bild 3.3 dargestellte Ergebnis der Aufspaltung der Wärmekapazität in die Einzelbeiträge beruht auf Modellen mit Näherungscharakter. Allein die Annahme eines additiven Zusammenhanges schließt eine wechselseitige Beeinflussung der einzelnen Anteile untereinander aus. Diese Beeinflussungen werden als so gering angenommen, daß sie gegenüber den Unsicherheiten, mit denen die jeweiligen Modellvorstellungen behaftet sind, zurücktreten.

3.1.2 γ-Eisen

Gegenüber dem α-Eisen zeichnet sich das γ-Eisen – wie in Kap. 2.5.2 ausführlich beschrieben – durch eine Moment-Volumen-Instabilität aus. Der antiferromagnetische low-spin-Grundzustand mit einem relativ kleinen Moment und kleinen Volumen wird bei Vergrößerung des Volumens instabil: es erfolgt ein Übergang in einen high-spin-Zustand mit großem magnetischen Moment. Zwischen den beiden Zuständen besteht ein so geringer Energieunterschied, daß der höherenergetische high-spin-Zustand thermisch angeregt werden kann mit der Folge, daß alle thermischen Eigenschaften des γ-Eisens in starkem Maße beeinflußt werden und einen "anomalen" Verlauf ihrer Temperaturabhängigkeit aufweisen. Um die Wärmekapazität des γ-Eisens zu verstehen und den Verlauf in dem weiten Temperaturbereich seiner strukturellen Instabilität beschreiben zu können, bedarf es einer Berücksichtigung dieser Besonderheit.

Die für die Anregung des höherenergetischen HS-Zustandes erforderliche Energie äußert sich deutlich in einer Überhöhung der Wärmekapazität. Sie konnte an zahlreichen γ-Eisenlegierungen, deren kfz. Struktur bis zu tiefen Temperaturen stabil ist, nachgewiesen werden [9, 10], ebenso wie eine Erhöhung der thermischen Ausdehnung als Folge der mit dem Übergang verbundenen Volumenvergrößerung (Antiinvar-Effekt, s. Kap. 3.2). Eine konsistente und quantitative Beschreibung der thermischen Anregungsprozesse, die zum Übergang vom LS- in den HS-Zustand führen, bereitet allerdings noch erhebliche Schwierigkeiten wegen der komplexen, wechselseitigen Bedingtheit von Elektronenstruktur, Magnetismus und Atomvolumen (Elektron-Phonon-Kopplung). Eine phänomenologische Beschreibung der experimentellen Befunde bietet indessen ein einfaches 2-Niveau-Modell aufgrund der Weiss'schen γ_1-γ_2-Hypothese [11, 12], wenn dieses Modell auch keinen Aufschluß gibt über die physikalische Natur der beiden Zustände und der Anregungsprozesse.

Nach dem Weiss'schen Modell sind die beiden elektronischen Zustände durch einen Energieabstand ΔE voneinander getrennt. Während sich bei $T = 0\,\text{K}$ alle Atome im Energiezustand E_1 befinden, nimmt mit steigender Temperatur die

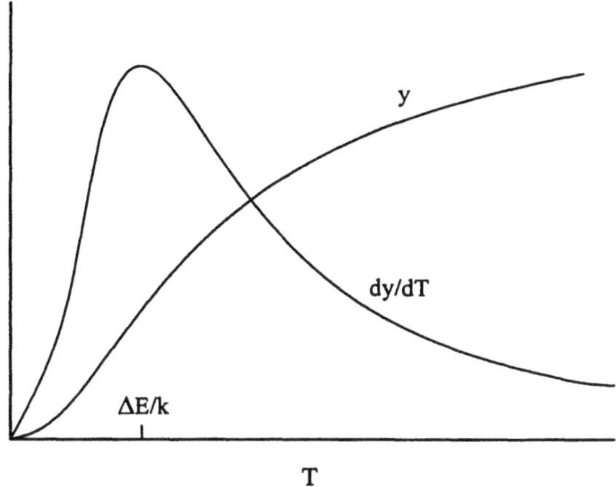

Bild 3.4. 2-Niveau-Modell

Besetzung des energetisch höheren Niveaus E_2 aufgrund thermisch angeregter Übergänge zu. Die Besetzung von E_2 (definiert als Bruchteil y der in E_2 befindlichen Atome) läßt sich mit der Boltzmann-Statistik beschreiben:

$$y = \frac{1}{1 + (g_1/g_2)\exp(\Delta E/kT)}. \qquad\qquad 3.8$$

Der Verlauf von y und seiner Temperaturableitung

$$\frac{dy}{dT} = \frac{\Delta E}{k^2 T^2} \frac{(g_1/g_2)\exp(\Delta E/kT)}{[1 + (g_1/g_2)\exp(\Delta E/kT)]^2} \qquad\qquad 3.9$$

ist in Abhängigkeit von der Temperatur in Bild 3.4 dargestellt. g_1/g_2 ist das Entartungsverhältnis der beiden Zustände; es kann aus den magnetischen Momenten der beiden Zustände (μ_1 bzw. μ_2) abgeschätzt werden [11]:

$$\frac{g_1}{g_2} \simeq \frac{\mu_1 + 1}{\mu_2 + 1}. \qquad\qquad 3.10$$

Bei gleicher Entartung beider Zustände [$(g_1/g_2) = 1$] strebt Gl. (8) dem Grenzwert $y = 0.5$ zu, d. h. bei sehr hohen Temperaturen befindet sich im zeitlichen Mittel die Hälfte der Atome im unteren, die andere Hälfte im oberen Niveau. Eine Erniedrigung des Entartungsverhältnisses erhöht die maximale Besetzung des oberen Niveaus; der reine γ_2-Zustand kann aber nicht realisiert werden. Die Lage des im Kurvenverlauf von dy/dT auftretenden Maximums (bei $T \approx 0.4\,\Delta E/k$) und seine Höhe sind ebenfalls vom Entartungsverhältniß abhängig, und zwar führt eine Erniedrigung von g_1/g_2 zu einer Vergrößerung des Maximums bei gleichzeitiger Verschiebung zu niederen Temperaturen.

Infolge der Besetzung des höherenergetischen Niveaus beträgt die mittlere Energie pro Atom:

$$E = (1-y)E_1 + yE_2 = E_1 + y\,\Delta E. \qquad 3.11$$

Der Energiebeitrag $y\,\Delta E$ äußert sich in einem Zusatzterm c_v^{Ex} zur Wärmekapazität. Unter der Annahme eines temperaturunabhängigen Energieabstandes ergibt sich für die als "Schottky-Anomalie" bezeichnete Exzeßwärme

$$c_v^{Ex} = \Delta E\,\frac{dy}{dT}. \qquad 3.12$$

In der Temperaturabhängigkeit der Wärmekapazität von γ-Eisenlegierungsreihen treten die für Schottky-Anomalien typischen Maxima auf (s. Bild 6.5) [9, 10], und aus der Konzentrationsabhängigkeit der Maxima läßt sich durch Extrapolation der Energieabstand und das Entartungsverhältnis zwischen dem LS- und HS-Zustand des reinen γ-Eisens bestimmen: $(\Delta E/k) = 1350\,\mathrm{K}$; $g_{LS}/g_{HS} = 0.74$ [13]. Aus dem Entartungsverhältnis folgt nach Gl. (3.10) bei einem LS-Grundzustandsmoment von $0.5\,\mu_B$ ein ferromagnetisches HS-Moment von $1.0\,\mu_B$ in Übereinstimmung mit dem Ergebnis aus Neutronenstreuexperimenten (s. Kap. 2).

Die gesamte Exzeßwärme bis zur Schmelztemperatur beträgt:

$$H_{ex}^{\gamma} = \int_0^{T_m} c_{ex}\,dT = 5000\,\mathrm{J/mol}.$$

Die Schottky-Anomalie (c^{Ex} mit einem Maximum bei $T \approx 500$ K in Bild 3.5) ist den anderen Beiträgen zur Wärmekapazität überlagert. Da die Schmelztemperaturen von α- und γ-Eisen nahezu gleich sind, darf angenommen werden, daß sich auch deren Debye-Temperatur und damit der Gitterschwingungsanteil c_v kaum unterscheiden ($\Theta^{\alpha} = \Theta^{\gamma} = 430$ K). Wie groß aber sind die Anteile c_{an} und c_{el}, die auch von der Moment-Volumen-Instabilität (in quantitativ nicht beschreibbarer Weise) beeinflußt werden? Bildet man die Differenz zwischen den

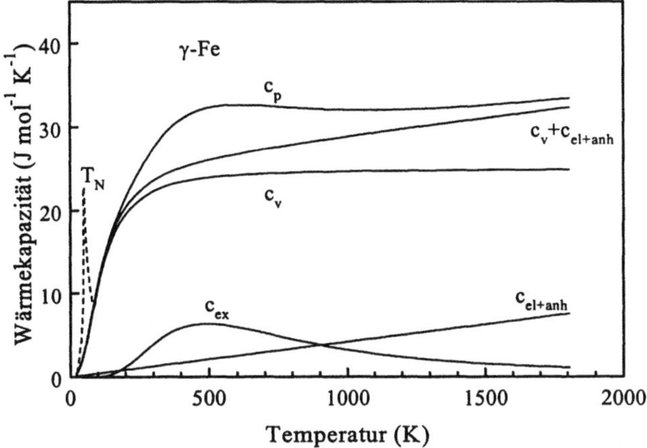

Bild 3.5. Aufgliederung der Wärmekapazität des γ-Eisens. $\Delta E/k = 1350\,K$; $g_{LS}/g_{HS} = 0.74$.

experimentellen Werten und der Summe aus c_v und c_{ex}, so ergibt sich mit guter Näherung eine Gerade mit der Steigung $4.2\,mJ\,mol^{-1}\,K^{-2}$ (Bild 3.5). Die mit einer Volumenvergrößerung verbundene Anregung des HS-Zustandes bewirkt eine Verstärkung der Anharmonizität der Gitterschwingungen, so daß c_{an} stärker als temperaturproportional ansteigen sollte. Eine solche Anhebung von c_{an} mag aber kompensiert werden durch einen abgeflachten Verlauf von c_{el} bei hohen Temperaturen, da die Zustandsdichte des HS-Zustandes und damit seine Elektronenwärme geringer ist als die des LS-Zustandes. Bei tiefen Temperaturen liefert die antiferromagnetische Ordnung des γ-Eisens ($T_N = 50\,K$) einen geringen Beitrag zur Wärmekapazität. Eine Abschätzung der antiferromagnetischen Enthalpie ergibt: $H_{AF} = RT_N \approx 400\,J\,mol^{-1}$ (R: Gaskonstante). Der aufgrund der dargelegten Vorstellungen berechnete Verlauf von c_p im Bereich der strukturellen Instabilität des γ-Eisens ist in Bild 3.1 gestrichelt eingezeichnet.

Die benutzten Modelle – insbesondere das 2-Niveau-Modell (auf der Basis lokalisierter Zustände) – besitzen keine physikalische Aussagekraft. Wie in Kap. 2.5.2 dargelegt, werden infolge der Moment-Volumen-Instabilität thermische Fluktuationen von Moment und Volumen angeregt, die die thermischen Eigenschaften beeinflussen. Eine quantitative Beschreibung dieser thermisch induzierten LS-HS-Übergänge auf der Grundlage einer zutreffenden mikroskopischen Theorie stellt aber ein schwieriges, noch ungelöstes Problem dar. Das Weiss'sche Modell ermöglicht eine Beschreibung der experimentellen Befunde, und seine Anwendung bezieht allein aus dieser gebotenen Möglichkeit eine

Rechtfertigung. Auch die Aufgliederung der Wärmekapazität in die Einzelteile unter der Annahme einer additiven Überlagerung der elektronischen, magnetischen und phononischen Anregungen kann nur angenähert gültig sein. Trotz dieser Einschränkungen bilden die gewonnenen Ergebnisse eine brauchbare Grundlage für thermodynamische Betrachtungen zur Phasenstabilität des Eisens und führen zu sinnvollen Aussagen (Kap. 3.3).

3.1.3 Die Umwandlungswärmen des Eisens

Die experimentell ermittelten Umwandlungswärmen ΔH der diskontinuierlichen Umwandlungen des Eisens ($\Delta H^{\alpha/\gamma}$, $\Delta H^{\gamma/\delta}$) und die Schmelzwärmen ($\Delta H^{\delta/l}$, $\Delta H^{\gamma/l}$) sind in Tabelle. 3.1 zusammengestellt. Eine weitere Möglichkeit, die Umwandlungswärmen zu bestimmen, bietet die Clausius-Clapeyron'sche Gleichung. In ihr werden die Volumenänderung bei der Umwandlung ΔV und die Umwandlungswärme ΔH in Beziehung gesetzt zur Änderung der Umwandlungstemperatur durch Druckänderung dT/dP:

$$\frac{dT}{dP} = \frac{\Delta V}{\Delta S} = \frac{T \Delta V}{\Delta H}. \qquad\qquad 3.13$$

(p in GPa, Entropieänderung ΔS in mJmol^{-1}, ΔV in cm^{3}mol^{-1})

Tab. 3.1. Umwandlungswärmen des Eisens in J mol^{-1}

$\Delta H^{\alpha/\gamma}$ (J mol^{-1}) T = 1184 K	$\Delta H^{\gamma/\delta}$ (J mol^{-1}) T = 1665 K	Ref.	$\Delta H^{\delta/l}$ (J mol^{-1}) T = 1809 K	Ref.	$\Delta H^{\gamma/l}$ (J mol^{-1}) T = 1800 K
912 ± 91		2	13800 ± 400	16	
941 ± 84		14	14400 ± 200	17	
900	837	15	13800 ± 400	18	
910 ± 20	850 ± 30	3			
820 ± 30	850 ± 40	4			
Mittelwert 900	850		14000		
Gl. 3.13 825	895		14200		16700

Die Sublimationswärme, d. h. die Wärmemenge, die erforderlich ist, um 1 Mol eines Stoffes vom festen in den dampfförmigen Zustand zu überführen, beträgt für das Eisen (bezogen auf T=293 K) 415 kJ.mol^{-1} [19,20]. Die um etwa 5 kJ höhere Sublimationswärme für T=0 entspricht der Kohäsionsenergie (s. Bild 2.12).

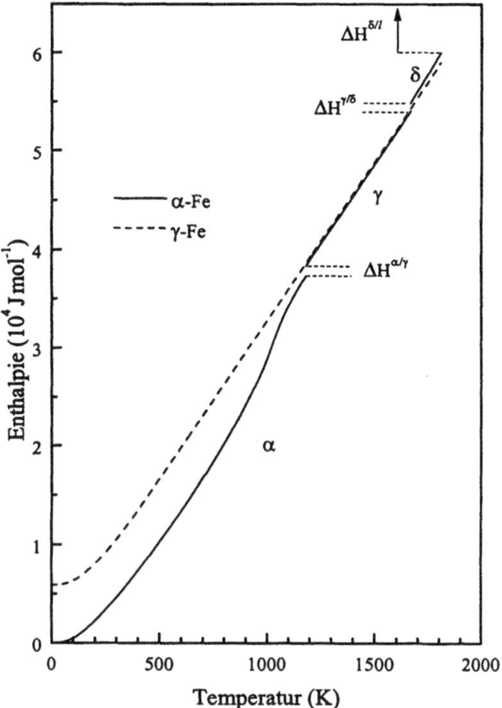

Bild 3.6. Thermische Enthalpie des Eisens

Mit den Werten aus Tabelle 1.4 und aus dem p-T-Diagramm (Bild 1.1) folgen die in der unteren Zeile der Tabelle mitgeteilten Werte, die mit den experimentellen Daten recht gut übereinstimmen.

Bild 3.6 gibt die aus den Wärmekapazitätswerten berechnete thermische Enthalpie des Eisens wieder:

$$H = H_0 + \int_0^T c_p \, dT. \qquad 3.14$$

Bei der Curietemperatur tritt ein Wendepunkt im Kurvenverlauf auf und bei den Umwandlungstemperaturen ein den Umwandlungswärmen entsprechender sprunghafter Anstieg. Die gestrichelte Linie beschreibt den Verlauf in den Temperaturbereichen struktureller Instabilität. Die Nullpunktenthalpie (H_0 in Gl. 3.14) entspricht der Kohäsionsenergie bei $T=0$ und wird für das α-Eisen als stabile Phase gleich Null gesetzt. Die Atome der instabilen γ-Phase sind schwächer aneinander gebunden: H_0^{γ} ist um $5.2\,\mathrm{kJ/mol}$ größer als H_0^{α}, ein Vorgriff auf ein Ergebnis der thermodynamischen Rechnungen zur Phasentabilität in Kap. 3.3.

3.2 Thermische Ausdehnung

Die thermische Ausdehnung der Metalle beruht auf der anharmonischen Natur der Atomschwingungen im Kristallgitter. Mit zunehmender Schwingungsamplitude durch Temperaturerhöhung wächst der mittlere Atomabstand, und Bindungsenergie und Schwingungsfrequenz nehmen entsprechend ab (s. Kap. 3.1.1). Die Ausdehnung wird dargestellt durch den linearen thermischen Ausdehnungskoeffizienten α

$$\alpha = \frac{1}{l_0}\frac{dl}{dT} \qquad (3.15)$$

mit der Bezugsprobenlänge l_0.[*] Für den Volumenkoeffizienten β gilt

$$\beta = \frac{1}{V_0}\frac{dV}{dT} = 3\,\alpha, \qquad (3.16)$$

sofern die thermische Ausdehnung – für kubische Kristalle zutreffend – richtungsunabhängig ist.

Eine Grüneisen'sche Ausdehnungsregel besagt, daß alle Metalle zwischen dem absoluten Nullpunkt und der Schmelztemperatur ungefähr die gleiche Gesamtausdehnung besitzen. Der Schmelzvorgang findet eine Erklärung in der Zunahme der Amplitude der Gitterschwingungen mit der Temperatur. Diese werden schließlich so groß, daß das Kristallgitter zusammenbricht. Der Schmelzpunkt wird erreicht, wenn sich die Atome aufgrund der anharmonischen Gitterschwingungen im Mittel um etwa $2.5\,\%$ aus ihren Ruhelagen heraus bewegen [21]. Damit sind auch Längen- und Volumenänderungen zwischen dem

---

[*] Im technischen Schrifttum findet man häufig einen mittleren Ausdehnungskoeffizienten $<\alpha>$ für ein mehr oder weniger großes Temperaturinterval angegeben:

$$<\alpha> = \frac{(l_{T_2} - l_{T_1})}{l_{T_1}(T_2 - T_1)}$$

(zumeist bezogen auf die Raumtemperaturwerte für l_0 und T_1).

Temperaturnullpunkt und der Schmelztemperatur konstant:

$$\frac{\Delta l}{l_0}(T_m) \approx 2.5\% \quad \text{und} \quad \frac{\Delta V}{V_0}(T_m) \approx 7.5\%.$$

Am Schmelzpunkt – so ist aus dieser Regel zu folgern – befinden sich die Metalle in einem "übereinstimmenden Zustand."

Trägt man die relative thermische Volumenausdehnung $(V - V_0)/V_0$ zwischen $T=0$ und $T=T_m$ über T/T_m auf, so erhält man Kurven von sehr ähnlichem Verlauf. Die relative Volumenänderung wächst annähernd proportional zur Schwingungsenergie der Gitterbausteine

$$E = \int_0^T c_v \, dT,$$

so daß zwischen dem Ausdehnungskoeffizienten und dem Gitteranteil der Wärmekapazität ein einfacher Zusammenhang besteht: beide ändern sich mit der Temperatur proportional zueinander. Die die Temperaturabhängigkeiten von α und c_v verbindende Proportionalitätskonstante – die Grüneisen-Konstante γ – ist verknüpft mit dem Volumen V_0 und der Kompressibilität κ gemäß der Grüneisen-Beziehung:

$$\gamma = \frac{3\alpha V_0}{C_v \kappa}. \tag{3.17}$$

Die nach Gl. (3.17) durch Anpassung an die experimentellen Ausdehnungsdaten ermittelten γ-Werte unterscheiden sich für viele Metalle nur relativ wenig voneinander.

Die Grüneisen-Regeln erklären zufriedenstellend die Ausdehnung "normaler" Metalle, aber sie genügen nicht, die Ausdehnung magnetischer Metalle zu beschreiben. Wie aufgrund der Wechselwirkungen zwischen Magnetismus und Atomvolumen zu erwarten ist, treten zusätzliche, die Ausdehnung beeinflussende Effekte auf. Die in Bild 3.7 dargestellte Temperaturabhängigkeit des linearen Ausdehnungskoeffizienten des Eisens resultiert aus einer Mittelwertbildung der recht gut übereinstimmenden Ergebnisse mehrerer Untersuchungen [21-24]. Eine Fehlerbreite von weniger als $\sim 1 \times 10^{-6} K^{-1}$ wird lediglich bei hohen Temperaturen wegen experimenteller Schwierigkeiten überschritten. Die Ausdehnung des α-Eisens verläuft ähnlich wie der Gitteranteil der Wärmekapazität (vgl. Bild 3.3).

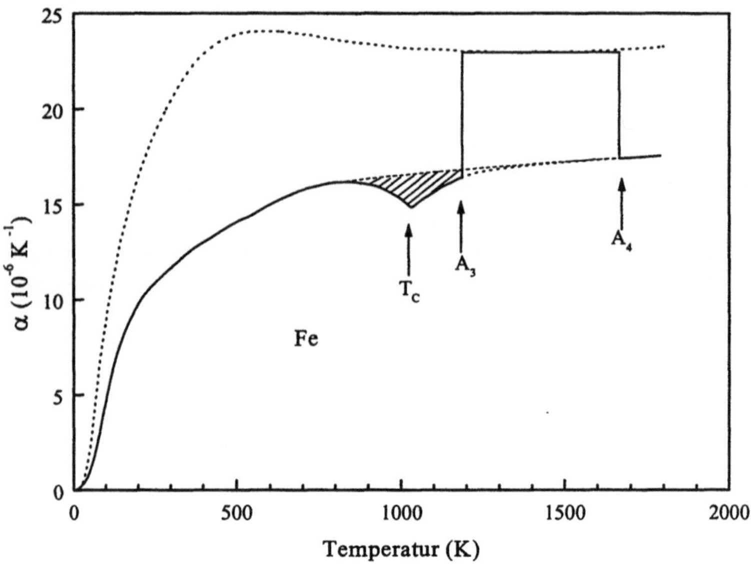

Bild 3.7. Linearer Ausdehnungskoeffizient des Eisens.

In der Nähe der Curietemperatur tritt ein Minimum auf, als Folge einer geringen Änderung der Atomabstände beim Durchlaufen der Curietemperatur. Dieser als *spontane Magnetostriktion** bezeichnete Effekt steht in Zusammenhang mit dem Auftreten der spontanen Magnetisierung. Nach den Ausführungen in Kap. 2.4.2 existieren im paramagnetischen Temperaturbereich magnetische Momente beachtlicher Größe. Sie sind aber deutlich kleiner als im ferromagnetischen Zustand. Da Moment und Volumen einander wechselseitig bedingen, verursacht die langreichweitige Ordnung eine Volumenvergrößerung, die durch die spontane Volumenmagnetostriktion beschrieben wird.

Oberhalb der Curietemperatur besitzt der Kristall bei regelloser Orientierung seiner Momente eine exakt kubische Symmetrie. Wenn sich bei Abkühlung unter den Curiepunkt alle Momente einer Elementarzelle parallel zu *einer* Würfelkante einstellen, so wird dadurch die kubische Symmetrie gestört und die

---

* Von der spontanen Magnetostriktion zu unterscheiden ist die erzwungene makroskopische Magnetostriktion. Diese beschreibt die Längenänderungen, die durch äußere Magnetfelder verursacht werden. Die Unterscheidung der spontanen Magnetostriktion von der makroskopischen entspricht der begrifflichen Trennung und Unterscheidung der spontanen Magnetisierung von der pauschalen, makroskopischen Magnetisierung durch äußere Felder.

Elementarzelle spontan verzerrt: parallel zur Ausrichtung der Momente werden die Atomabstände vergrößert (z. B. α-Fe) oder verringert (z. B. Ni). Mit der Längenänderung (lineare Magnetostriktion) ist im allgemeinen eine schwache Querschnittsabnahme (transversale Magnetostriktion) verbunden, so daß die resultierende Volumenänderung relativ gering ist. Sie unterscheidet sich jedoch für verschiedene Metalle und Legierungen um Zehnerpotenzen. Aufgrund der von einem äußerem Feld unabhängigen spontanen Magnetostriktion ist das ferromagnetische α-Fe tetragonal verzerrt; es besitzt oberhalb der Curietemperatur die volle kubische Symmetrie O_h, im ferromagnetischen Zustand die tetragonale kristallographische Gruppe D_{4h}.*

Wird durch die magnetische Kopplung eine Volumenvergrößerung verursacht (positive Volumenmagnetostriktion), so wirkt diese der thermisch bedingten Änderung der Atomabstände entgegen und vermindert damit die thermische Ausdehnung. Die gesamte magnetostriktive Längenänderung erhält man aus dem schraffiert gezeichneten Flächeninhalt zwischen der experimentellen α(T)-Kurve und dem gestrichelt gezeichneten Verlauf, der die Verbindung herstellt zwischen dem paramagnetischen α-Eisen und dem δ-Eisen. Die Volumenmagnetostriktion ist – unter der berechtigten Annahme einer statistischen Richtungsverteilung der magnetischen Domänen – gleich dem Dreifachen des Flächeninhaltes und entspricht einer Volumenvergrößerung von etwa 0.05 %. Die γ-Phase besitzt in ihrem Stabilitätsgebiet einen größeren, aber temperaturunabhängigen Ausdehnungskoeffizienten. Die punktierte Kurve ist – wie noch ausführlich diskutiert wird – das Ergebnis einer Berechnung der Ausdehnung des γ-Eisens im Temperaturbereich seiner Instabilität.

Bild 3.8 zeigt die durch Integration von α(T) ermittelte Temperaturabhängigkeit des Atomvolumens. Die für $T=0$ und $T=295\,K$ röntgenographisch ermittelten Werte (s. Tab. 1.3) sind durch Symbole gekennzeichnet. Die Volumenzunahme des α-Eisens – in der Nähe des Nullpunktes mit horizontaler Tangente beginnend – ist etwa proportional der Zunahme der Gitterschwingungsenergie. Die Umwandlung am A_3-Punkt ist mit einer Volumenkontraktion verbunden: das γ-Eisen besitzt ein geringeres Atomvolumen. Während am Nullpunkt der Volumenunterschied $V^\alpha - V^\gamma$ etwa $-3.5\,\%$ beträgt, schrumpft er am A_3-Punkt auf etwa $-1\,\%$, am A_4-Punkt auf etwa $-0.5\,\%$. Das γ-Eisen dehnt sich viel stärker aus als das α-Eisen und gehorcht nicht der Grüneisen'schen Ausdehnungsregel, nach der alle Metalle zwischen Nullpunkt und Schmelztemperatur eine einheitliche Gesamtausdehnung von etwa 7.5 % erfahren. Dieser Wert – für

---

* Richtung der spontanen Magnetisierung in Ni ist <111> mit der Folge einer orthorhombischen Gitterverzerrung. Diese ist verbunden mit einer Volumenkontraktion und führt zu einer negativen spontanen Volumenmagnetostriktion (s. Bild 4.22b)

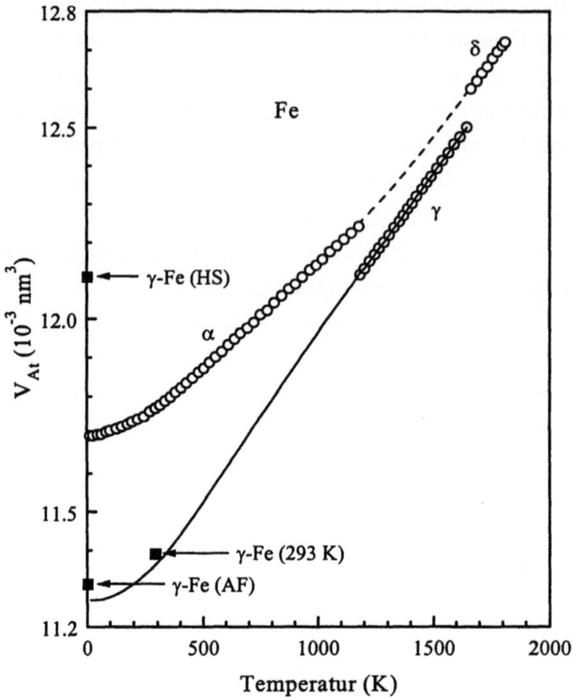

Bild 3.8. Atomvolumen des Eisens

das α-Eisen mit etwa 8% annähernd zutreffend – wird vom γ-Eisen um etwa das 1.5-fache übertroffen. Ursache der überhöhten Ausdehnung ist die Instabilität des antiferromagnetischen Grundzustandes des γ-Eisens. Die thermische Anregung von HS-Zuständen ist verbunden mit einer zusätzlichen Vergrößerung des Atomvolumens, die der normalen Gitterausdehnung überlagert ist. Einen überzeugenden experimentellen Beweis für einen solchen Ausdehnungsexzeß liefert die folgende Betrachtung [25]. Der mittlere Volumenausdehnungs-koeffizient $<\beta>$ zwischen $T=295\,K$ ($V_{At}=11.384\times10^{-3}$nm^3) und $T(A_3)$ ($V_{At}=12.127\times10^{-3}$nm^3) beträgt 73.3×10^{-6}K^{-1}, der mittlere lineare Koeffizient somit $<\alpha>=(<\beta>/3)=24.4\times10^{-6}$K^{-1}. Dieser Wert ist größer als der im Stabilitätsgebiet der γ-Phase gemessene differentielle Ausdehnungskoeffizient $\alpha=23\times10^{-6}$K^{-1}. Daraus folgt, daß $\alpha(T)$ im Temperaturbereich $295\,K<T<1185\,K$ ein Maximum aufweisen muß, das an zahlreichen bis zu tiefen Temperaturen stabilen γ-Eisenlegierungen auch beobachtet wird (s. Kap. 4.1).

Diese Ausdehnungscharakteristik findet eine Entsprechung in der Überhöhung der Wärmekapazität, in der der Energiebedarf zum Ausdruck kommt, der zur Anregung des HS-Zustandes erforderlich ist (Kap. 3.1.2). Der Anregungsprozeß läßt sich durch ein einfaches 2-Niveau-Modell beschreiben (Gl. 3.8 und 3.9), aus dem sich der als Schottky-Anomalie bezeichnete Wärmeexzeß herleiten läßt (Gl. 3.12). In formal gleicher Weise bewirken die unterschiedlichen Atomvolumina des LS- und HS- Zustandes einen Zusatzterm α_{Ex} als Ergänzung zur normalen Gitterausdehnung α_G:

$$\alpha(T) = \alpha_G(T) + \alpha_{Ex}(T) \tag{3.18}$$

mit

$$\alpha_{Ex} = \frac{1}{3} \frac{V_{HS} - V_{LS}}{V_{LS}} \frac{dy}{dT}. \tag{3.19}$$

(y ist der Besetzungsbruchteil des HS-Zustandes, $1 - y$ der des LS-Grundzustandes). Sowohl der Ausdehnungsexzeß α_{Ex} als auch der Wärmeexzeß c_{Ex} sind proportional dy/dT. Beide weisen den gleichen typischen in Bild 3.4 schematisch dargestellten Verlauf auf. Der Ausdehnungsexzeß wird als *Antiinvar-Effekt* bezeichnet, da er eine Umkehrung des *Invar-Effekts* darstellt. Dieser bezeichnet eine Ausdehnungsverminderung als Folge einer Instabilität eines HS-Grundzustandes und einer thermischen Anregung eines LS-Zustandes mit geringerem Volumen (s. Kap. 4.1.4).

Mit den Werten $V_{LS} = 11.3 \times 10^{-3}\,nm^3$ und $V_{HS} = 12.11 \times 10^{-3}\,nm^3$ (für $T = 0$), die durch Extrapolation aus Legierungsreihen des γ-Eisens zu ermitteln sind, und unter Verwendung der dy/dT-Kurve, die auch der Berechnung des Wärmeexzesses c_{Ex} zugrundeliegt (Kap. 3.1.2), erhält man den in Bild 3.9 gezeigten Verlauf von α_{Ex} mit einem Maximum bei $T = 550\,K$. Diesem entspricht nach Gl. (3.9) ein Energieunterschied $E_{HS} - E_{LS} = 0.11\,eV$. Die Gesamtausdehnung $\alpha(T)$ muß der Gl. (3.18) genügen. Die Gitterausdehnung erhält man, indem die Größen in Gl. (3.17) so angepaßt werden, daß $(\alpha_G + \alpha_{Ex})$ in Übereinstimmung ist mit den experimentellen Werten im Stabilitätsgebiet des γ-Eisens. Die beste Anpassung gelingt mit einer Grüneisenkonstante $\gamma = 1.4$ unter Benutzung eines Wertes für die Kompressibilität von $\kappa = 9.1 \times 10^{-12}\,m^2/N$ und einer Debye-Temperatur $\Theta_D = 430\,K$ [13]. Die zunächst erstaunliche Temperaturunabhängigkeit von $\alpha(T)$ beruht auf der Kompensation des linearen Anstiegs der Gitterkurve durch den Verlauf von α_{Ex}. Die Volumenvergrößerung durch den Antiinvar-Effekt

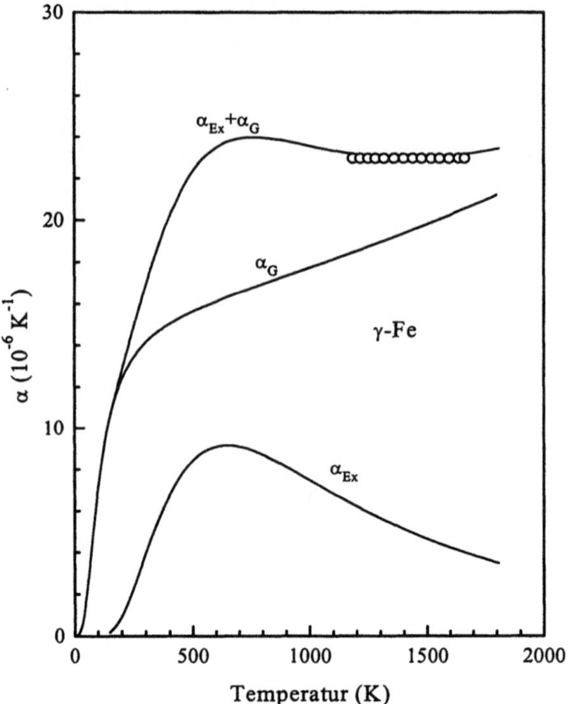

Bild 3.9. Gitteranteil und Ausdehnungsexzeß des γ-Eisens

$$\frac{V_{HS}-V_{LS}}{V_{LS}}=3\int\limits_{0}^{T_m}(\alpha-\alpha_G)\,dT$$

beträgt 2.8 % und ist damit um etwa das 1.5-fache größer als der Invar-Effekt der klassischen Invarlegierung $Fe_{65}Ni_{35}$ mit $\sim 1.8\,\%$ (s. Kap. 4.1.4). Die durch Integration von $\alpha(T)$ berechnete Temperaturabhängigkeit des Volumens – in Bild 3.8 durch die punktierte Kurve dargestellt – ist in sehr guter Übereinstimmung mit den Volumenwerten bei 4 K und bei Raumtemperatur.

Der Antiinvar-Effekt wird in zahlreichen γ-Eisenlegierungen beobachtet, wie die überzeugenden Ergebnisse in Kap. 4.1.4 zeigen. Die Größe des Effektes ist von der Elektronenkonzentration der Legierungen abhängig, und das für das γ-Eisen berechnete Ergebnis ordnet sich dieser Systematik ein. Der Antiinvar-Effekt ist als Folge der Moment-Volumen-Instabilität des γ-Eisens ein wesentlicher experimenteller Beweis für die Gültigkeit dieses fruchtbaren Modells, das in umfassender Weise die Vielfalt der physikalischen Eigenschaften der kfz. Legierungen erklärt.

3.3 Die Phasenstabilitäten des Eisens

Die Übergangsmetalle zeigen mit zunehmender Auffüllung ihrer d-Schale eine strenge Regelmäßigkeit in der Folge der auftretenden Kristallstrukturen: hdp. → krz. → hdp. → kfz. (s. Tab. 1.1). Ein maßgeblicher, die Kristallstruktur bestimmender Term ist die Bandenergie der Elektronen, die sich aus der Zustandsdichte N(E) herleiten läßt. Aus einem Vergleich dieser Größen für die verschiedenen Kristallstrukturen läßt sich die stabilste Struktur ermitteln [26]. Das Eisen und seine beiden Nachbarn im Periodensystem (Mn und Co) weichen von der Regelmäßigkeit des Strukturwechsels nach Tab. 1.1 ab. Für das Eisen wäre – wie für die isoelektronischen Elemente Ruthenium und Osmium – die hdp. ε-Phase zu erwarten. Ursache für die größere Stabilität der krz. Struktur im Grundzustand gegenüber den dichter gepackten Strukturen hdp. bzw. kfz. ist der Ferromagnetismus des α-Eisens; denn ein hypothetisches nichtmagnetisches Eisen mit krz. Struktur ist instabil. Dessen nicht spinaufgelöste Zustandsdichte besitzt an der Fermikante ein ausgeprägtes Maximum (Bild 2.10), das Stoner-Kriterium ist erfüllt: es tritt eine spontane Magnetisierung auf, da durch die Umverteilung der Elektronen vom Minoritäts- zum Majoritätsspinband Energie gewonnen wird. Dieser Energiegewinn in der krz. Phase ist erheblich größer als die Energiedifferenz zwischen nichtmagnetischer krz. Phase und nichtmagnetischer hdp. Phase bzw. antiferromagnetischer kfz. Phase. Somit erweist sich die ferromagnetische α-Phase stabiler als die ε-bzw. γ-Phase, deren Fermienergien in einem Minimum der Zustandsdichte-Kurve liegen.

Gesamtenergieberechnungen der Grundzustände machen die Stabilitätsunterschiede zwischen den verschiedenen Eisenmodifikationen deutlich (Bild 3.10) [27]. Der nichtmagnetische Grundzustand des ε-Eisens (s. Bild 2.22) und der antiferromagnetische Grundzustand des γ-Eisens (s. Bild 2.19) sind deutlich instabiler als der ferromagnetische Grundzustand des α-Eisens (s. Bild 2.12). Der Stabilitätsunterschied zwischen der ε- und γ-Phase ist aufgrund der strukturellen Ähnlichkeit um etwa eine Größenordnung geringer. Die Ergebnisse sind in ihrer qualitativen Aussage eindeutig. Der berechnete Energieunterschied zwischen der α- und γ-Phase ist mit $E^{\alpha} - E^{\gamma} = -105\,\mathrm{meV}/\mathrm{Atom}$ ($\sim 10\,\mathrm{kJ/mol}$) etwa doppelt so groß wie der aus thermodynamischen Rechnungen ermittelte Wert (s. Bild 3.11). Die Abnahme des Atomvolumens in der Folge krz. → kfz. → hdp. wird zwar richtig wiedergegeben,

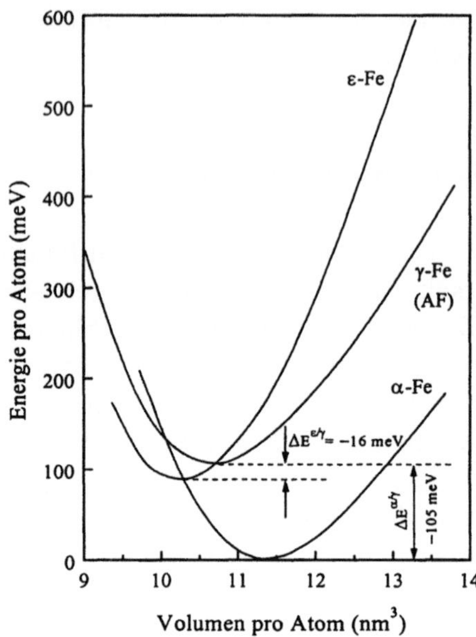

Bild 3.10. Gesamtenergien der Eisenmodifikationen in Abhängigkeit vom Atomvolumen (bezogen auf den Grundzustand des α-Eisen).

doch weichen die berechneten Gleichgewichtsvolumina und die Volumenunterschiede zwischen den Phasen erheblich von den experimentellen Werten ab, wie ein Vergleich mit Tabelle 1.3 lehrt.

Die elektronentheoretischen Modelle liefern eine Erklärung für die Strukturstabilitäten, ihre Anwendung bleibt jedoch auf den Grundzustand beschränkt, d. h. sie erlauben keine Aussagen darüber, ob und bei welchen Temperaturen Umwandlungen der Kristallstrukturen auftreten. Thermodynamische Überlegungen und Berechnungen ermöglichen einen Stabilitätsvergleich zwischen den verschiedenen Strukturen im gesamten Temperaturbereich. Ausgangspunkt einer Diskussion über Phasenstabilitäten ist das thermodynamische Potential, auch Gibbs'sche Energie oder freie Enthalpie genannt. Letztere Bezeichnung wird im folgenden verwendet. Vergleicht man bei einer bestimmten Temperatur die thermodynamischen Funktionen mehrerer Phasen miteinander, so ist – wie aus dem 1. und 2. Hauptsatz der Thermodynamik folgt – diejenige Phase am stabilsten, deren freie Enthalpie den negativsten Wert aufweist. Ein Stabilitätsvergleich zwischen zwei Phasen erfordert demnach die Bestimmung der temperaturabhängigen freien Enthalpie G(T) für die beiden zu vergleichenden Phasen, gemäß der "charakteristischen Funktion"

$$G(T) = H(T) - TS(T). \tag{3.20}$$

Ihre Differenz ist das Maß für die relative Stabilität. Experimentelle Grundlage zur Berechnung der freien Enthalpie G(T) ist die Verknüpfung der Enthalpie H(T) und der Entropie S(T) mit der Wärmekapazität c_p:

$$H(T) = H_0 + \int_0^T c_p(T)\,dT \tag{3.21a}$$

$$S(T) = S_0 + \int_0^T \frac{c_p(T)}{T}\,dT. \tag{3.21b}$$

Die Nullpunktenthalpie H_0 kann als Kohäsionsenergie der Atome bei $T=0$ betrachtet werden, d. h. H_0 ist umso negativer, je stärker die Atome aneinander gebunden sind. Die "thermische Enthalpie" – durch das Integral in Gleich. (4.2a) gegeben und gleichbedeutend mit dem Begriff "Wärmeinhalt bei konstantem Druck" – nimmt mit der Temperatur positivere Werte an, d. h. sie schwächt die Bindung der Atome und somit die thermodynamische Stabilität (s. Bild 3.6).

Die Aufnahme thermischer Energie beruht – wie in Kap. 3.1 dargestellt wurde – auf einer Anregung von Gitterschwingungen und von höherenergetischen Elektronen- und magnetischen Zuständen. Die Entropie ist ein Maß für die Ungewißheit, mit der die Kenntnis über die angeregten Zustände behaftet ist. Im Grundzustand bei $T=0$ besitzen die Kristalle, wenn sie nicht "entartet" sind, d. h. wenn sie sich in einem eindeutigen Ordnungszustand befinden, – dem Nernst'schen Wärmetheorem entsprechend – die Nullpunktsentropie $S_0 = 0$. Mit steigender Temperatur bietet sich eine zunehmende Zahl energetisch gleichwertiger Anregungszustände zur Aufnahme thermischer Energie an mit der Folge, daß die Entropie S(T) anwächst. Ihr Einfluß überwiegt den der Enthalpie H(T), so daß insgesamt die freie Enthalpie G(T) nach Gleich. (1) mit steigender Temperatur grundsätzlich auf negativere Werte absinkt.

In Kap. 3.1 wurde dargestellt, daß die Energiezustände des Eisenkristalls mit Hilfe geeigneter physikalischer Modelle auch in den Temperaturbereichen beschrieben werden können, in denen eine Phase nicht stabil und dem Experiment nicht unmittelbar zugänglich ist. Die in den Bildern 3.3 und 3.5 mitgeteilten Werte für die Wärmekapazität ermöglichen somit eine Berechnung der thermodynamischen Funktionen nach den Gleich. (4.2a) und (4.2b). Während die Nullpunktentropien für beide zu vergleichenden Phasen gleich Null gesetzt werden können, sind die Nullpunktenthalpien $H^\alpha(0)$ bzw. $H^\gamma(0)$

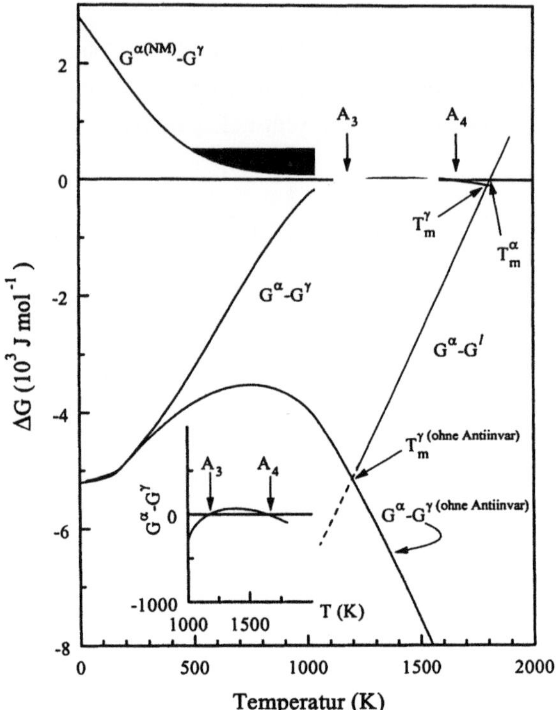

Bild 3.11. Differenz der freien Enthalpie zwischen der α-, γ- und der flüssigen (*l*) Phase des Eisens bei Normaldruck (nach [29]). (In diesem Bild wird zwischen der α- und δ-Phase nicht unterschieden)

unbestimmt. Die gegenseitige Lage jedoch, d. h. ihre Differenz, folgt aus der Gleichgewichtsbedingung, daß bei den Umwandlungstemperaturen die freien Enthalpien gleich sind: $G_{A3}^{\alpha}=G_{A3}^{\gamma}$; $G_{A4}^{\gamma}=G_{A4}^{\delta}$.

Setzt man die Nullpunktenthalpie der α-Phase $H^{\alpha}(0)=0$, dann ergibt sich für $H^{\gamma}(0)$ ein Wert von $+5200\,\mathrm{J/mol}$, d. h. um diesen Wert ist bei $T=0\,\mathrm{K}$ das α-Eisen stabiler als das γ-Eisen: $G^{\alpha}-G^{\gamma}=-5200\,\mathrm{J/mol}$. Da die Stabilitätsunterschiede gering sind gegenüber der sehr großen Änderung der Absolutwerte der freien Enthalpie mit der Temperatur, ist die in Bild 3.11 gezeigte Differenzkurve $G^{\alpha}-G^{\gamma}$ geeigneter, die Phasenstabilität aufzuzeigen [4, 12, 28]. Im Bereich negativer $G^{\alpha}-G^{\gamma}$-Werte erweist sich die α-Phase als stabil. Die sehr kleinen Stabilitätsunterschiede im Stabilitätsbereich der γ-Phase ($G^{\alpha}-G^{\gamma}<100\,\mathrm{J/mol}$) machen einsichtig, daß bereits geringe Änderungen der Enthalpie und Entropie, etwa durch Legierungselemente, einen erheblichen Einfluß auf das Umwandlungsgeschehen haben.

Die Abnahme der Differenz $G^\alpha - G^\gamma$ mit steigender Temperatur beruht vornehmlich auf dem Abbau der ferromagnetischen Ordnung des α-Eisens, und es stellt sich die Frage nach den Stabilitätsverhältnissen unter der Annahme eines nicht ferromagnetischen α-Eisens, d. h. ohne den Betrag der ferromagnetischen Enthalpie $H_m^\alpha = 8300\,\text{J/mol}$. Da angenommen werden darf, daß bei hohen Temperaturen $(T > T_{A4})$ die ferromagnetischen Korrelationen des α-Eisens vernachlässigbar gering sind, und der Verlauf von $G^\alpha - G^\gamma$ mit und ohne Magnetanteil gleich ist, beträgt die Stabilitätsdifferenz bei $T = 0$: $G^{\alpha-\text{NM}} - G^\gamma = -5200 + 8300 = 3100\,\text{J/mol}$. Berechnet man mit diesem Nullpunktwert und mit Hilfe der "nichtmagnetischen" Wärmekapazitäten $c_p - c_m$ nach Bild 3.3 die Stabilitätsunterschiede zwischen einer nicht ferromagnetischen α-NM-Phase und der γ-Phase, so ergibt sich der in Bild 3.11 dargestellte Verlauf von $G^{\alpha-\text{NM}} - G^\gamma$. Gegenüber einem nicht ferromagnetischen α-Eisen wäre somit die γ-Phase deutlich stabiler [4]. Die Differenz $G^{\alpha-\text{NM}} - G^\gamma$ nimmt mit steigender Temperatur ab, um schließlich in den Kurvenverlauf einzumünden, der die Stabilität der realen Phasen $G^\alpha - G^\gamma$ beschreibt.

Die relativ geringe antiferromagnetische Enthalpie des γ-Eisens $(H_{AF}^\gamma \approx kT_N \approx 400\,\text{J/mol}$ mit $T_N \approx 50\,\text{K})$ ist in den Stabilitätsberechnungen berücksichtigt. Sie bewirkt eine zusätzliche Stabilisierung der γ-Phase bei tiefen Temperaturen und äußert sich in einem horizontalen Verlauf der Differenzkurven unterhalb T_N.

In welcher Weise und in wie starkem Maße aber beeinflussen die besonderen magnetischen Phänomene des γ-Eisens – beruhend auf der Moment-Volumen-Instabilität des antiferromagnetischen Grundzustandes (Antiinvar-Effekt) – die Stabilitätsverhältnisse? Die für die Anregung des höherenergetischen HS-Zustandes erforderliche Energie führt zu einer Überhöhung der Wärmekapazität und kann mit Hilfe eines 2-Niveau-Modells durch eine Schottky-Anomalie beschrieben werden (s. Bild 3.5). Die gesamte Exzeßwärme bis zur Schmelztemperatur beträgt

$$H_{ex}^\gamma = \int\limits_0^{T_m} c_{ex}\, dT = 5000\,\text{J/mol}.$$

Berechnet man die Stabilitätsdifferenz ohne die Exzeßwärme c_{ex}, so erhält man – ausgehend von $G^\alpha - G^\gamma = -5200\,\text{J/mol}$ bei $T = 0$ – eine Differenzkurve $G^\alpha - G^{\gamma(\text{ohne antiinvar})}$, die bei allen Temperaturen deutlich im negativen Wertebereich bleibt. Die α-Phase wird durch den Abbau der ferromagnetischen Ordnung zunächst destabilisiert. Nach Durchlaufen eines Maximums bei T ≈ 750 K wird das α-Eisen aber immer stabiler aufgrund der starken Entropiezunahme der krz. Struktur gegenüber der dichter gepackten kfz. Struktur des γ-Eisens. Die α-Phase zeigt eine durchgehende Stabilität im gesamten Temperaturbereich; es treten keine polymorphen Umwandlungen auf.

Die Stabilität der α-Phase gegenüber einer γ-Phase ohne Antiinvar-Effekt zeigt eine bemerkenswerte Ähnlichkeit mit der Differenz, die aus einem Stabilitätsvergleich zwischen der α- und der ε-Phase folgt (Bild 3.12 [28]), obwohl unterschiedliche Wege zur Bestimmung der thermodynamischen Daten beschritten wurden. Die Werte für die ε-Phase basieren auf experimentellen Untersuchungen der hdp. Phase im System Eisen-Ruthenium und Extrapolation auf reines ε-Eisen. In beiden Fällen wird die ferromagnetische α-Phase mit nichtmagnetischen Phasen verglichen. Die Übereinstimmung der Kurvencharakteristiken $G^\alpha - G^{\gamma(\text{ohne Antiinvar})}$ und $G^\alpha - G^\varepsilon$ rechtfertigt die Anwendung und beweist die Brauchbarkeit der beschriebenen Modelle.

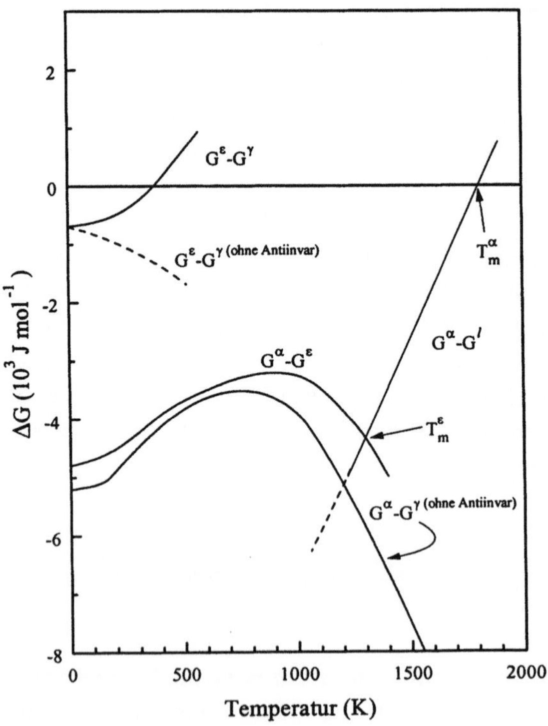

Bild 3.12. Differenz der freien Enthalpie zwischen der α-Phase, der γ-Phase ohne Antiinvar bzw. der ε- und der flüssigen Phase.

Aus dem Temperatur-Druck-Diagramm des Eisens (s. Bild 1.1) ist zu entnehmen, daß unterhalb ~ 450 K das hdp. ε-Eisen stabiler ist als das γ-Fe. Das ε-Eisen besitzt das geringere Atomvolumen und ist paramagnetisch (Kap. 2.6). Für tiefe Temperaturen gilt der Kurvenverlauf $G^\varepsilon - G^\gamma$ in Bild 3.12 [30, 31]. Der Energieunterschied zwischen beiden Phasen ist in Übereinstimmung mit Bild 3.10 wegen der Ähnlichkeit beider Strukturen nur gering. Er beträgt bei $T=0$ nur einige Hundert J/mol. Der Phasenübergang $\varepsilon \rightarrow \gamma$ bei 400 K wird ebenfalls vom Antiinvar-Effekt des γ-Eisens getrieben; er stabilisiert die γ-Phase bei erhöhten Temperaturen. Ohne den Antiinvar-Effekt des γ-Eisens bliebe die ε-Phase stabil und die Differenzkurve nähme den gestrichelt gezeichneten Verlauf $G^\varepsilon - G^{\gamma(\text{ohne Antiinvar})}$.

Die Stabilitätsunterschiede zwischen der festen und flüssigen Phase $G^\alpha - G^l$ lassen sich näherungsweise durch eine Gerade beschreiben [28]. Da die Differenz $G^\alpha - G^\gamma$ oberhalb A_4 mit steigender Temperatur zunimmt, wird das γ-Eisen bei einer etwas niedrigeren Temperatur instabil gegenüber der flüssigen Phase als das α-Eisen. Der Schnittpunkt mit der Geraden gibt die Schmelztemperatur des γ-Eisens an. Sie ist nur geringfügig niedriger als die der α-Phase ($G^\alpha - G^l = 0$ bei $T_m^\alpha = 1809$ K) und beträgt $T_m^\gamma = 1800$ K in Übereinstimmung mit dem Wert, der aus dem p-T-Diagramm folgt. Die Differenzkurve zwischen der α-Phase und einer γ-Phase mit unterdrückter Moment-Volumen-Instabilität $G^\alpha - G^{\gamma(\text{ohne Antiinvar})}$ schneidet die Gerade bei einer wesentlich tieferen Temperatur, d. h. eine hypothetische γ-Phase, die nicht in den HS-Zustand übergeht, besäße eine um mehrere 100 K tiefere Schmelztemperatur. Offensichtlich stabilisieren die ferromagnetischen Korrelationen des γ-Eisens bei hohen Temperaturen den kristallinen Zustand. Auch ein bei hohen Temperaturen stabiles ε-Eisen würde – ähnlich dem γ-Eisen ohne Antiinvar-Effekt – bei einer um einige Hundert Kelvin tieferen Temperatur schmelzen.

Wenn auch die verwendeten experimentellen Daten insbesondere bei hohen Temperaturen mit gewissen Unsicherheiten behaftet sind und den Berechnungen der thermischen Energieinhalte vereinfachte Modelle zugrunde liegen, so führen dennoch die thermodynamischen Betrachtungen aufgrund der dominierenden magnetischen Effekte zu wichtigen und verläßlichen Aussagen:

- *Die krz. Struktur des Eisens im Grundzustand beruht auf dem Ferromagnetismus des α-Eisens.* Die stabilisierende Wirkung ferromagnetischer Korrelationen reicht über die Curietemperatur hinaus, da die A_3-Umwandlung bei einer um 143 K höheren Temperatur erfolgt.
- Der Antiinvar-Effekt des γ-Eisens (die thermische Anregung eines HS-Zustandes mit ferromagnetischen Korrelationen) bildet die Voraussetzung für die Stabilität der kfz. Struktur bei hohen Temperaturen. *Ohne den Antiinvar-Effekt gäbe es keinen Polymorphismus.*

- Die unterschiedlichen magnetischen Zustände – Ferro- und Antiferromagnetismus und die durch den Terminus "Moment-Volumen-Instabilität" bezeichneten temperatur- und volumenabhängigen Zustände – beeinflussen nicht nur, sondern sie bestimmen die Konstitution der Eisenlegierungen. Die Kenntnis der magnetischen Eigenschaften der miteinander konkurrierenden Phasen ist eine Voraussetzung zum Verständnis des Aufbaus der eisenreichen Legierungen und deren Eigenschaften.

4. Substitutionsmischkristalle des Eisens

Bei der metallischen Bindung gibt es keine ganzzahlige Valenzabsättigung. Dadurch unterscheidet sie sich von der homöopolaren Valenzbindung (auch "kovalente" Bindung genannt) und von der heteropolaren Ionenbindung. Das Fehlen ganzzahliger stöchiometrischer Beziehungen bedingt ein wesentliches Charakteristikum der Legierungsbildung: Metallische Elemente können miteinander lückenlose oder begrenzte Mischkristallreihen bilden, d. h. homogene Kristalle mit stetig veränderlicher Zusammensetzung innerhalb bestimmter, von der Temperatur abhängiger Konzentrationsgrenzen. Man unterscheidet zwei Arten der Mischkristallbildung:

– *Substitutionsmischkristalle*, in denen die Atome eines Metalls durch die eines anderen Metalls an ihren Gitterplätzen ersetzt werden. Voraussetzung für den Austausch von Wirts- und Legierungsatomen ist eine gewisse Ähnlichkeit der Partner hinsichtlich ihrer Kristallstruktur, ihres Atomvolumens und ihres elektronischen Aufbaus.

– *Einlagerungs- (oder interstitielle) Mischkristalle,* in denen kleine Nichtmetallatome in Lückenpositionen der dichtgepackten Metallgitter eingebaut sind. Mischkristalle des Eisens mit Wasserstoff, Kohlenstoff, Stickstoff und Bor zeigen Einlagerungscharakter (s. Kap. 5).

Neben den Mischkristallen können *intermetallische Verbindungen* (intermediäre Phasen) auftreten mit einer Kristallstruktur, die sich von der der reinen Komponenten unterscheidet.

Für die Löslichkeit der Legierungselemente in Eisen gilt mit guter Näherung die Hume-Rothery'sche Löslichkeitsregel, nach der der Raumbedarf der gelösten Atome sich um höchstens 15 % vom Raumbedarf der Atome des Wirtsgitters unterscheiden darf. Als Maß für den Raumbedarf dient der Abstand nächster Nachbaratome der Elemente, den man aus den Gitterkonstanten ihrer Strukturen berechnet. In Bild 4.1 geben die gestrichelten Linien eine Abweichung von ±15 % zur Atomgröße des Eisens an. In diesem Bild wird nur qualitativ unterschieden zwischen löslichen und unlöslichen Elementen. Die Löslichkeit wird aber begrenzt durch die elastische Verzerrungsenergie als Folge unterschiedlicher Atomgrößen. So ist das Eisen mit seinen im Periodensystem benachbarten Metallen vollständig mischbar, während die weiter entfernten Metalle mit größerem Volumenunterschied nur teilweise (mit sinkender Temperatur abnehmend) löslich sind.

Die Legierungselemente des Eisens können in zwei Gruppen eingeteilt werden: die der ersten Gruppe destabilisieren die γ-Phase, d. h. sie schnüren den Temperaturbereich ihrer Stabilität ein und stabilisieren damit die α-Phase (s. z.B. Bild 4.9). Die Elemente der zweiten Gruppe stabilisieren die γ-Phase und erweitern ihre Grenzen (s. z.B. Bild 4.16).

Zur ersten Gruppe (γ-Schließer) gehören die Elemente Al, Si, P, Ge usw. und die im Periodensystem links vom Eisen stehenden krz. Übergangsmetalle (Cr, V, Ti und deren Homologe der 4d- und 5d-Reihe). Ihre Lösungswärme ist im α-Eisen kleiner als im γ-Eisen.

Eine Stabilisierung des γ-Gebietes (γ-Öffner) bewirken die kfz. und hdp. kristallisierenden Übergangsmetalle Ni, Co, Mn und die entsprechenden 4d- und 5d-Metalle, außerdem die interstitiell gelösten Elemente (N, C, B), da das kfz. Gitter den kleinen Metalloidatomen auf den Zwischengitterplätzen mehr Raum bietet als das krz. Gitter. In Bild 4.1 sind die γ-Schließer und γ-Öffner durch entsprechende Symbole gekennzeichnet.

Wie in Kap. 3.3 beschrieben, wird der Polymorphismus des Eisens, d. h. die Existenz der γ-Phase, durch die thermische Anregung eines HS-Zustandes des

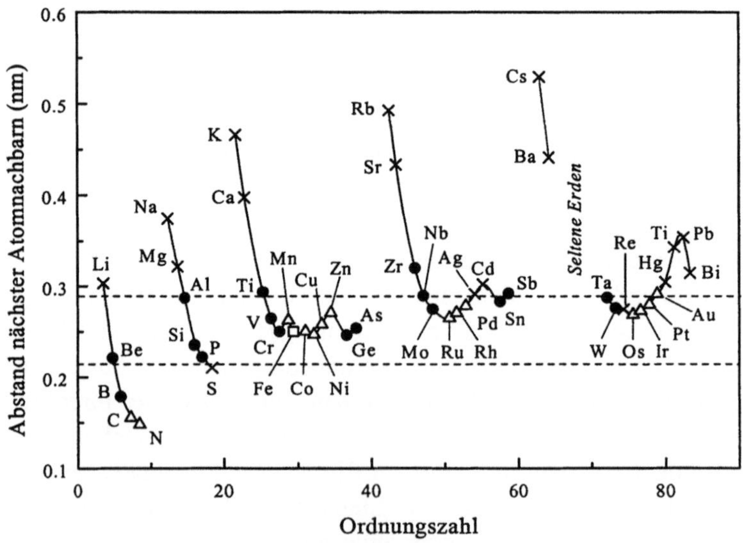

Bild 4.1. Atomgröße (Abstand nächster Nachbaratome) der Elemente und deren Löslichkeit in Eisen. x: unlöslich, Δ: γ-Öffner, ●: γ-Schließer, □: Fe. Die gestrichelten Linien geben eine Abweichung von ± 15 % zur Atomgröße des Eisens an [1].

γ-Eisens (Moment-Volumen-Instabilität) verursacht. Sowohl die Anregungsenergie als auch die Besetzung der Elektronenbänder werden durch die
Legierungselemente beeinflußt, so daß – abhängig von deren Valenzelektronenzahl – das γ-Gebiet eingeschnürt oder erweitert wird.

4.1 3d-Metalle und Slater-Pauling-Kurve

Bild 4.2 macht deutlich, wie die Kristallstruktur der Legierungspartner die
Phasenstabilitätsverhältnisse des Eisens beeinflußt. Ausgehend vom Kupfer und
Nickel wird mit abnehmender Ordnungszahl die kfz. Struktur instabiler, ihr
Stabilitätsbereich zu höheren Temperaturen verschoben und bis zum Mangan
auf einen immer kleineren Bereich eingeschränkt. Diese Metalle stabilisieren die
γ-Phase und erweitern ihren Existenzbereich. Die dann vorherrschende krz.
Struktur der 3d-Metalle stabilisiert die α-Phase: das γ-Gebiet wird eingeengt. Die
3d-Metalle sind mit dem Eisen voll mischbar bzw. bilden ausgedehnte
Mischkristallreihen. Lediglich das Titan ist aufgrund seines großen Atomvolumens (s. Bild 4.1) nur begrenzt löslich (wenige At.-%). Bei höheren Gehalten
bildet Titan im Gleichgewicht mit α-Eisen die Laves-Phase Fe_2Ti (s. Kap. 6). Da

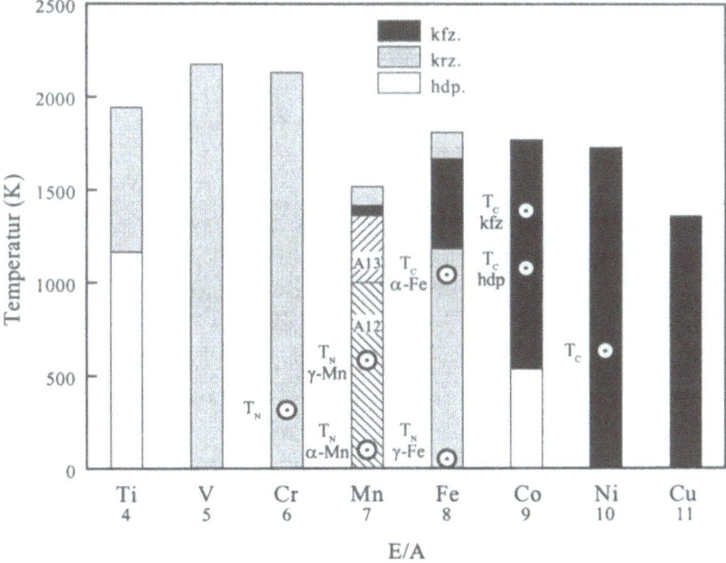

Bild 4.2. Kristallstrukturen und magnetische Ordnungstemperaturen der Elemente der
Eisenreihe.

Kristallstruktur und Magnetismus sich wechselseitig bedingen und der Magnetismus den Polymorphismus dieser Metalle und ihrer Mischkristalle weitgehend beherrscht, werden in Bild 4.2 auch die magnetischen Ordnungstemperaturen mitgeteilt. Während die Curietemperaturen von Nickel und Kobalt im Stabilitätsbereich ihrer kfz. Struktur liegen, treten die antiferromagnetischen Ordnungen des γ-Eisens und des γ-Mangans bei tieferen Temperaturen auf. Bild 4.2 macht verständlich, daß die eisen- und manganreichen kfz. Legierungen sich antiferromagnetisch ordnen, während nickel- und kobaltreiche Legierungen Ferromagnetismus aufweisen. Die eisenreichen krz. Legierungen sind – wie das α-Eisen – ferromagnetisch mit unterschiedlichen Legierungsabhängigkeiten der magnetischen Momente und Curietemperaturen.

Um die Eigenschaften der Eisenmischkristalle zu verstehen, sind einige grundsätzliche Betrachtungen zur elektronischen Struktur und zum magnetischen Verhalten der 3d-Systeme erforderlich. Trägt man die experimentell ermittelten magnetischen Momente M (in Einheiten von μ_B) der ferromagnetischen Über-

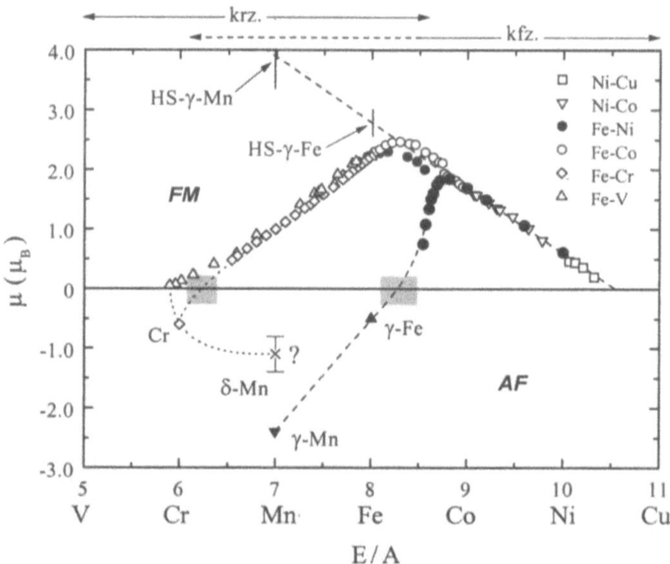

Bild 4.3. Die Slater-Pauling-Kurve (oberer Bildteil) und die antiferromagnetischen Momente der 3d-Metalle (unterer Bildteil). Grau-schattiert: Übergangsbereich vom Ferro- zum Antiferromagnetismus. Auf der Verlängerung des rechten Astes sind der HS-Zustand des γ-Fe und des γ-Mn positioniert.

gangsmetalle und ihrer binärer Legierungen in Abhängigkeit von der Elektronenkonzentration E/A (Anzahl der Valenzelektronen pro Atom) auf, so erhält man die "Slater-Pauling-Kurve" (oberer Bildteil in Bild 4.3). Aufgrund der ausgeprägten zwei Zweige dieser Kurve muß unterschieden werden zwischen Systemen mit positiver bzw. negativer Steigung von $\sim 1\mu_B$ pro Valenzelektron. Wie ist dieses unterschiedliche Systemverhalten zu erklären?

Am Beispiel des α-und γ-Eisens (Bilder 2.10 und 4.3) wurde gezeigt, daß das ferromagnetische Moment M gleich der Differenz aus der Besetzung des Majoritäts- und des Minoritätsbandes ist ($M = N^{\uparrow} - N^{\downarrow}$) und die Zahl der Valenzelektronen gleich der Summe $E/A = N^{\uparrow} + N^{\downarrow}$. Ist nun das Majoritätsband voll aufgefüllt, d. h. die Zahl der $\uparrow$-Elektronen konstant, so wird mit steigender Valenzelektronenzahl das Minoritätsband aufgefüllt mit der Folge einer linearen Abnahme des Momentes. Die Auffüllung des Minoritätsbandes bei voll gefülltem Majoritätsband beschreibt den absteigenden rechten Ast der Slater-Pauling-Kurve. Im umgekehrten Fall wächst das Moment, wenn die Valenzelektronenzahl $N^{\uparrow}$ bei konstanter $\downarrow$-Elektronenzahl erhöht wird. Eine Zunahme der Besetzung des Majoritätsbandes bei gleichbleibender Besetzung des Minoritätsbandes beschreibt den aufsteigenden linken Ast der Slater-Pauling-Kurve.

Das Majoritätsband des α-Eisens ist nach seiner Position auf der Slater-Pauling-Kurve nicht vollständig aufgefüllt. Wie bei der Beschreibung der Zustandsdichtekurve des α-Eisens (Bild 2.10 b) ausgeführt wurde, schneidet die Fermienergie die obere Schulter im $\uparrow$-Band ab, so daß etwa 0.2 bis 0.3 d-Zustände nicht besetzt sind. Durch Zulegieren eines Elements mit höherer Elektronenzahl (Kobalt) wird das $\uparrow$-Band besetzt und ein maximales Moment von etwa 2.4–2.5 μ_B erreicht. Dabei bleibt die Besetzung des $\downarrow$-Bandes unverändert, da die Fermienergie in einem Minimum der Zustandsdichte liegt (s. Bild 2.10 b). Dieses Minimum wirkt stabilisierend auf die Lage der Fermienergie und erschwert damit die Umbesetzung von Elektronen. Die Fixierung der Fermienergie durch das Minimum (mit der Wirkung einer Pseudo-Bandlücke) ist von entscheidender Bedeutung für das Verständnis der Eigenschaften der α-Eisenmischkristalle [2]. Oberhalb des Scheitelwertes der Slater-Pauling-Kurve wird die krz. Grundzustandsstruktur instabil. Die Ferromagnete auf dem absteigenden Ast besitzen die dichtere kfz. oder hdp. Struktur.

γ-Eisen – im Grundzustand ein Antiferromagnet – wird bei großem Atomvolumen ferromagnetisch mit einem Moment von 2.6 bis 2.8 μ_B (Kap. 2.5.2). Aus der Zustandsdichte in Bild 2.20 ist abzulesen, daß das Majoritätsband voll besetzt ist: die Fermienergie liegt oberhalb des d-Bandes in einem Bereich, in dem nur noch die s-Elektronen einen geringen Beitrag zur Zustandsdichte liefern. Fermienergie und obere Bandkante sind deutlich, d. h. durch eine Energielücke (Stoner-Gap) getrennt, die die Fermienergie fixiert und somit einem sehr stabilen

Zustand entspricht. Zusätzliche Elektronen, die dem γ-Eisen in diesem HS-Zustand durch Legierungsatome mit größerer Elektronenzahl zugefügt werden, besetzen das Minoritätsband und reduzieren das magnetische Moment. HS-γ-Eisen muß somit auf dem abfallenden Ast der Slater-Pauling-Kurve positioniert sein, wie kfz. Kobalt und Nickel mit ähnlichen Zustandsdichtekurven. Erweitert man die Slater-Pauling-Kurve, indem man den linearen rechten Ast verlängert, so ist für das HS-γ-Eisen ein Moment von 2.7 μ_B abzulesen und dieser Wert stimmt überein mit dem Ergebnis aus Bandstrukturrechnungen.

Auch das im Grundzustand antiferromagnetische kfz. γ-Mangan erfährt bei sehr großem Atomvolumen einen Übergang in einen ferromagnetischen Zustand [3]. Das berechnete Moment dieses hypothetischen Zustandes beträgt etwa 4 μ_B. Auch dieser Wert wird durch die lineare Verlängerung des rechten Astes erreicht.

Systeme mit gefülltem $\uparrow$-Band werden als "starke", die mit nicht vollem $\uparrow$-Band als "schwache" Ferromagnete bezeichnet. Diese Bezeichnungsweise klassifiziert die beschriebenen unterschiedlichen elektronischen Zustände. Der Begriff "starker" Ferromagnet betont die große Stabilität des Systems und damit seine relative Unempfindlichkeit gegenüber Änderungen der atomaren Umgebung, aber auch gegenüber äußeren Störungen (z.B. Volumenänderungen durch Druck). In diesem Sinne ist das HS-γ-Eisen ein starker, das α-Eisen ein schwacher Ferromagnet.

Die Momente der Fe-Ni-Legierungen mit Elektronenzahlen $E/A < 8.7$ weichen erheblich vom Verlauf der Slater-Pauling-Kurve ab. Die ferromagnetischen Momente nehmen rapide ab und gehen gegen Null, da in diesem Konzentrationsbereich der Übergang zum Antiferromagnetismus eisenreicher γ-Legierungen erfolgt. Deshalb sind als Ergänzung zur Slater-Pauling-Kurve im unteren Bildteil die antiferromagnetischen Momente der 3d-Metalle angegeben. Im schraffiert gekennzeichneten Übergangsbereich treten sowohl ferro- als auch antiferromagnetische Wechselwirkungen auf. Deren Koexistenz führt zu interessanten magnetischen Zuständen (Spingläser). Bevor jedoch im System Fe-Ni der Spinglasbereich erreicht wird ($E/A < 8.5$), wandelt die γ-Phase in die α-Phase um. Ternäre Systeme des γ-Eisens mit Mangan ermöglichen aber aufgrund ihres ausgedehnten Stabilitätsgebietes eine Beobachtung des interessanten Übergangs vom Ferro- zum Antiferromagnetismus (s. Kap. 4.7). Die gestrichelte Verbindung zwischen dem Moment des γ-Eisens ($0.5\,\mu_B$) und dem des γ-Mangans ($2.4\,\mu_B$) soll lediglich auf die Existenz einer γ-Fe-Mn-Mischkristallreihe hinweisen; sie beschreibt aber nicht die ungewöhnliche Konzentrationsabhängigkeit der Momente dieses Systems. Sie wird verursacht durch die Moment-Volumen-Instabilität des γ-Mangans und ist zurückzuführen auf die bei hinreichend großen Atomabständen auftretenden ferromagnetischen Kopplungen, die die physikalischen Eigenschaften der γ-Fe-Mn Legierungen maßgeblich beeinflussen (s. Kap. 4.6).

Der Übergang vom Ferro- zum Antiferromagnetismus im krz. System Fe-Cr erfolgt in einem Spinglasbereich bei E/A~6.3 (s. Kap. 4.3). Während das Moment des Chroms ($0.59\,\mu_B$) durch eine geringe Vanadiumzugabe verschwindet, stabilisiert Mangan den Antiferromagnetismus (s. Bild 4.35). Die Eigenschaften der krz. Hochtemperaturphase δ-Mn – mit antiferromagnetischem Grundzustand – sind weitgehend unbekannt. Es ist bisher nicht gelungen, diese Phase so zu stabilisieren, daß sie experimentellen Untersuchungen bei tiefen Temperaturen zugänglich wäre. Durch Extrapolation aus der Legierungsreihe Cr-Mn gewonnene Ergebnisse sind äußerst unsicher.

Der Beschreibung des Legierungsmagnetismus mit Hilfe der Slater-Pauling-Kurve liegt die vereinfachende Vorstellung zugrunde, daß die Legierungspartner gemeinsame Elektronenbänder besitzen, die durch einen Elektronentransfer zwischen den Partnern mit den verfügbaren Elektronen aufgefüllt werden. Die Legierungspartner bewahren jedoch eine gewisse Individualität, die zu Energiedifferenzen zwischen den Bändern der beiden Atomsorten führt mit der Folge unterschiedlicher lokaler Momente an den Gitterplätzen der Wirts- bzw. der gelösten Atome. Diese Momente können durch Neutronenstreuexperimente ermittelt werden. Vom Einfluß der gelösten Atome auf die magnetischen Eigenschaften des Wirtgitters handelt das folgende Kapitel.

4.2 Verdünnte Mischkristalle

Die Slater-Pauling-Kurve, ihre Beschreibung und ihr Erklärungsinhalt, bildet die Grundlage zum Verständnis der physikalischen Eigenschaften der Eisenmischkristalle. α-Eisen ist ein schwacher Ferromagnet: das Majoritätsband ist nicht voll aufgefüllt. Das ausgeprägte Minimum im Minoritätsband fixiert die Fermienergie [2], so daß eine Vermehrung oder Verminderung der Elektronenzahl durch Legierungselemente sich vornehmlich in einer unterschiedlichen Besetzung des Majoritätsbandes und in einer Verschiebung der Zustandsdichten relativ zur Fermienergie auswirkt. Im Fall verdünnter Mischkristalle ändert sich der Typus "schwacher Ferromagnet" nicht.

Eine quantitative Beschreibung der elektronischen und magnetischen Eigenschaften der α-Eisenmischkristalle bedarf detaillierter Kenntnisse über die Änderung der Zustandsdichten durch die gelösten Fremdatome (häufig auch als "Verunreinigungsatome" bezeichnet). Dabei stellt sich einmal die Frage nach dem lokalen Verhalten der im α-Eisen gelösten Atome. Zum anderen ist die Frage zu beantworten, wie die durch die Fremdatome induzierte Störung die

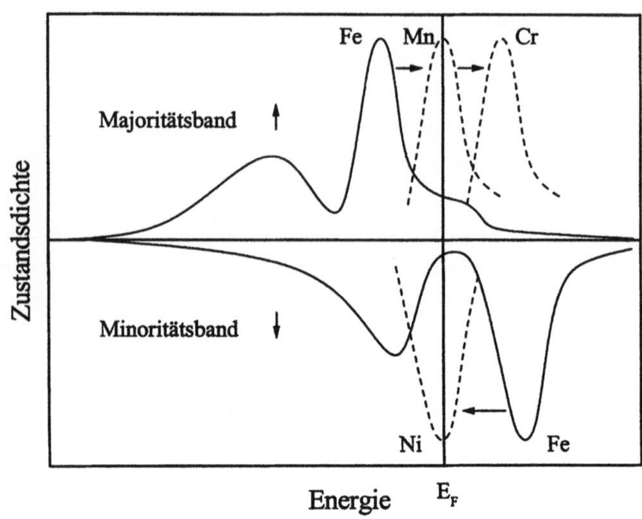

Bild 4.4. Schematische Darstellung der lokalen Zustandsdichte von 3d-Fremdatomen in α-Eisen.

globalen Eigenschaften des α-Eisens beeinflußt. Auf die magnetischen Eigenschaften angewendet: Welches induzierte *lokale* Moment besitzt das Fremdatom und welchen Einfluß übt es auf die *globale* Magnetisierung aus?

Berechnungen der *lokalen* Zustandsdichte in der Wigner-Seitz-Kugel mit 3d-Verunreinigungen [4] führen zu Ergebnissen, auf deren detailtreue Darstellung hier verzichtet wird, deren qualitative Aussagen aber durch Bild 4.4 wiedergegeben werden. In diesem Bild ist schematisch die spinpolarisierte Zustandsdichte des α-Eisens dargestellt (ausgezogene Linie) mit der charakteristischen Spitze im ↑-Band unterhalb der Fermienergie und dem ↓-Band-Minimum im Bereich der Fermienergie (vgl. Bild 2.10 b). Fügt man dem α-Eisen Mn-, Cr-, V-, Ti-Atome zu, so nimmt bei kaum veränderter Besetzung des ↓-Bandes die Zahl der ↑-Elektronen ab; mit abnehmender Elektronenzahl wird die Spitze des ↑-Bandes durch die Fermienergie geschoben. Dabei wird angenommen, daß die Struktur der Zustandsdichtekurve sich nicht wesentlich ändert (starres Bandmodell). Im Fall des Mangans (gestrichelter Verlauf) liegt die Spitze gerade bei der Fermienergie, während sie für Chrom (und V und Ti) oberhalb E_F unbesetzt bleibt. Die Elektronenzahl im Majoritätsband ist gegenüber der des α-Eisens kleiner geworden. Durch Co- und Ni-Atome wird dagegen das ↑-Band mehr und mehr aufgefüllt, bis schließlich auch das ↓-Band besetzt wird, mit der Folge, daß die Spitze in der Minoritätszustandsdichte zur Fermienergie hin verschoben wird.

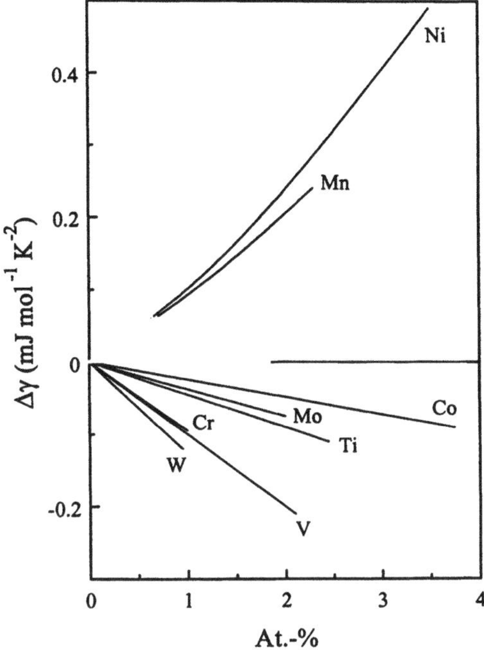

Bild 4.5. Änderung von γ in verdünnten Fe-Legierungen.

Diesen Zustandsdichteänderungen bei der Fermienergie entsprechen Änderungen der elektronischen Wärmekapazität. Der Koeffizient der Elektronenwärme γ ist nach Gleichung 3.7 proportional der Zustandsdichte $N(E_F)$. Bild 4.5 ist zu entnehmen, daß γ für Cr-, V- und Ti-Verunreinigungen kleiner, für Mn- und Ni-Verunreinigungen größer ist als der Wert des α-Eisens [5]. Diese experimentellen Ergebnisse bestätigen die Vorstellung, nach der sich die lokalen Zustandsdichten von Übergangsmetallatomen in α-Eisen – abhängig von ihrer Valenzelektronenzahl – durch Verschiebung des Minoritäts- bzw. des Majoritätsbandes relativ zur Fermienergie beschreiben lassen.

Die aus den lokalen Zustandsdichten berechneten lokalen Momente der 3d-, 4d- und 5d-Fremdatome in α-Eisen sind in Bild 4.6 dargestellt. Sie stimmen mit den durch Neutronenstreuung bzw. mit zirkular polarisierter Röntgenstrahlung erzielten experimentellen Ergebnissen recht gut überein. Die induzierten lokalen Momente der 4d- und 5d-Verunreinigungen sind deutlich kleiner als die der 3d-Reihe. Die Einstellung der Verunreinigungsmomente zum Eisen-Wirtsgitter wechselt im Verlauf einer jeden Periode von antiparalleler zu paralleler Spineinstellung (Wechsel des Vorzeichens). Die Verunreinigungsatome mit

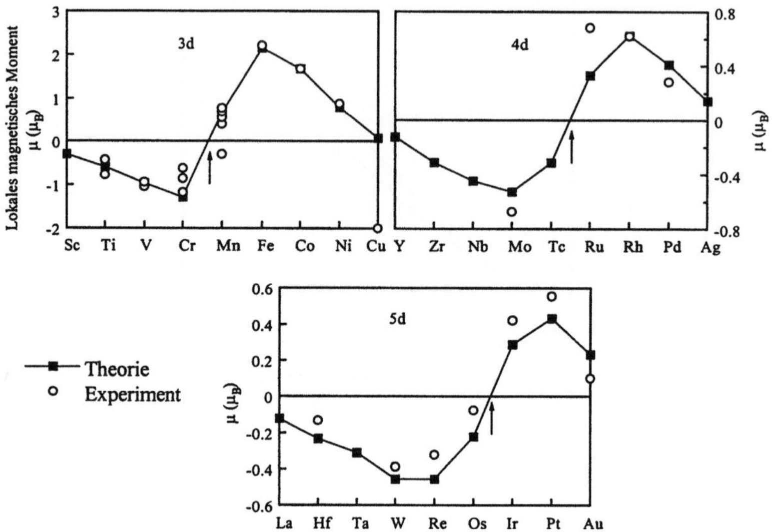

Bild 4.6. Lokale magnetische Momente von 3d-, 4d-, und 5d-Verunreinigungen in Eisen. Die Pfeile kennzeichnen den Übergang der antiferromagnetischen zur feromagnetischen Kopplung der Verunreinigungsatome an die Eisenatome. 3d und 4d nach [4], 5d nach [6].

geringer Ordnungszahl koppeln antiferromagnetisch an die Eisenatome, die mit höherer Ordnungszahl ferromagnetisch. Der Wechsel zwischen antiferro- und ferromagnetischer Kopplung erfolgt in der 3d-Reihe zwischen Cr und Mn, in der 4d-Reihe zwischen T_C und Ru und in der 5d-Reihe zwischen Os und Ir, d. h. der Übergang wird von Reihe zu Reihe um jeweils ein Valenzelektron pro Atom verschoben.

Über den Einfluß, den die 3d-Verunreinigungen auf die Magnetisierung des α-Eisens ausüben, gibt Bild 4.7 Auskunft. Die Magnetisierung wird durch Co und Ni vergrößert, durch die übrigen 3d-Metalle mit abnehmender Ordnungszahl mehr und mehr verringert. Die Differenz zwischen dem Moment des α-Eisens und dem Moment des Mischkristalls ΔM gibt an, wie das Moment sich ändert, wenn ein Eisenatom durch ein gelöstes 3d-Atom substituiert wird. Die gestrichelte Gerade beschreibt ein Systemverhalten, bei dem die Wirkung eines gelösten Atoms dem Verlust des Momentes eines Eisenatoms entspricht (im chemischen Sinn: "ideale" verdünnte Lösung). In Tabelle 4.1 sind die aus zahlreichen experimentellen Arbeiten gewonnenen ΔM-Werte für die drei Reihen

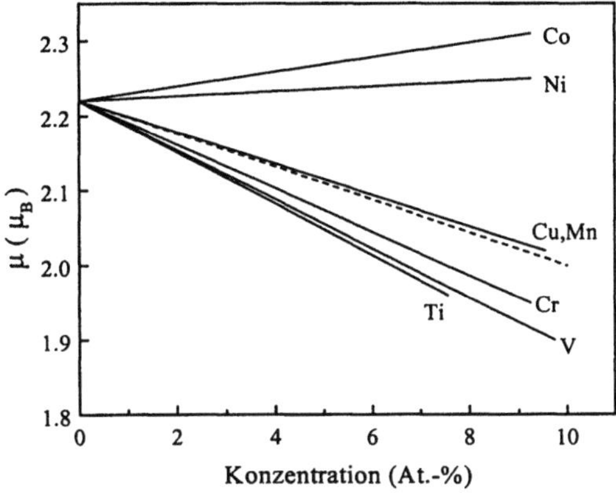

Bild 4.7. Einfluß von 3d-Metallen auf die Magnetisierung des α-Eisens.

der Übergangsmetalle zusammengefaßt. Ein Vergleich dieser experimentellen Werte mit den aus den Zustandsdichten berechneten Änderungen ΔM pro Fremdatom [4] zeigt sowohl für die 3d- als auch für die 4d-Reihe eine befriedigende Übereinstimmung (ausgezogene Linie in Bild 4.8 a und 4.8 b).

Die Magnetisierungsänderungen des Eisens ΔM setzen sich zusammen aus den Einflüssen der Verunreinigungsatome auf die Momente der umgebenden Eisenatome und aus dem Beitrag der lokalen Verunreinigungsmomente. Letzterer ist gleich der Differenz aus dem Moment eines Eisenatoms und dem lokalen Moment der Verunreinigung. Dieser Beitrag wird in Bild 4.8 durch die gestrichelte Linie wiedergegeben. Ein Vergleich beider Kurven lehrt, daß das lokale Verhalten der Verunreinigung völlig verschiedenen ist vom

Tab. 4.1. Magnetisierungsänderungen (experimentell) des α-Eisens durch Übergangsmetallatome ΔM in μ_B pro Atom.

3d ΔM	Ti -3.45	V -3.2	Cr -2.6	Mn -2.1	Fe 0	Co $+1.0$	Ni $+0.35$	Cu -2.1
4d ΔM	Zr	Nb -2.75	Mo -2.3	Tc -1.4	Ru -0.7	Rh $+0.65$	Pd $+0.4$	Ag -1.9
5d ΔM	Hf	Ta	W -2.1	Re -1.5	Os -0.8	Ir $+0.8$	Pt $+1.8$	Au -1.1

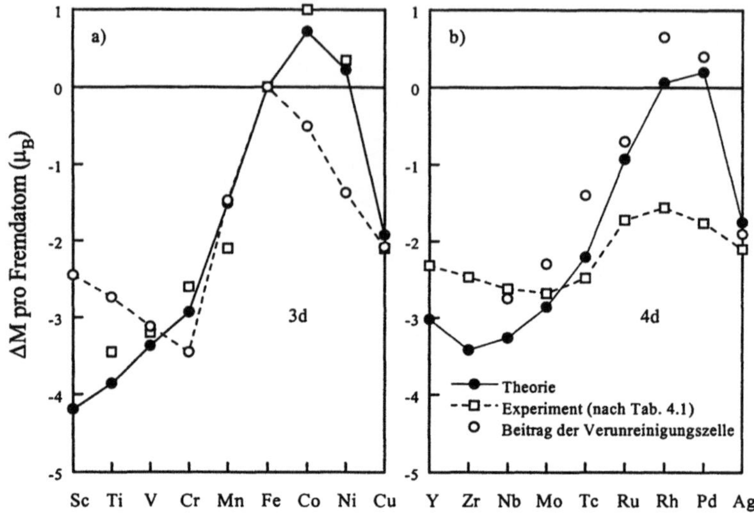

Bild 4.8. Gesamtänderung der Magnetisierung des α-Eisens durch 3d- und 4d-Fremdatome.

globalen Verhalten der Magnetisierung. Während das lokale Moment der Co- und Ni- Atome im Vergleich zum Eisen abstimmt, wird das Moment der umgebenden Eisenatome größer. Die Verringerung der lokalen Momente wird überkompensiert durch die Momentvergrößerung der umgebenden Wirtsatome. Das Majoritätsband des schwach ferromagnetischen α-Eisens wird durch Co- und Ni-Atome weiter gefüllt mit der Folge einer Momentzunahme. Ein ähnliches Verhalten zeigen die isoelektronischen 4d-Atome Rh und Pd.

Ein gegenläufiges Verhalten zwischen lokalem Moment der Verunreinigungs atome und dem Moment der umgebenden Eisenatome wird auch für die Folge vom Chrom bis zum Scandium beobachtet. Der linearen Abnahme der lokalen Verunreinigungsmomente steht ein linearer Anstieg der Gesamtänderungen ΔM entgegen. Dieser unterschiedliche Verlauf beruht auf der komplexen Wechselwirkung zwischen den Eisenatomen und dem gelösten Atom, dessen Potential durch eine "Polarisation" der Zustände der Wirtsatome abgeschirmt wird. Eine solche Polarisation verursacht langreichweitige Beeinflussungen der Magnetisierung um das Verunreinigungsatom und umfaßt einen Bereich von einigen Zehn Atomen, d. h. nicht nur nächste Nachbarn der Verunreinigungen, sondern auch weiter entfernte Nachbaratome liefern Beiträge zur Magnetisierungsänderung. Dabei ist die Größe des Beitrags keine einfache Funktion des Abstandes der Eisenatome von dem Verunreinigungsatom; es treten vielmehr Oszillationen der Magnetisierung auf, d. h. das Vorzeichen kann zwischen den Nachbarschaftsschalen wechseln. Die Gesamtänderung ΔM ist die Summe aller Beiträge, die über mehrere Nachbarschaftsschalen hinausreichen. In der Folge gelöster Cr-, V-, Ti-, Sc-Atome liefern die ersten und zweiten Eisennachbarn immer größere negative Beiträge und erst die nächstfolgenden Nachbarn positive. Insgesamt zeigen diese Systeme die Tendenz zur Verringerung der Besetzung des Majoritätsbandes, während gelöste Co- und Ni-Atome eine Auffüllung in Richtung des starken Ferromagnetismus bewirken.

Diese Betrachtungen, die auch für die 4d- und 5d-Systeme gelten, sind im Grundsatz auch auf stärker konzentrierte Mischkristalle anwendbar mit der zusätzlichen Wechselwirkung der gelösten Atome untereinander.

4.3 Die Systeme Fe-Cr und Fe-V

Nur die beide Systeme Fe-Cr und Fe-V bilden ausgedehnte krz. Mischkristallreihen, die ein Studium der elektronischen und magnetischen Struktur über einen weiten Konzentrationsbereich bis zum Verschwinden des Ferromagnetismus ermöglichen. Sie bilden den linken Ast der Slater-Pauling-Kurve (s. Bild 4.3). Der Stabilitätsbereich der γ-Phase wird stark eingeengt, so daß die α-Phase im gesamten Temperaturbereich stabil ist und keine α-γ-Umwandlungen auftreten. Wie in Kap. 3.3 ausführlich erörtert wurde, bildet die thermische Anregung eines HS-Zustandes mit ferromagnetischen Korrelationen die Voraussetzung für das Auftreten der kfz. Struktur bei hohen Temperaturen. HS-γ-Eisen ist nach Bild 2.20 und 4.3 ein starker Ferromagnet. Durch Legieren mit Elementen geringerer Valenzelektronenzahl (Cr, V, Ti) wird das Majoritätsband immer weniger besetzt, das Moment nimmt ab, und bei hinreichender Legierungskonzentration entspricht das γ-Eisen nicht mehr dem Typus "starker Ferromagnet". Diesen Mischkristallen fehlt die stabilisierende Wirkung der ferromagnetischen Korrelationen als Folge einer thermischen Anregung von LS→HS-Übergängen; die Voraussetzung für das Auftreten der γ-Phase ist nicht mehr erfüllt. Es ist somit verständlich, daß die Konzentration, die erforderlich ist, das γ-Gebiet so stark einzuschnüren, daß keine Umwandlungen auftreten und die α-Phase bis zur Schmelztemperatur reicht, von Cr über V bis zum Ti, d. h. mit sinkender Elektronenzahl, abnimmt (Bild 4.9). Die Einengung des γ-Gebietes beginnt verzögert, denn zunächst verschieben die Legierungsatome die α-γ-Phasengrenze zu tieferen Temperaturen, obwohl die Curietemperatur zunächst ansteigt mit einer die α-Phase stabilisierenden Wirkung. Wenn man berücksichtigt, daß die Stabilitäts-

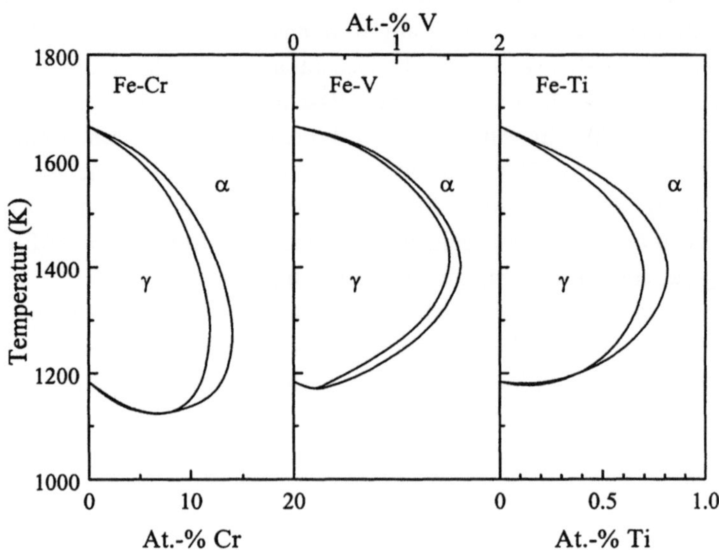

Bild 4.9. Stabilitätsbereich der γ-Phase in Fe-Cr, Fe-V, Fe-Ti.

unterschiede zwischen der α- und γ-Phase im Stabilitätsgebiet der γ-Phase sehr gering sind (s. Bild 3.11) – sie betragen maximal ~ 100 J / mol (~ 1 meV / Atom) – so ist verständlich, daß bereits geringe Änderungen der Zustandsdichte die Umwandlung beeinflussen. Für das "Durchhängen" der γ-Phase ist eine Verringerung des Energieunterschiedes E_{HS}-E_{LS} verantwortlich mit der Folge vermehrter angeregter HS-Zustände, die aber schließlich ganz unterbleiben, wenn die Konzentration weiter erhöht wird.

Das strukturelle und magnetische Phasendiagramm des Systems $Fe_{1-x}Cr_x$ in Bild 4.10 zeigt eine völlige Mischbarkeit bei hohen Temperaturen. Unterhalb ~ 1100 K tritt im äquiatomaren Konzentrationsbereich die σ-Phase FeCr auf, deren stark tetragonale Einheitszelle 30 Atome auf 5 kristallographisch äquivalenten Positionen enthält und deren Bauprinzip in Kap. 6 beschrieben wird. Bei tiefen Temperaturen tritt Ferromagnetismus auf. Die Curietemperatur erreicht ihren maximalen Wert an der eisenreichen Grenze des Homogenitäts- bereiches und geht an der chromreichen Grenze gegen Null. Unterhalb T ≈ 700 K wird die σ-Phase instabil und zerfällt eutektoid in eine ferromagnetische eisenreiche α-Phase und eine paramagnetische chromreiche α'-Phase mit gleicher krz. Struktur. Da die Gleichgewichte sich nur zögerlich einstellen, sind die Phasengrenzen nicht sehr genau bekannt. Dieses gilt insbesondere sowohl für die

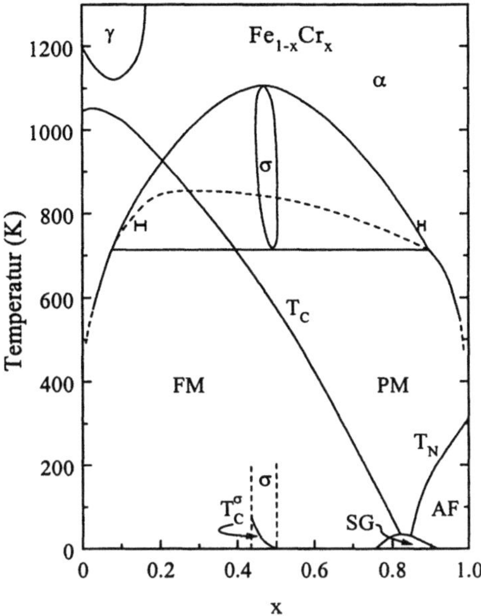

Bild 4.10. Strukturelles und magnetisches Phasendiagramm von Fe-Cr.

Breite der stabilen Mischungslücke als auch für die zu höheren Temperaturen ausgedehnte metastabile Mischungslücke (unterbrochen gezeichnet). Extrem langzeitige Auslagerungen von Legierungen (10^5 h ≈ 11.5 a bei T $= 773$ K), in denen die Bildung der σ-Phase durch schnelle Abkühlung unterdrückt wurde, führten durch Entmischung im metastabilen Bereich zu den durch Querbalken markierten Ergebnissen, die vom Phasendiagramm in Bild 4.10 deutlich abweichen [7]. Durch schnelle Abkühlung von hohen Temperaturen bleibt die ungeordnete krz. Struktur im gesamten Konzentrationsbereich erhalten. Das diesem Zustand entsprechende magnetische Phasendiagramm in Bild 4.10 zeigt nach einem anfänglich schwachen Anstieg einen stetigen Abfall der Curietemperatur T_C bis zur kritischen Konzentration x $= 0.81$, bei der der Ferromagnetismus verschwindet und der Übergang zum Antiferromagnetismus chromreicher Legierungen erfolgt.

Das mittlere magnetische Moment $\langle \mu \rangle$ in Bild 4.11 zeigt eine näherungsweise lineare Konzentrationsabhängigkeit, die nach den Aussagen der Slater-Pauling-Kurve auf der Basis eines starren Bandmodells auch zu erwarten ist. Bei höheren Gehalten treten aber deutliche Abweichungen von der Linearität auf, die zurückzuführen sind auf die unterschiedlichen lokalen magnetischen

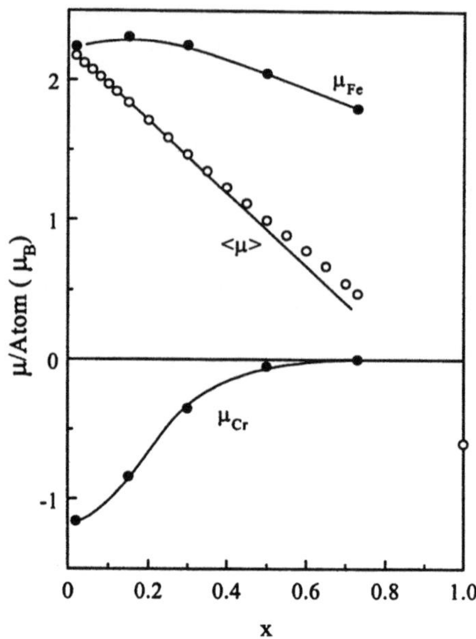

Bild 4.11. Konzentrationsabhängigkeit der magnetischen Momente im System $Fe_{1-x}Cr_x$.
$<\mu> = (1-x)\mu_{Fe} + x\mu_{Cr}$.

Momente auf den Eisen- bzw. Chromplätzen (μ_{Fe} bzw. μ_{Cr}). Dabei gilt: $<\mu> = (1-x)\mu_{Fe} + x\mu_{Cr}$. In Kap 4.1 wurde ausgeführt, daß in verdünnten Fe-Cr-Legierungen das Moment der Chromatome sich antiparallel zu den Momenten der umgebenden Eisenatome einstellt. Die Chrom-Verunreinigung reduziert das Eisenmoment der nächsten Nachbaratome, führt aber zu einer Vergrößerung des Eisenmoments weiter entfernter Atome. Konzentrierte Legierungen weisen eine sehr komplexe Abhängigkeit der individuellen Eisen- bzw. Chrommomente auf, wie die Ergebnisse von Neutronen-Streuexperimenten zeigen. Das Chrommoment ist negativ (s. auch Bild 4.5), nimmt mit zunehmendem Chromgehalt ab und wird bei $x \approx 0.6$ zu Null. Das Moment pro Eisenatom steigt zunächst bis zu einem Maximum bei $x \approx 0.15$, wird dann kleiner und fällt vor Erreichen der kritischen Konzentration ($x = 0.81$), bei der der Ferromagnetismus verschwindet, sehr steil ab. Gegenüber verdünnten Legierungen, in denen die Störung durch Chromatome sich über mehrere Atomabstände erstreckt, sind diese Störungen in konzentrierten Legierungen von geringer Reichweite. Die lokalen Momente werden dann von der unmittelbaren Atomnachbarschaft bestimmt. Es ist aber erstaunlich, daß aus der verwickelten Konzentrationsabhängigkeit der induviduellen Eisen- und Chrommomente ein

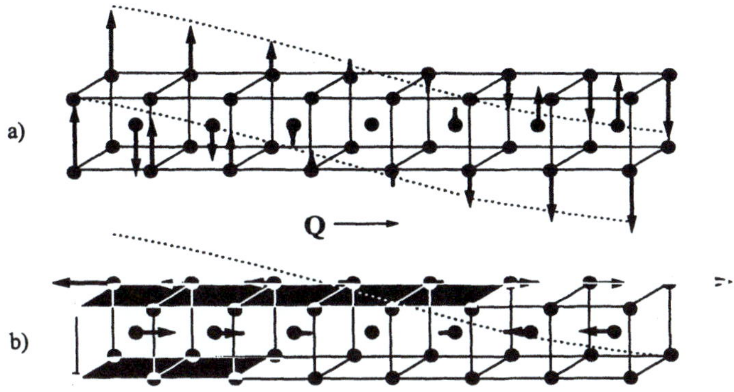

Bild 4.12. Die a) transversale und b) longitudinale Spindichtewellenstruktur von Cr.

näherungsweise linearer Verlauf des mittleren Momentes $<\mu>$ resultiert.

Maßgeblich für den Antiferromagnetismus chromreicher Legierungen ist das magnetische Verhalten des Chroms, das – bei hohen Temperaturen paramagnetisch – sich unterhalb der Néeltemperatur $T_N = 312\,K$ antiferromagnetisch ordnet. Chrom ist ein itineranter Antiferromagnet mit einer magnetischen Struktur, die durch Spindichtewellen beschrieben wird (Bild 4.12) [8]. Die magnetischen Momente benachbarter Atome sind antiparallel orientiert, aber deren Größe ist sinusformig moduliert mit einer sehr großen Modulationsperiode und inkommensurabel mit der Gitterperiodizität. Das magnetische Moment ($0.59\,\mu_B$ bei $T = 0$) einer solchen statischen Spindichtewelle ist unterhalb T_N senkrecht zum Wellenvektor $\mathbf{Q}$ gerichtet (longitudinale Spindichtewelle), stellt sich aber unterhalb der "Spin-Flip-Temperatur" $T_{SF} = 120\,K$ parallel zu diesem ein (transversale Spindichtewelle). Durch geringe Legierungszusätze wird die inkommensurable Spindichtewelle instabil; sie geht in eine kommensurable Spindichtewellen-Struktur über (Bild 4.12). Alle Metalle mit geringerer Elektronenzahl als Chrom ($E/A < 6$) destabilisieren dessen Antiferromagnetismus, während Metalle mit $E/A \geq 6$ stabilisierend wirken – mit Ausnahme der Ferromagnete Fe, Co, Ni. Die kommensurable Struktur wird in Cr-Fe-Legierungen bei etwa 2% Fe erreicht (Bild 4.13) [9]. Der Übergang vom Paramagnetismus in diesen Zustand ist mit sehr ausgeprägten Anomalien der physikalischen Eigenschaften verbunden [10], die u. a. ein invarähnliches Verhalten zur Folge haben: eine starke Beeinflussung des Atomvolumens und des Elastizitätsmoduls [11]. Der Verlauf der relativen Längenänderung $\Delta l / l$ zeigt, daß Legierungen

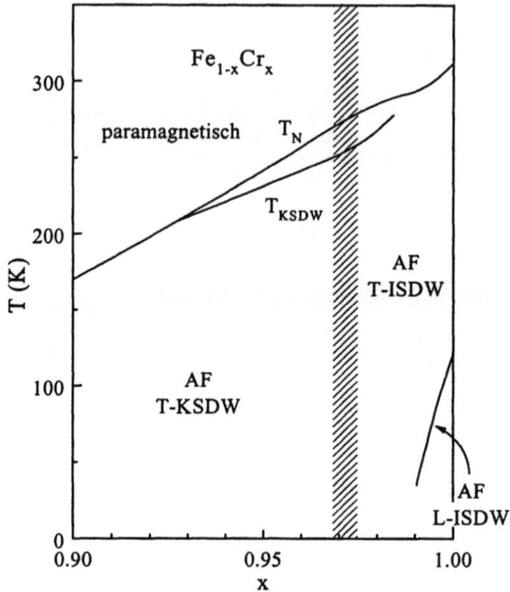

Bild 4.13. Magnetisches Phasendiagram chromreicher Cr-Fe-Legierungen.
T-KSDW: Transversale kommensurable Spindichtewelle
T-ISDW: Transversale inkommensurable Spindichtewelle
L-ISDW: Longitudinale inkommensurable Spindichtewelle

mit ~2 bis 4 At.-% Fe bei Unterschreiten der Néeltemperatur in einem kleinen
Temperaturbereich von nur wenigen Grad eine sprunghafte Volumenvergrößerung von 1.5 % erfahren.

T_N nimmt etwa linear mit steigender Eisenkonzentration ab. Bis etwa 84 % Cr
bleibt die Spindichtewellenstruktur erhalten; die ferromagnetische Ordnung setzt
unterhalb 81 % Cr ein. In dem engen Bereich zwischen 81 % und 84 % tritt eine
Spinglas-Phase auf mit sowohl ferro- als auch antiferromagnetischen Wechselwirkungen (Bild 4.10) [12-14]. Solche "gemischten" Wechselwirkungen
verhindern die Ausbildung einer magnetischen Fernordnung; sie ermöglichen
lediglich eine magnetische Nahordnung (magnetische Cluster), die bei tiefen
Temperaturen eingefroren ist. Die Bezeichnung "Spinglas" möchte ausdrücken,
daß seine magnetische Struktur an die nichtkristalline, nur nahgeordnete Struktur
der Gläser erinnert.

Nach Auslagerung ungeordneter Fe-Cr-Mischkristalle innerhalb der
metastabilen Mischungslücke entsteht ein magnetisch interessantes System, von
dem erwartet werden darf, daß in ihm ferromagnetische und antiferromagnetische
Phasenanteile koexistieren: die eisenreiche ferromagnetische α-Phase und die

antiferromagnetische α'-Phase. Der Nachweis einer solchen Koexistenz bereitet Schwierigkeiten wegen der sehr tiefen Néeltemperaturen in einem sehr engen, nur ungenügend bekannten Konzentrationsbereich der α'-Phase. Durch Zulegieren von Mangan wird der Antiferromagnetismus des Chroms stabilisiert: die Néeltemperatur wird sehr stark erhöht, während die Curietemperatur der α-Phase kaum beeinflußt wird. So bestehen entmischte manganhaltige Fe-Cr-Legierungen aus einem Phasengemisch α' mit Néeltemperaturen bis 270 K und α-Ausscheidungen mit Curietemperaturen von etwa 600 K [15]. Die Fragen nach den ferromagnetisch-antiferromagnetischen Wechselwirkungen in einem solchen heterogenen System und nach ihrer Abhängigkeit von der Legierungszusammensetzung und der Größe der entmischten Bereiche sind – auch im Hinblick auf mögliche technische Anwendungen – noch unbeantwortet.

Auch im System Fe-V (Bild 4.14 a) tritt die σ-Phase auf, die aber im Gegensatz zur FeCr-σ-Phase bis zu tiefsten Temperaturen stabil ist. Curietemperatur und magnetisches Moment erreichen bei Eisenüberschuß ihren Höchstwert und gehen mit zunehmendem Vanadiumgehalt gegen Null. Die σ-Phase kann durch Abschrecken aus dem Temperaturbereich völliger Mischbarkeit unter-

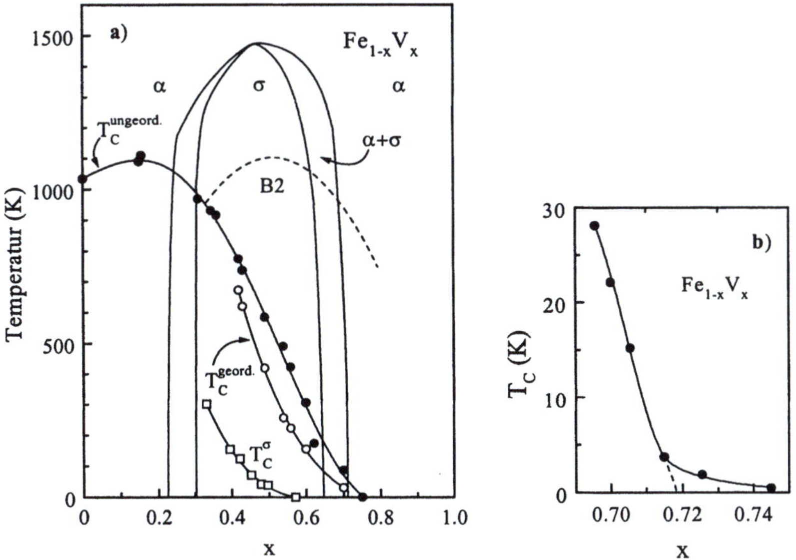

Bild 4.14. a) Magnetisches und strukturelles Phasendiagramm von $Fe_{1-x}V_x$.
b) Übergangsbereich vom Ferro- zum Paramagnetismus.

drückt werden, so daß die ungeordnete krz. Struktur bis zu tiefen Temperaturen erhalten bleibt. Bei Erwärmung in dem Temperaturbereich, dessen obere Grenze durch die gestrichelt gezeichnete Kurve beschrieben wird, entsteht aus der ungeordneten krz. Struktur eine metastabile, nach dem B2-Typ geordnete Struktur α', in der die beiden einfachen kubischen Gitter, die das krz. Gitter bilden, jeweils von Fe-bzw. V-Atomen besetzt sind. Diese geordnete Phase ist zwar weniger stabil als die σ-Phase, die Umwandlung der ungeordneten in die geordnete Phase läuft in dem angegebenen Phasenbereich aber erheblich schneller ab als die α-σ-Umwandlung [16].

Die Curietemperatur der ungeordneten Phase steigt durch die Zugabe von Vanadium zunächst an, durchläuft bei $x \approx 0.15$ ein Maximum, um dann auf den Wert Null bei $x \approx 0.72$ abzufallen. Durch die Ordnungseinstellung wird die Curietemperatur abgesenkt; die Erniedrigung ist bei äquiatomarer Zusammensetzung maximal und beträgt $\Delta T_C \approx 250\,\text{K}$. Die mitgeteilten experimentellen Werte entsprechen dem Ordnungsgrad, der sich bei der jeweiligen Curietemperatur einstellt. Strukturelle und magnetische Umwandlungen beeinflussen sich wechselseitig. In jenen Temperatur- und Konzentrationsbereichen (z.B. $0.25 \leq x \leq 0.40$ und $0.60 \leq x \leq 0.70$), in denen Umwandlungsvorgänge

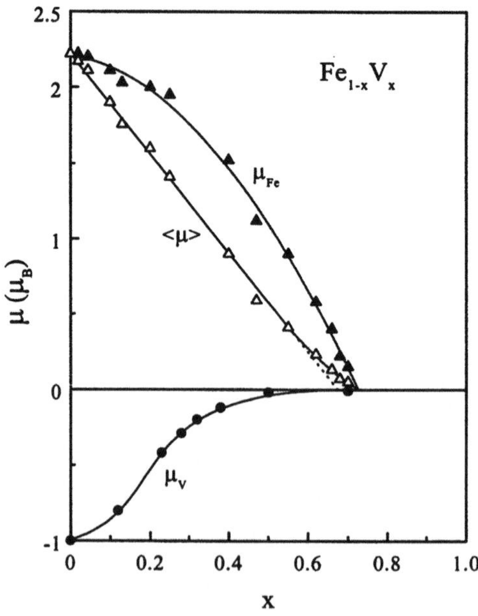

Bild 4.15. Magnetische Momente im System $Fe_{1-x}V_x$.

während der Durchführung der experimentellen Untersuchungen stattfinden, ist die Kenntnis des Phasendiagramms mit Unsicherheiten behaftet. Im Fall zu tiefer Temperaturen ist nicht gewährleistet, daß sich das thermische Gleichgewicht einstellt, und bei höheren Temperaturen kann eine σ-Phasenbildung nicht ausgeschlossen werden, obwohl die $\alpha \rightarrow \sigma$-Umwandlung relativ träge abläuft.

Die Abnahme des mittleren magnetisches Momentes $<\mu>$ wird – ausgehend vom Moment des α-Eisens mit $\mu_{Fe}=2.22\,\mu_B$ – recht gut durch eine Gerade wiedergegeben: $<\mu>=2.22-3.2\,x$. Erst mit Annäherung an die kritische Konzentration, bei der der Ferromagnetismus verschwindet, treten Abweichungen von der linearen Konzentrationsabhängigkeit auf (Bild 4.15). Das zum Eisen antiparallel gerichtete Moment des Vanadiumatoms ($\mu_V=-1.0\,\mu_B$) wird mit zunehmendem x kleiner und zu Null bei $x \approx 0.50$. Das Moment auf den Eisenplätzen verschwindet bei $x \approx 0.70$ [17, 18]. Die durch die geordnete Struktur veränderten Atomnachbarschaften beeinflussen das magnetische Moment. Gegenüber dem ungeordneten Mischkristall ist das Moment bei äquiatomarer Zusammensetzung um $\sim 0.3\,\mu_B$ pro Atom abgesenkt. In der B2-Struktur mit vollkommenem Ordnungsgrad gibt es keine Fe-Fe-Nachbarschaften. Nächste Nachbarn sind immer die Atome des Legierungspartners. Durch die Abnahme der Anzahl der Fe-Fe-Kopplungen verliert das Eisen durch Elektronentransfer 0.3 ungepaarte Spins pro Atom. (In Fe-Co-Legierungen wirkt die B2-Ordnung in umgekehrter Weise, da infolge der Zunahme der Fe-Co-Nachbarn das Moment erhöht wird. (s. Kap. 4.15)).

Für das magnetische Verhalten im Übergangsbereich vom Ferro- zum Paramagnetismus bei $x \approx 0.7$ sind lokale Schwankungen der Eisenkonzentration verantwortlich. Eisenreiche Bereiche sind oberhalb einer bestimmten kritischen lokalen Eisenkonzentration ferromagnetisch. Die Zahl dieser Eisencluster nimmt mit zunehmendem Vanadiumgehalt ab mit der Folge, daß die Curietemperatur sehr steil abfällt (s. Bild 4.14 b). Doch nicht nur die Eisenkonzentration, auch die atomare Umgebung eines Eisenatoms beeinflußt die Anzahl magnetischer Cluster. Legierungen des hier diskutierten Konzentrationsbereiches besitzen – abhängig von der Wärmebehandlung – unterschiedliche strukturelle Nahordnungsgrade des B2-Typs. Eine solche Nahordnung vermindert die Zahl nächster Eisennachbarn, schwächt damit die ferromagnetischen Kopplungen und reduziert die Anzahl magnetischer Cluster. So besitzt eine Legierung mit 70.5 At.-% V, die von hohen Temperaturen abgeschreckt wurde, eine Curietemperatur $T_C=24\,K$, während man für die gleiche Legierung, von 725 K abgekühlt und somit strukturell nahgeordnet, eine sehr tiefe Curietemperatur $T_C=2\,K$ findet [19]. Die Cluster in Legierungen mit einem Eisengehalt unterhalb 28 At.-% ($x>0.72$) und magnetischen Übergangstemperaturen kleiner als 4 K sind nicht mehr ferromagnetisch, d. h. nicht mehr langreichweitig magnetisch geordnet. Die Momente sind lediglich nahgeordnet und – wie durch Suszeptibilitätsmessungen nachweisbar – "eingefroren", so daß diese Cluster äußeren Feldern nicht mehr frei folgen können. Ein solcher magnetischer Zustand wird als "mictomagnetisch" bezeichnet. Im Unterschied zum Spinglas (s. Bild 4.10), in dem gemischte ferro- und antiferromagnetische Wechselwirkungen eine langreichweitige magnetische Ordnung verhindern, beruht der mictomagnetische Zustand auf einer "chemischen", d. h. von der Konzentration abhängigen Bildung magnetischer Cluster. Für die Konzentrationsabhängigkeit der Übergänge von Ferromagnetismus über den Mictomagnetismus zum Paramagnetismus ist die Konzentration der magnetischen Cluster die entscheidende Größe, die vom Eisengehalt abhängt, vom strukturellen Nahordnungsgrad aber in starkem Maße beeinflußt wird.

Die Atomvolumina der Fe-Cr- und Fe-V-Legierungen weichen erheblich von der Vegard-Geraden ab, die die Atomvolumina der Legierungspartner miteinander verbindet. Chrom weitet das Gitter des α-Eisens zunächst stark auf (Bild 4.16 a). In der Abweichung von der Vegard-Geraden spiegelt sich die Zunahme des magnetischen Momentes auf den Eisenplätzen wider, das bei $x \approx 0.15$ einen Höchstwert erreicht (s. Bild 4.11). Die chromreichen Legierungen zeigen dagegen eine negative Abweichung von der Vegard-Geraden. Für ungeordnete ferromagnetische Fe-V-Mischkristalle besteht eine lineare Konzentrationsabhängigkeit, und erst oberhalb $x \approx 0.70$ erfolgt ein starker Anstieg bis zum Atomvolumen des Vanadiums (Bild 4.16 b). Die gegenüber der

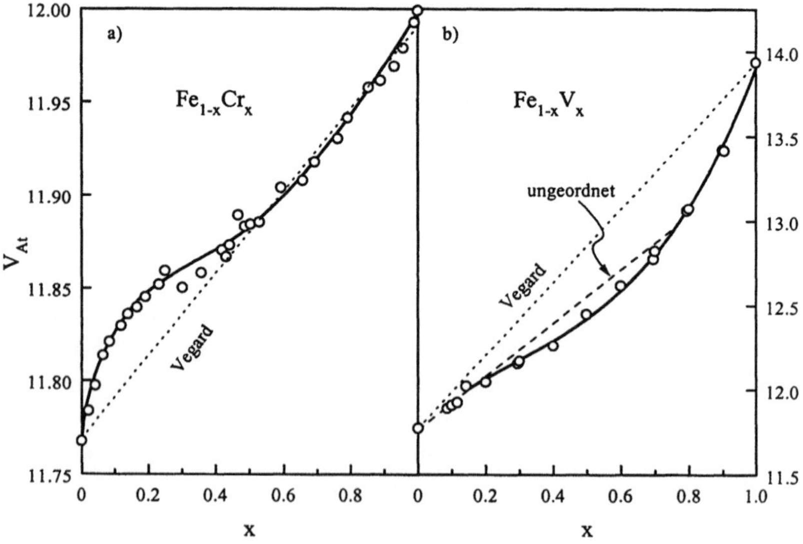

Bild 4.16. a) Atomvolumen von Fe-V (nach [20]), b) Atomvolumen von Fe-Cr (nach [21]).

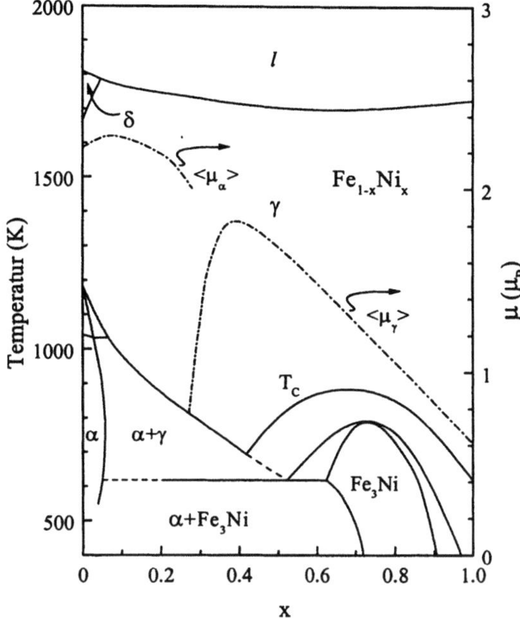

Bild 4.17. Strukturelles und magnetisches Phasendiagramm des Systems $Fe_{1-x}Ni_x$ [22].
Magnetische Momente nach [23].

ungeordneten α-Phase stabilere α'-Phase besitzt ein geringeres Atomvolumen; die
Volumenkontraktion beträgt bei x=0.5 nahezu 1 %.

4.4 Das System Fe-Ni

Das Modell der Moment-Volumen-Instabilität darf als das wichtigste Ergebnis
neuerer theoretischer und experimenteller Untersuchungen zur elektronischen
Struktur des γ-Eisens und seiner Legierungen angesehen werden. Es vermittelt
sowohl grundlegende Einsichten in die Stabilitätsverhältnisse der kfz. Struktur
als auch ein umfassendes Verständnis der besonderen physikalischen
Eigenschaften, die diese Phase auszeichnen. Ein überzeugendes Beispiel hierfür
liefert das häufig untersuchte, physikalisch interessante und technisch
bedeutsame System Fe-Ni, dessen strukturelles und magnetisches Phasendiagramm in Bild 4.17 wiedergegeben ist [22]. Die bei höheren Temperaturen völlig
mischbaren Legierungspartner bilden eine lückenlose Mischkristallreihe $Fe_{1-x}Ni_x$,
da der Stabilitätsbereich der γ-Phase des Eisens durch Nickel erweitert wird. Auf

der nickelreichen Seite bildet sich bei langsamer Abkühlung unterhalb 775 K die geordnete Phase Ni_3Fe ($L1_2$-Struktur) mit einer gegenüber dem ungeordneten Zustand gering vergrößerten Sättigungsmagnetisierung und Curietemperatur.[*] In eisenreichen Legierungen stellt sich das thermodynamische Gleichgewicht nur sehr langsam ein. Extrem lange Abkühlzeiten von der Größenordnung einige Grad pro Tag sind erforderlich, um die auch heute noch nicht mit ausreichender Genauigkeit bekannten Phasengrenzen des stabilen strukturellen Phasendiagramms entdecken zu können. Größere Abkühlraten führen zu dem durch martensitische α-γ-Umwandlungen entstehenden metastabilen System (Bild 4.18). Im Gegensatz zu den individuellen Atombewegungen bei diffusionsgesteuerten Umwandlungen erfolgt die Änderung der Kristallstruktur bei der martensitischen Umwandlung durch koordinierte Atombewegungen in bestimmten kristallographischen Richtungen und Ebenen. Daher sind umwandlungsbedingte Änderungen der Legierungszusammensetzung ausgeschlossen. Martensitische Umwandlungen setzen nach starker Unterkühlung bei Erreichen einer bestimmten Temperatur – der Martensit-Starttemperatur M_s – schlagartig ein.

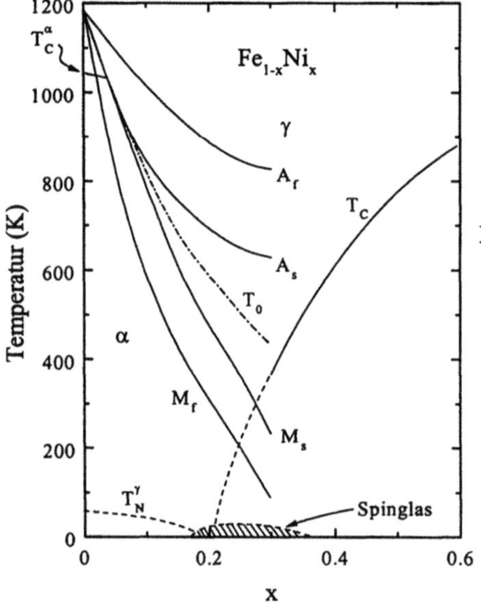

Bild 4.18. Metastabiles Phasendiagramm von Fe-Ni durch martensitische Umwandlungen. T_0: Gleichgewichtstemperatur

---

[*] Ungeordnete, d. h. abgeschreckte Legierungen im Konzentrationsbereich zwischen 70-80 At.-% Ni – als Permalloy bezeichnet – besitzen als "weichmagnetische" Werkstoffe große technische Bedeutung (hohe Permeabilität und magnetostriktionsfrei). Ursache ist ihre sehr geringe Kristallanisotropieenergie, die bei 78 At.-% Ni von positiven zu negativen Werten wechselt als Folge einer Änderung der Richtung leichter Magnetisierbarkeit von <111> in Ni nach <100> in Fe-reicheren Fe-Ni Legierungen.

Die Umwandlung ist athermisch, d. h. erst bei weiterer Abkühlung wird die Umwandlung kaskadenartig fortgesetzt bis sie bei der Temperatur M_f abgeschlossen ist. Die Rückumwandlung startet erst nach einer entsprechend starken Überhitzung bei einer Temperatur A_s, die deutlich oberhalb der Gleichgewichtstemperatur T_0 liegt. Näherungsweise gilt dabei: $T_0 = \frac{1}{2}(M_s + A_s)$. Ursache der großen Temperaturhysterese zwischen Hin- und Rückumwandlung ist der Abbau der elastischen Gitterverzerrungen, die als Folge der Gestalt- und Volumenänderungen des Kristalls bei der Umwandlung entstehen.

Während die Curietemperatur der α-Phase in dem nur sehr schmalen Konzentrationsbereich experimenteller Prüfbarkeit nur gering beeinflußt wird, steigt das magnetische Moment durch die Zugabe von Nickel zunächst an, da das nicht voll besetzte Majoritätsband des α-Eisens – es fehlen etwa 0.2 bis 0.3 Elektronen pro Atom – aufgefüllt wird. Nach Überschreiten des Maximums bei etwa 10 bis 15 At.-% Ni ($E/A \approx 8.2$-8.3) fällt das Moment, der Slater-Pauling-Kurve entsprechend, ab (s. Bild 4.3).

In der kfz. Phase führt die Zugabe von Eisen zu Nickel zunächst zu einem Anstieg der Curietemperatur, die dann nach Überschreiten eines Maximums bei ~ 35 At.-% Fe mit zunehmendem Eisengehalt immer steiler abfällt. Die mittleren magnetischen Momente $<\mu>$ bilden den linearen rechten Ast der Slater-Pauling-Kurve, doch unterhalb ~ 40 At.-% Ni brechen die Momente zusammen und scheinen gegen den Wert Null zu streben. Da das γ-Eisen einen antiferromagnetischen Grundzustand besitzt, muß mit weiterer Erhöhung der Eisenkonzentration ein Übergang vom ferromagnetischen in den antiferromagnetischen Zustand erfolgen. So läßt sich der Steilabfall des mittleren magnetischen Momentes mit dem gleichzeitigen Auftreten regellos verteilter ferromagetischer und antiferromagnetischer Spinkopplungen zwischen den Eisenatomen verstehen. Es gibt Anzeichen für einen "gemischt" magnetischen Zustand in diesem Konzentrationsbereich bei tiefen Temperaturen (schraffiert gezeichnet) [24], doch bevor es zur Ausbildung eines deutlichen Spinglasbereiches kommt, wird die kfz. Phase instabil und wandelt martensitisch in die krz. Phase um. Um den interessanten konzentrationsabhängigen Übergang vom Ferro- zum Antiferromagnetismus verfolgen zu können, bieten sich ternäre Systeme (z. B Fe-Ni-Mn) an mit einer über einen weiten Konzentrationsbereich reichenden Stabilität der kfz. Struktur (s. Kap. 4.7).

Die eisenreichen kfz. Fe-Ni-Legierungen zeigen eine Reihe physikalischer Besonderheiten, deren wichtigste der *Invar-Effekt* ist. Er beschreibt die schon im Jahr 1896 von Ch. Guillaume entdeckte Eigenschaft, daß Fe-Ni-Legierungen mit 35 At.-% Ni ($T_C = 530$ K) in einem weiten Temperaturintervall um Raumtemperatur eine nahezu verschwindende thermische Ausdehnung besitzen [25]. Sie ist mit $\alpha = (1/l)\,dl/dT \approx 1 \times 10^{-6}\,\mathrm{K}^{-1}$ um mehr als eine Größenordnung geringer als die normale Ausdehnung der Metalle und Legierungen. Die temperatur*invar*iante Ausdehnung wird in zahlreichen Technikbereichen genutzt, vor allem in der Präzisionsmeßtechnik, im Behälterbau für Flüssiggase bei tiefen Temperaturen u.a.. Von großer Bedeutung war auch die Entdeckung des *Elinvar-Effektes*, Legierungen mit temperaturunabhängigen elastischen Konstanten, die u. a. als Federmaterial in mechanischen Uhren Verwendung finden. Für seine Entdeckungen wurde Ch. Guillaume im Jahr 1920 mit dem Nobelpreis ausgezeichnet. Der Bedeutung des Invar-Effektes entsprechend waren die Bemühungen, ihn zu erklären, d. h. die Frage zu beantworten, auf welche Weise die "normale" thermische Ausdehnung des Kristallgitters so kompensiert wird, daß eine stark reduzierte Ausdehnung resultiert. Der naheliegende Gedanke, den Invar-Effekt auf die spezifischen magnetischen Eigenschaften der Fe-Ni-Legierungen zurückzuführen, d. h. auf die Abweichung von der Slater-Pauling-Kurve und auf magnetische Inhomogenitäten,war ebenso unzureichend wie der Versuch, eine Verbindung mit Inhomogenitäten aufgrund der Nähe zur $\gamma \leftrightarrow \alpha$-Umwandlung herzustellen. Der Invar-Effekt – über Jahrzehnte häufig Gegenstand experimenteller und theoretischer Untersuchungen – erwies sich als sehr komplex. Er ist keineswegs beschränkt auf Fe-Ni-Legierungen, denn er tritt in zahlreichen 3d-Legierungen auf (in ungeordneten und geordneten Mischkristallen und in intermetallischen Verbindungen), die sowohl ferro- als auch antiferromagnetisch geordnet sein können. Man kann also unterscheiden zwischen ferro- und antiferromagnetischen Invarlegierungen. Invarsysteme zeichnen sich nicht nur durch ihr anomales Ausdehnungsverhalten aus; in vielen ihrer Eigenschaften äußern sich Anomalien: Atomvolumen und magnetisches Moment, Elastizität, Wärmekapazität, elektrischer Widerstand und deren Abhängigkeiten von äußeren Parametern, wie Temperatur, Druck und Magnetfeldern. Eine ausführliche Darstellung des Invar-Problems, seine Historie und der gegenwärtige Stand unserer Kenntnisse, sowie die Ergebnisse der zahlreichen experimentellen und theoretischen Untersuchungen wurde in Ref. 26 veröffentlicht. Erst das in neuerer Zeit entwickelte Modell der Moment-Volumen-Instabilität ermöglicht eine allgemeingültige Beschreibung aus einer umfassenden Sichtweise, die den Invar-Effekt als eine wichtige, aber keineswegs singuläre Eigenschaft erscheinen läßt. Wenn auch eine quantitative Beschreibung der Moment-Volumen-Kopplung bei endlichen Temperaturen noch nicht möglich ist, so darf dennoch das Invar-Problem heute als prinzipiell gelöst angesehen werden [26-28], und darüber soll im folgenden berichtet werden.

Der antiferromagnetische Grundzustand des γ-Eisens wird bei Erreichen eines kritischen Atomvolumens instabil; bei großen Volumina ist ein ferromagnetischer HS-Zustand energetisch günstiger. Der Energieunterschied zwischen beiden Zuständen ist relativ gering und liegt in der Reichweite thermischer

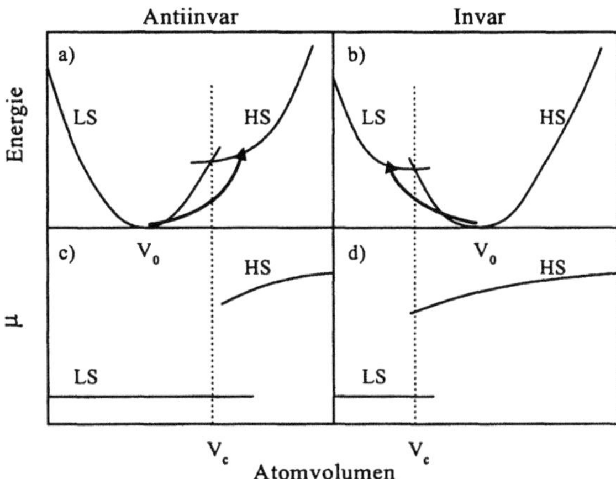

Bild 4.19. Schematische Darstellung der Volumenabhängigkeit der Gesamtenergie (a, b) und des magnetischen Momentes (c, d). Die Pfeile geben die Besetzungsänderung mit steigender Temperatur an.

Energien. Aufgrund des großen Atomvolumens des HS-Zustandes ist mit der thermischen Anregung dieses Zustandes eine Volumenvergrößerung verbunden, die der normalen thermischen Ausdehnung überlagert ist und – wie in Kap. 3.2 ausführlich beschrieben – zu einem Ausdehnungsexzeß führt (Antiinvar). Fe-Ni-Legierungen im Invarbereich besitzen einen ferromagnetischen Grundzustand mit relativ hohem magnetischen Moment und großem Volumen. Durch Zulegieren von Nickel wird der HS-Zustand stabilisiert und der LS-Zustand mit kleinerem Volumen energetisch ungünstiger. Es findet also eine Umkehrung des Grundzustandes in Abhängigkeit von der Legierungszusammensetzung statt. Dieser Wechsel – früher schon aufgrund der γ_1-γ_2-Hypothese postuliert [29], dann durch Bandstrukturrechnungen bestätigt [30] – ist in Bild 4.19 schematisiert. In diesem Bild ist die Volumenabhängigkeit der Gesamtenergie, bezogen auf den LS-Grundzustand eines Antiinvars (z. B. γ-Fe in Bild 4.19 a) bzw. auf den ferromagnetischen HS-Grundzustand einer Invarlegierung (Bild 4.19 b), dargestellt. Die Bilder 4.19 c und 4.19 d zeigen die mit der Volumenänderung gekoppelte Änderung der magnetischen Momente. V_0 bezeichnet das Gleichgewichtsvolumen und V_c das kritische Volumen, bei dem der Gleichgewichtszustand energetisch ungünstiger wird. Die Umkehrung der volumenabhängigen Instabilität der Grundzustände konnte experimentell sehr überzeugend bewiesen werden. Der volumenbedingte LS↔HS-Übergang des γ-Eisens kann realisiert werden, indem dünnen γ-Fe-Schichten durch epitaktisches Wachstum auf Substraten mit großen Gitterabständen ein so großes Atomvolumen aufgezwungen wird, daß das

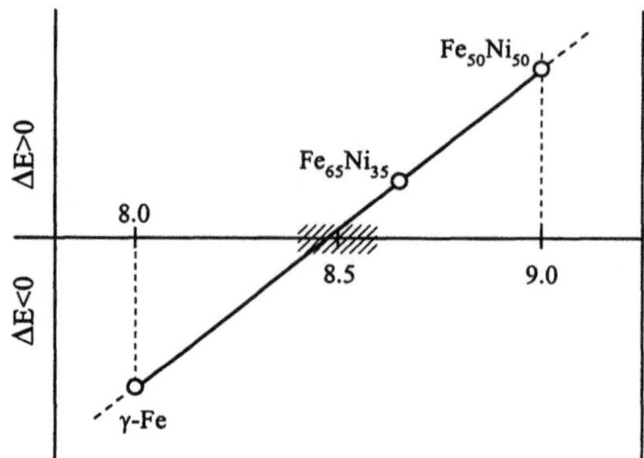

Bild 4.20. $\Delta E = E_{LS}$-E_{HS} in Abhängigkeit von der Elektronenkonzentration. Der Übergangsbereich vom LS- zum HS-Zustand ist gestrichelt markiert (schematisch).

kritische Volumen überschritten und das γ-Eisen ferromagnetisch wird (Kap. 2.5.2 und s. Bild 2.22). Den umgekehrten Grundzustandsverhältnissen entsprechend kann durch Anwendung hoher Drucke ein Übergang vom ferromagnetischen HS-Zustand zum LS-Zustand erreicht werden. Mössbauer-Experimente an einer Fe$_{0.685}$Ni$_{0.315}$-Legierung liefern den Beweis für einen solchen druckinduzierten Übergang bei einem kritischen Druck von 6 GPa, der einer Volumenkompression von etwa 5.5 % entspricht [31].

In Bild 4.20 ist der Energieabstand ΔE in Abhängigkeit von der Elektronenkonzentration E/A (unter der Annahme eines linearen Verlaufs) in dem Konzentrationsbereich des Systems Fe-Ni dargestellt, in dem Moment-Volumen-Instabilitäten von Bedeutung sind: vom γ-Fe bis etwa Fe$_{0.5}$Ni$_{0.5}$. Bei höheren Ni-Gehalten wird ΔE so groß, daß Temperaturen unterhalb der Schmelztemperatur nicht ausreichen, den LS-(oder einen nichtmagnetischen) Zustand anzuregen. Im Fall der klassischen Invarlegierung Fe$_{0.65}$Ni$_{0.35}$ ist ΔE wesentlich kleiner als für γ-Fe und Fe$_{0.50}$Ni$_{0.50}$. Der Vorzeichenwechsel erfolgt im "gemischt magnetischen" Bereich E/A $\approx$ 8.4-8.6, in dem ein Wechsel zwischen dem LS- und dem HS-Zustand ohne Energieaufwand möglich ist.

Die geringen Energieunterschiede (bei T=0) zwischen dem HS- und LS-Zustand ermöglichen die Übergänge, die – mit steigender Temperatur zunehmend und in Bild 4.19 durch Pfeile markiert – den Invar- bzw. Antiinvar-Effekt verursachen. Bild 4.21 zeigt schematisch die Temperaturabhängigkeit der relativen Volumenänderung ΔV/V (Bilder 4.21 a und 4.21 b) und deren Temperaturableitung – den thermischen Ausdehnungskoeffizienten α (Bilder

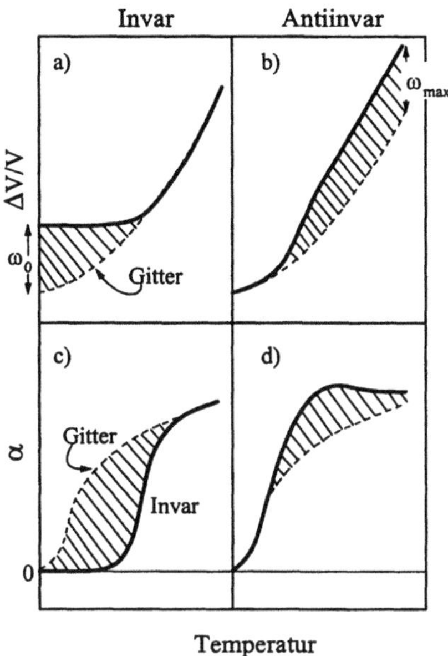

Bild 4.21. Schematische Darstellung der Volumenänderung $\Delta V/V$ und des thermischen Ausdehnungskoeffizienten α von Invar und Antiinvar.

4.21 c und 4.21 d) – für die beiden Magnetovolumeneffekte. Invartypisch ist der Volumenanstieg im *magnetisch geordneten Bereich*, der im Vergleich zur normalen Gitterkurve unterhalb der magnetischen Ordnungstemperatur zu einer reduzierten thermischen Ausdehnung führt. Der schraffierte Bereich in Bild 4.21 c folgt aus dem invarbedingten Volumenanstieg; er entspricht der durch den Doppelpfeil angegebenen maximalen Volumenmagnetostriktion $(\omega_0 = \Delta V/V)_{max}$ bei $T=0$. Die Bilder 4.21 b und 4.21 d beschreiben den Antiinvar-Effekt: eine Überhöhung des Atomvolumens und der Ausdehnung im Hoch-temperaturbereich, in dem die Legierungen *keine langreichweitige magnetische Ordnung* besitzen. Dieses Verhalten wurde am Beispiel des γ-Eisens in Kap. 3.2 ausführlich beschrieben. Um quantitative Aussagen über die relativen Volumenänderungen zu gewinnen, bedarf es einer Bestimmung der normalen Gitterausdehnung als Referenzkurve. Eine Grundlage hierfür bietet die Grüneisen-Regel (Kap. 3.2), nach der sich alle Metalle und Legierungen (ohne Magnetovolumeneffekte) zwischen $T=0$ und der Schmelztemperatur T_m relativ einheitlich um $(\Delta V/V)_{Gitter} \approx 7.5\,\%$, $(\Delta l/l)_{Gitter} \approx 2.5\,\%$ ausdehnen. Trägt man also $\alpha_{Gitter} T_m$ als Funktion der reduzierten Temperatur T/T_m auf, so folgt daraus ein Kurvenverlauf, der für alle "normalen" Metalle mit guter Näherung

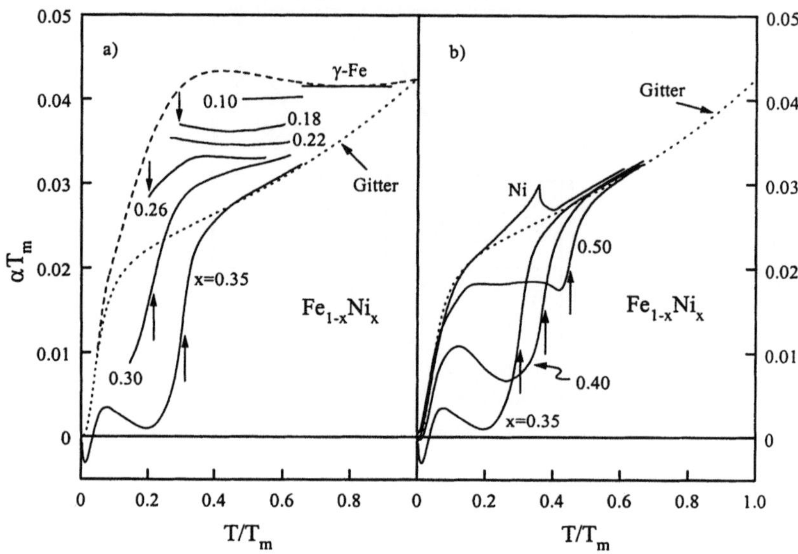

Bild 4.22. αT_m als Funktion der reduzierten Temperatur T / T_m für (a) $Fe_{1-x}Ni_x$-Antiinvar- und (b) Invar-Legierungen.
Die ↑ Pfeile markieren die reduzierten Curietemperaturen T_C / T_m in Legierungen mit ferromagnetischem Grundzustand, die ↓ Pfeile markieren die Martensittemperaturen.

allgemeingültig ist und der als punktiert gezeichnete Referenzkurve in Bild 4.22 verwendet wird. In diesem Bild sind die experimentell ermittelten Werte αT_m in Abhängigkeit von T/T_m für die kfz. Legierungsreihe $Fe_{1-x}Ni_x$ dargestellt: in Bild 4.22 a für die Invarlegierungen ($x \geq 0.30$), in Bild 4.22 b für die Antiinvare ($x \leq 0.30$) [32]. Die beiden Bilder zeigen einerseits den kontinuierlichen Übergang vom Invar- zum Antiinvar-Verhalten, zum anderen eine deutlich unterschiedliche Charakteristik. Bezogen auf die Gitterkurve weisen die Invarlegierungen eine "negative" Abweichung ihrer Ausdehnung auf, die Antiinvare eine "positive". Während der Invar-Effekt bei hinreichend hohen Temperaturen ($T \gg T_C$) verschwindet und experimentelle und Gitterkurve übereinstimmen, ist die Ausdehnung der Antiinvare im gesamten Temperaturbereich überhöht.

Die klassische Invarlegierung $Fe_{0.65}Ni_{0.35}$ besitzt die geringste thermische Ausdehnung und den größten ferromagnetischen Magnetovolumeneffekt. Dieser ist dem Flächeninhalt zwischen experimenteller und Gitterkurve proportional und beträgt $(\Delta V / V)_{max} = 1.8\%$. Bei tiefen Temperaturen ($T < 50\,K$; $T/T_m = 0.31$ für x=0.35) tritt ein zusätzlicher Effekt auf: α wird negativ. Es ist zu vermuten, daß infolge eingefrorener antiferromagnetischer Kopplungen unterschiedliche, stochastisch verteilte Atomabstände auftreten, die insgesamt eine Volumenzunahme bewirken. Zunehmender Nickelgehalt bewirkt sowohl einen Anstieg der Curietemperatur als auch eine Erhöhung von ΔE (nach Bild 4.20); der Invar-Effekt wird kleiner und verschwindet für höhere Nickelgehalte. Die Ausdehnungskurve des Nickels ist repräsentativ für die Referenzkurve. Sie zeigt lediglich eine geringe Abweichung in Form einer kontinuierlichen Umwandlung mit einem Höchstwert bei T_C und wird verursacht durch einen magnetostriktiven, volumenmindernden Effekt infolge der ferromagnetischen Ordnung (s. auch Bild 3.7). Mit zunehmender Eisenkonzentration wird der Stabilitätsbereich der γ-Phase und damit der Temperaturbereich, in dem der Antiinvar-Effekt beobachtet werden kann, immer stärker eingeschränkt. Die ausgezogenen Linien sind das Ergebnis der experimentellen Untersuchungen, und die nach unten weisenden Pfeile kennzeichnen die Martensittemperaturen. Es ist bemerkenswert, daß in einer Legierung ($Fe_{0.7}Ni_{0.3}$) im Übergangsbereich mit gemischt magnetischem Grundzustand beide Magnetovolumeneffekte auftreten: der Invar-Eeffekt unterhalb T_C, der Antiinvar-Effekt oberhalb T_C. Das γ-Eisen zeigt den größten Antiinvar-Effekt dieser Reihe. Er ist mit $(\Delta V/V)_{max}=2.8\%$ erheblich größer als der maximale Invar-Effekt der Legierung $Fe_{0.65}Ni_{0.35}$. Die thermische Ausdehnung des γ-Eisens und das Modell, das der Beschreibung im Temperaturbereich seiner Instabilität zugrunde liegt, sind in Kap. 3.2 ausführlich dargestellt (s. Bild 3.9).

Der Erklärung des Invar- und Antiinvar-Effektes mit Hilfe des Modells der Moment-Volumen-Instabilität liegt die Vorstellung zugrunde, daß mit steigender Temperatur Volumen- *und* Momentfluktuationen angeregt werden. Einen unmittelbaren Beweis für die Existenz ferromagnetischer Spinkorrelationen in γ-Eisen liefern die Ergebnisse der Neutronenstreuung: sein ferromagnetisches Moment beträgt in seinem Stabilitätsbereich $\sim 1\mu_B$ und ist damit etwa doppelt so groß wie das antiferromagnetische Moment von $\sim 0.5 \, \mu_B$ im Grundzustand (s. Kap. 2.5.2). Das Konzept, daß der Antiinvar-Effekt in γ-Eisen zurückzuführen ist auf die thermische Anregung eines HS-Zustandes, wird damit bestätigt. Von besonderem Interesse sind die Ergebnisse von Neutronenstreuexperimenten an Fe-Ni-Legierungen im paramagnetischen Temperaturbereich, da sich sowohl in der Temperatur- als auch in der Konzentrationsabhängigkeit der magnetischen Momente invar- und antiinvartypisches Verhalten widerspiegelt [33].

Bild 4.23 läßt eine deutlich unterschiedliche Temperaturabhängigkeit der Momente für nickelreichere bzw. eisenreichere Legierungen erkennen. Im Konzentrationsbereich $x \geq 0.35$ zeigen die Legierungen eine normale Temperaturabhängigkeit der paramagnetischen Momente im Sinne der Ausführungen in

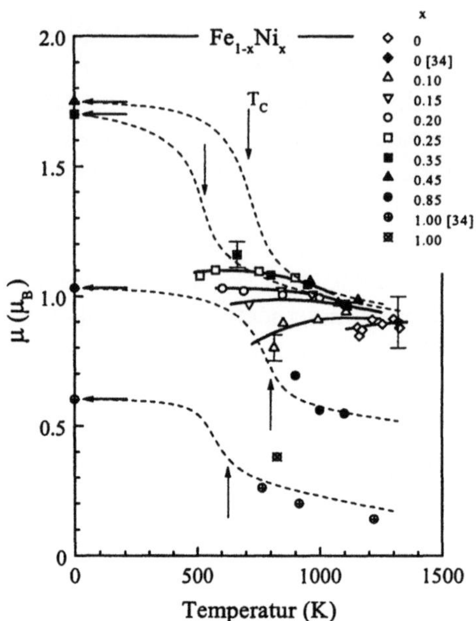

Bild 4.23. Magnetische Momente von Fe$_{1-x}$Ni$_x$ im paramagnetischen Bereich (experimentelle Werte nach [33])

Kap. 2.4.2: sie nehmen mit steigender Temperatur ab. Diese Legierungen besitzen einen ferromagnetischen Grundzustand. Der zu erwartende μ(T)-Verlauf um und unterhalb der Curietemperatur (senkrechte Pfeile) ist punktiert gezeichnet und führt mit Annäherung an T=0 zu den durch waagerechte Pfeile markierten μ_0-Werten (s. Bild 4.17). Im Antiinvar-Bereich x<0.30 mit antiferromagnetischem Grundzustand (s. Bild 4.18) wird mit zunehmendem Eisengehalt die Temperaturabhängigkeit schwächer, und mit Annäherung an das γ-Eisen erfolgt eine Umkehrung: eine Zunahme des Momentes bei Temperaturerhöhung infolge Anregung des ferromagnetisch korrelierten HS-Zustandes. Die Streuexperimente lieferten keinen Hinweis auf antiferromagnetische Korrelationen. Die Momente der Fe-Ni-Legierungen resultieren somit aus der Überlagerung zweier Effekte: zum einen aus der Abnahme der Momente mit steigender Temperatur, zum anderen aus dem entgegenwirkenden Beitrag der thermisch induzierten LS → HS-Übergänge, so daß je nach Gewichtung der beiden Anteile sowohl positive als auch negative Steigungen der Kurven resultieren. In den Antiinvar-Legierungen wird mit Temperaturerhöhung der HS-Zustand mehr und mehr besetzt, so daß dieser momenterhöhende Beitrag dominiert. In den Invar-Legierungen mit x=0.35 und x=0.45 ist dagegen eine normale Temperaturabhängigkeit in Über-

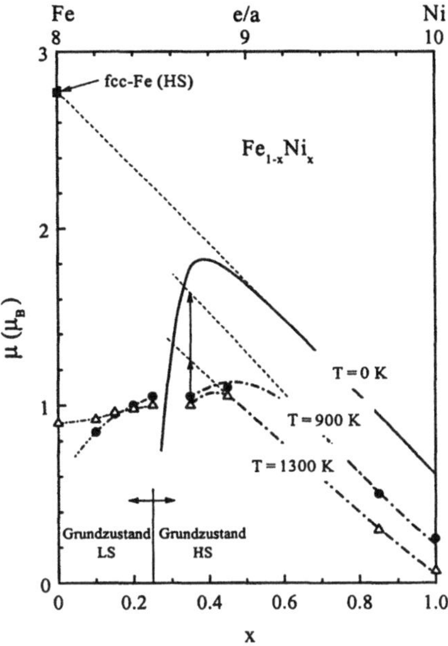

Bild 4.24. Konzentrationsabhängigkeit der Momente von Fe$_{1-x}$Ni$_x$ bei hohen Temperaturen. Experimentelle Werte nach [33].

einstimmung mit dem Verlauf der thermischen Ausdehnung, die oberhalb der Curietemperatur keine Anomalien aufweist und der Grüneisen-Beziehung folgt.

Die Moment-Volumen-Instabilitäten äußern sich auch in der Konzentrations-abhängigkeit der μ(T)-Kurven (Bild 4.24), die mit steigendem Nickelgehalt zunächst immer höhere Werte erreichen, in nickelreichen Legierungen bis zum reinen Nickel aber stark abnehmen. Auch diese Abhängigkeit resultiert aus dem Zusammenwirken von zwei Beiträgen. Der erste beruht auf der Anregung des HS-Zustandes ($μ_{LS-HS}$). Fügt man dem Eisen Nickel hinzu, so wird $\Delta E = E_{LS} - E_{HS}$ nach Bild 4.20 verringert und eine schnellere, bei tieferen Temperaturen wirksame Anregung des HS-Zustandes und damit eine Erhöhung des Momentes verursacht. Bei der Invarkonzentration x=0.35 verschwindet dieser Einfluß in dem betrachteten Temperaturbereich. Der weitere Anstieg des Momentes bis x ≈ 0.45 beruht auf dem Übergang vom schwachen zum starken Ferromagne-tismus mit Einmündung in die Slater-Pauling-Kurve. Dieser entsprechend nehmen die Momente durch die Auffüllung des d-Bandes mit weiter steigendem Nickelgehalt ab ($μ_{SP}$). Bei Nickelgehalten x ≥ 0.45 bestimmt die Auffüllung des d-Bandes gemäß der Slater-Pauling-Kurve die Größe der Momente, bei Gehalten x ≤ 0.35 überwiegt der momenterhöhende Einfluß der LS-HS-Übergänge.

Die Ergebnisse der experimentellen Bestimmung der magnetischen Momente bei höheren Temperaturen liefern zusammen mit den Untersuchungen über die Magnetovolumen-Effekte in Invar- und Antiinvar-Legierungen einen direkten Beweis für die Existenz thermisch angeregter Fluktuationen von Moment *und* Volumen durch LS↔HS-Übergänge. Mit dem Modell der Moment-Volumen-Instabilitäten finden die physikalischen Eigenschaften bei endlichen Temperaturen eine überzeugende Erklärung.

Die Abnahme von $\Delta E = E_{LS} - E_{HS}$ bei Zugabe von Nickel zu Eisen erklärt auch die Erweiterung des Stabilitätsgebiets des γ-Eisens; Nickel ist ein "γ-Öffner" (s. Bild 4.1). Wie in Kap 3.3 ausführlich erörtert, bildet die Moment-Volumen-Instabilität des γ-Eisens, d. h. die thermische Anregung ferromagnetisch korrelierter Spinfluktuationen, die Voraussetzung für dessen Existenz als stabile Phase bei höheren Temperaturen. Eine Verringerung der Anregungsenergie bedeutet, daß ferromagnetische Wechselwirkungen in der γ-Phase mit zunehmendem Nickelgehalt in stärkerem Maße und bei tieferen Temperaturen angeregt werden, die γ-α-Phasengrenze folglich zu tieferen Temperaturen verschoben wird.

4.5 Das System Fe-Co

Durch die Zugabe von Co zu Eisen werden – wie durch Legieren mit Nickel – die Elektronenbänder des Eisens aufgefüllt. Da Kobalt ein Elektron weniger besitzt als Nickel, ist die doppelte Kobaltkonzentration erforderlich, um die gleiche Elektronenkonzentration zu erreichen. Bezogen auf die Elektronenkonzentration E/A sind die physikalischen Eigenschaften beider Systeme sehr ähnlich, doch besteht zwischen den Phasendiagrammen ein wesentlicher Unterschied. Nickel erweitert das γ-Gebiet: die γ-α-Umwandlungstemperatur nimmt mit steigendem Ni-Gehalt sehr stark ab (Bild 4.18), während sie im System $Fe_{1-x}Co_x$ nahezu konstant bleibt, bei etwa $Fe_{0.55}Co_{0.45}$ ein schwaches Maximum aufweist und bei etwa $Fe_{0.25}Co_{0.75}$ (E/A=8.75) steil abfallend das Stabilitätsgebiet der krz. Struktur begrenzt (Bild 4.25) [22]. Die Ursache für die bis zu höheren Temperaturen reichende Stabilität der krz. Phase liegt in der auch heute noch nicht recht verstandenen starken Zunahme der Curietemperatur. Diese ist lediglich im Konzentrationsbereich x<0.15 einer direkten experimentellen Bestimmung zugänglich; bei höheren Kobaltgehalten erfolgt die α-γ-Umwandlung, bevor die Curietemperatur erreicht wird, so daß diese nur indirekt ermittelt werden kann durch Extrapolation aus der Temperaturabhängigkeit der Magnetisierung oder aus Mössbauermessungen [35]. Nach dem in Bild 4.25 strich-punktiert markierten Kurvenverlauf ist der maximale Wert bei x~0.75 mit

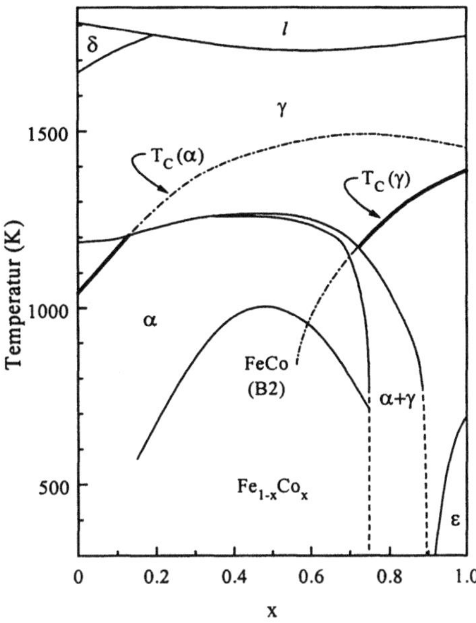

Bild 4.25. Strukturelles und magnetisches Phasendiagramm des Systems $Fe_{1-x}Co_x$ [35, 39]. Strich-punktiert: T_C in den nichtstabilen Bereichen.

$T_C \sim 1450\,K$ um etwa $400\,K$ höher als die Curietemperatur des α-Eisens. Aus der Darstellung folgt auch, daß ein hypothetisches krz. Kobalt eine etwas höhere Curietemperatur besitzt als das stabile kfz. Kobalt.

In Kap. 3.3 wurde ausführlich erörtert, daß die magnetischen Beiträge zur Enthalpie und Entropie miteinander konkurrierender Phasen deren Stabilität maßgeblich beeinflussen. Der Ferromagnetismus des α-Eisens verantwortet den Grundzustand des Eisens, und die Anregung ferromagnetischer Moment- und Volumenfluktuationen im γ-Eisens bildet die Voraussetzung für dessen Existenz als stabile Phase bei höheren Temperaturen. Die stabilisierende Wirkung des Ferromagnetismus ist verknüpft mit der Höhe der Curietemperatur. Da die Curietemperatur der α-Phase im System Fe-Ni mit steigendem Nickelgehalt schwach sinkt, kann die Rolle des Nickels als "γ-Öffner" durch eine Zunahme der HS-Anregungen in der γ-Phase erklärt werden (s. Kap. 4.1.4). Durch Kobalt wird die Energie zur Anregung des HS-Zustandes in gleicher Weise beeinflußt, doch wirkt diesem Einfluß die Zunahme der ferromagnetischen Wechselwirkungen der α-Phase aufgrund der T_C-Erhöhung entgegen. Eine Kompensation beider konkurrierenden Einflüsse führt zu dem ausgedehnten Stabilitätsbereich der α-Phase bis zu höheren Temperaturen mit der nur schwach konzentrationsab-

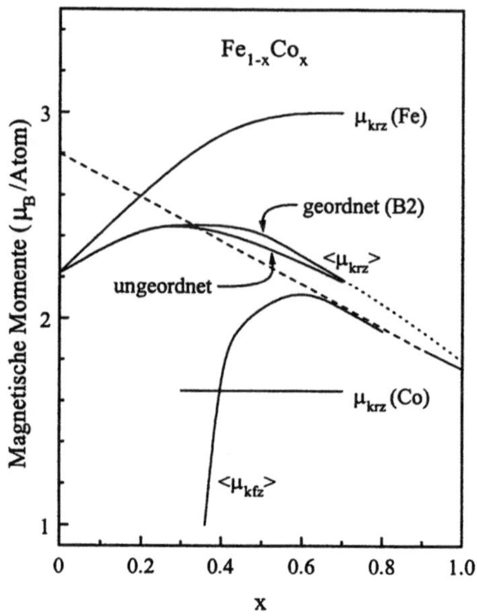

Bild 4.26. Magnetische Momente im System Fe$_{1-x}$Co$_x$. $\langle\mu\rangle_{krz}$ nach [36], $\langle\mu\rangle_{kfz}$ nach [39], μ_{krz}(Fe) und μ_{krz}(Co) nach [38].

hängigen α-γ Phasengrenze. Bei höheren Kobaltgehalten wird die α-Phase instabil gegenüber der γ-Phase. Dieser Übergang erfolgt bei etwa gleicher Elektronenkonzentration wie im System Fe-Ni und ist dadurch ausgezeichnet, daß der HS-Zustand Grundzustand der γ-Phase wird mit geringer Energiedifferenz zum thermisch anregbaren LS-Zustand.

Die Konzentrationsabhängigkeit des mittleren magnetischen Momentes $\langle\mu\rangle$ der Fe-Co-Legierungen (Bild 4.26) stellt einen wesentlichen Abschnitt der Slater-Pauling-Kurve dar. Die volle Besetzung des Majoritätsbandes des α-Eisens durch die Zugabe von Kobalt führt zu einem maximalen mittleren magnetischen Moment von 2.45 μ_B pro Atom bei x=0.30 (E/A=8.3). Aus der linearen Abnahme von $\langle\mu\rangle$ der stark ferromagnetischen Legierungen folgt durch Extrapolation ein Moment für ein hypothetisches krz. Kobalt (punktierter Verlauf), das nur wenig größer ist als das des kfz. und des bei tieferen Temperaturen stabilen hdp. Kobalts. Offensichtlich ist der starke Ferromagnetismus mit weitgehend gefüllten Elektronenbändern die Ursache für die sehr ähnlichen Grundzustandseigenschaften der kristallographisch unterschiedlichen Systeme.

Der einfachen Erklärung des Legierungsmagnetismus mit Hilfe der Slater-

Pauling-Kurve liegt ein "starres" Bandmodell zugrunde, d. h. die Legierungs-partner besitzen gemeinsame Elektronenbänder, die durch einen Elektronen-transfer zwischen den Partnern mit den verfügbaren Elektronen aufgefüllt werden (s. Kap. 4.1.1). Die Legierungspartner bewahren jedoch eine gewisse Individu-alität, die zu Energiedifferenzen zwischen den Bändern der beiden Atomsorten führt mit der Folge unterschiedlicher lokaler Momente an ihren Gitterplät-zen [37]. Die Ergebnisse der Untersuchungen mit polarisierten Neutronen zeigen, daß die lokalen Momente der Eisen- und Kobaltatome charakteristisch unter-schiedlich sind [38]. Das lokale Moment eines Kobaltatoms ist konzentrationsun-abhängig und mit $\sim 1.7\ \mu_B$ etwa so groß wie das des reinen Kobalts. Kobalt ist ein starker Ferromagnet, sein Moment somit weitgehend unempfindlich gegenüber Änderungen der atomaren Umgebung. Das lokale Moment des Eisenatoms steigt dagegen von $2.22\ \mu_B$ für reines krz. Eisen (schwacher Ferromagnet) mit zuneh-mendem Kobaltgehalt auf den ungewöhnlich hohen Wert von $\sim 3.0\ \mu_B$ bei $x=0.50$ und bleibt dann konstant. Durch die Zugabe von Kobalt zum Eisen er-folgt eine solche Umverteilung der Elektronen, daß das Gesamtsystem stark fer-romagnetisch wird. Das lokale Moment des Eisenatoms ist umgebungsabhängig; es steigt mit der Zahl der Kobaltnachbarn und erreicht seinen maximalen Wert, wenn alle acht nächstbenachbarten Gitterplätze von Kobaltatomen besetzt sind.

Der Einfluß, den eine geordnete Gitterplatzbesetzung auf das magnetische Moment ausübt, belegt diese Aussage. Bei äquiatomarer Zusammensetzung tritt nach hinreichend langsamer Abkühlung eine geordnete Phase vom B2-Typ auf, die sich – teilgeordnet – über einen weiten Konzentrationsbereich erstreckt (s. Bild 4.25). Durch die Ordnungseinstellung unterhalb T_O wird – verbunden mit einer Volumenvergrößerung – das magnetische Moment erhöht. Beginnend bei $x=0.30$, wird bei $x=0.50$ eine maximale Erhöhung von $\Delta<\mu>=0.07\ \mu_B$, d. h. $\Delta\mu_{Fe}=0.14\ \mu_B$, erreicht; die Überhöhung verschwindet an der Phasengrenze bei $x=0.70$ (s. Bild 4.26). Da die μ_{Fe}-Werte an geordneten Legierungen gewonnen werden, beträgt das maximale Moment im ungeordneten Zustand $\mu_{Fe}\sim 2.85\ \mu_B$. In einer äquiatomaren Legierung mit B2-Struktur sind beide Untergitter des krz. Kristalls mit jeweils nur einer Atomsorte besetzt, so daß ein Eisenatom ausschließlich von Kobaltatomen als nächsten Nachbarn umgeben ist. Diese Konfiguration verursacht (gegensätzlich zum Ordnungseinfluß im System Fe-V (Kap. 4.13)) ein höheres Moment als eine ungeordnete Atomverteilung mit statistischer Besetzung der Gitterplätze, in der auch momenteniedrigende Fe-Co-Nachbarschaften auftreten. Die Zahl der nächstbenachbarten Kobaltatome bestimmt das Moment der Eisenatome; ein Kobaltüberschuß bleibt ohne Einfluß. Das mittlere Moment nimmt – der Gewichtung der Mengenanteile entspre-chend – ab: $<\mu>=(1-x)\mu_{Fe}+x\,\mu_{Co}$.

Durch die Zugabe von Eisen zu Kobalt nimmt das Moment der kfz.-Phase

– der Slater-Pauling-Kurve entsprechend – zu, und eine lineare Extrapolation (gestrichelter Verlauf) führt zum Moment des HS-γ-Eisens. Es sei angemerkt, daß sich dessen Moment von dem eines stark ferromagnetischen α-Eisens – verwirklicht in Fe-Co-Legierungen mit etwa äquiatomarer Zusammensetzung – nur wenig unterscheidet. Wie am Beispiel des Kobalts bereits gezeigt, ist die Kristallsymmetrie im Fall stark ferromagnetischer Systeme von untergeordneter Bedeutung. Es ist zu erwarten, daß – wie im System Fe-Ni – mit abnehmender Elektronenkonzentration und Annäherung an den Bereich, in dem der Übergang vom HS- in den LS-Grundzustand erfolgt, das Moment zusammenbricht. Zur Prüfung dieses Verhaltens ist eine Stabilisierung der kfz. Phase erforderlich, da nur kobaltreiche Legierungen eine unmittelbare Beobachtung ermöglichen. So wie reines γ-Eisen in Form kohärenter Ausscheidungen in einer kfz. Kupfermatrix stabilisiert werden kann (s. Kap. 2.5.2), so gelingt es auch, kohärente Fe-Co-Ausscheidungen zu erzeugen, um deren Grundzustandseigenschaften zu studieren [39]. Die Ergebnisse in Bild 4.26 zeigen den erwarteten steilen Abfall der Momente im Bereich E/A < 8.6 (x = 0.60).

Die kobaltreichen kfz. Legierungen (HS-Grundzustand) zeigen Invar-Verhalten, die eisenreichen kfz. Legierungen sind Antiinvare. Trotz der eingeschränkten Stabilitätsbereiche der kfz. Phase treten beide Magnetovolumen-Effekte in der Temperaturabhängigkeit der thermischen Ausdehnung deutlich hervor (Bild 4.27) [40]. Die Legierung $Fe_{0.83}Co_{0.17}$ besitzt oberhalb der $\alpha \leftrightarrow \gamma$-Umwandlung – wie das γ-Eisen (s. Bild 3.9) – einen überhöhten Ausdehnungskoeffizienten (Antiinvar). Die gestrichelte Linie gibt – wie in Kap. 3.2 beschrieben – den Verlauf im nichtstabilen Temperaturbereich wieder. Mit zunehmendem Kobaltgehalt ($Fe_{0.54}Co_{0.46}$) verschwindet der Antiinvar-Effekt, und in kobaltreichen Legierungen tritt bei hohen Temperaturen der Invar-Effekt auf ($Fe_{0.18}Co_{0.82}$). Dieser wird mit steigendem Kobaltgehalt ($Fe_{0.09}Co_{0.91}$) kleiner, ist aber im reinen Kobalt noch deutlich erkennbar. Das Element Kobalt ist – mit gleicher Elektronenzahl wie die Invarlegierung $Fe_{0.50}Ni_{0.50}$ – ein Invar, γ-Eisen ein Antiinvar. In den physikalischen Eigenschaften der kfz. Fe-Co-Legierungen spiegelt sich der kontinuierliche Übergang vom Antiinvar-Verhalten des γ-Eisens zum Invar-Verhalten des Kobalts wider. Unterhalb T = 690 K tritt die ε-Phase des Kobalts auf. Sie ist etwas dichter gepackt und dehnt sich geringfügig stärker aus als die γ-Phase.

Die Ausdehnungskurven α(T) der krz. α-Phase sind gegenüber der Gitterkurve erheblich abgesenkt aufgrund der spontanen ferromagnetischen Volumenmagnetostriktion, die mit der Ausbildung der ferromagnetischen Ordnung verbunden ist. Die Curietemperaturen der Legierungen $Fe_{0.84}Co_{0.16}$ und $Fe_{0.54}Co_{0.46}$ liegen mit T_C = 1220 K bzw. T_C = 1400 K oberhalb der $\alpha \leftrightarrow \gamma$-Umwandlung. Dieser Effekt, der im reinen α-Eisen relativ gering ist (s. auch Bild 3.7), erreicht in den

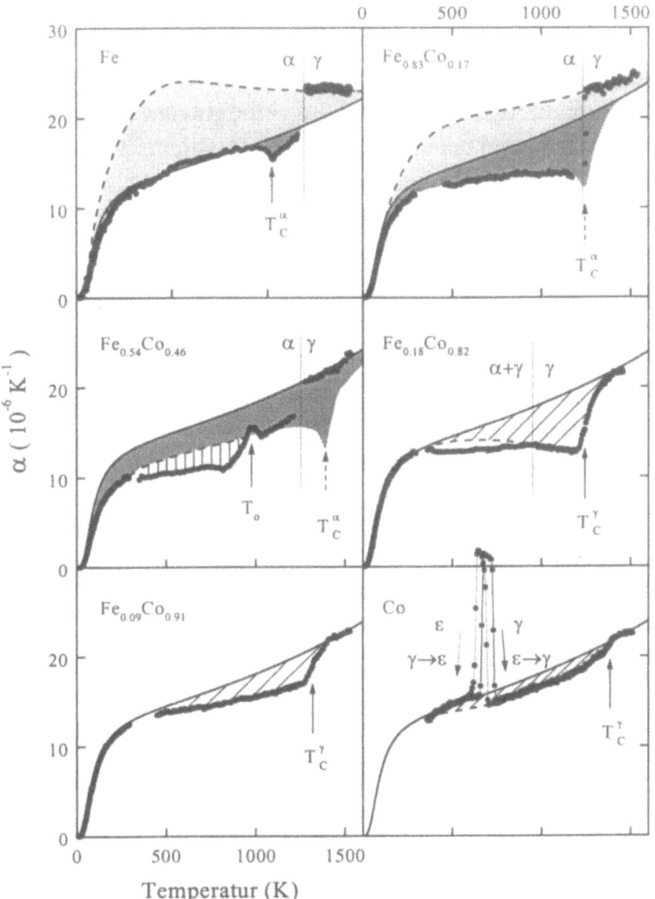

Bild 4.27. Thermische Ausdehnung von $Fe_{1-x}Co_x$.
Punktfolge: Experimentelle Werte.   Ausgezogene Kurve: Referenzkurve,
Hellgrau: Atiinvar-Effekt der γ-Phase   Schraffiert: Invar-Effekt der γ-Phase
Dunkelgrau: spontaner Magnetovolumen-Effekt der α-Phase
Senkrecht schraffiert: Ordnungseinfluß.

Fe-Co-Legierungen die höchsten bisher beobachteten Werte. Der spontane
Magnetovolumen-Effekt verursacht zwar eine Ausdehnungsverminderung, die
dem Invar-Effekt gleicht, kann aber nicht, wie dieser, auf eine Moment-
Volumen-Instabilität, d. h. auf die thermische Anregung eines magnetischen
Zustandes mit einem anderen Atomvolumen und Moment, zurückgeführt werden.
Der ferromagnetische Zustand der α-Phase ist sehr stabil, wie ein Vergleich der
Bilder 2.12 und 2.14 lehrt, in denen die Gesamtenergien der α- bzw. der γ-Phase

in Abhängigkeit vom Atomvolumen dargestellt sind. Wie in Kap. 2.4.2 ausgeführt, wird die ferromagnetische Ordnung unterhalb T_C zwar vornehmlich durch die thermische Anregung transversaler Fluktuationen abgebaut, doch dürfen longitudinale Fluktuationen nicht ausgeschlossen werden. Oberhalb T_C bewirken die Fluktuationen die Ausbildung einer magnetischen Nahordnung, in der zwar lokale Momente beachtlicher Größe existieren, die aber doch deutlich geringer sind als im ferromagnetisch geordneten Zustand. Bei und unterhalb T_C nimmt das Moment zu, und aufgrund der wechselseitigen Bedingtheit von Moment und Volumen wird auch das Volumen vergrößert. Diese Volumenzunahme, die eine Absenkung der Ausdehnung verursacht, wird durch die spontane Volumenmagnetostriktion beschrieben.

Bei etwa äquiatomarer Zusammensetzung ($Fe_{0.54}Co_{0.46}$) tritt ein zusätzlicher Effekt auf: die mit der strukturellen Ordnungseinstellung verbundene Volumenvergrößerung unterhalb T_0 verursacht eine zwar "invarähnliche", aber wesensverschiedene Verringerung der Ausdehnung. In der Regel besitzt ein geordneter Zustand ein geringeres Volumen als ein ungeordneter Zustand. Das umgekehrte Verhalten der B2-FeCo-Phase ist gekoppelt an eine entsprechende Erhöhung des magnetischen Momentes.

4.6 Das System Fe-Mn

γ-Eisen und γ-Mangan sind nur in einem eng begrenzten Bereich bei hohen Temperaturen stabil. Bei der Mischkristallbildung werden aber die γ-Phasengebiete so erweitert, daß die kfz. Struktur der Reihe $Fe_{1-x}Mn_x$ in einem breiten Konzentrationsbereich ($0.3 \leq x \leq 0.6$) bis zu tiefen Temperaturen stabil ist. Für Konzentrationen $x \leq 0.1$ ist die α-Phase Grundzustand; Legierungen mit $0.1 < x \leq 0.3$ wandeln martensitisch von der γ-Phase in die hexagonale ε-Phase um (Bild 4.28). Manganreiche Legierungen besitzen die α-Mn-Struktur. Kennzeichnend für das System Fe-Mn ist der Antiferromagnetismus: die γ-, ε- (s. Kap. 2.6 und Tab. 2.3) und α-Mn-Phase sind im Grundzustand antiferromagnetisch geordnet. Voraussetzung zum Verständnis des Einflusses von Mangan auf das Legierungsverhalten ist die Kenntnis seiner physikalischen Eigenschaften. Mangan tritt unter Normaldruck mit steigender Temperatur in vier Kristallmodifikationen auf [42]: α- und β-Mn, die in der komplex kubischen A12- bzw. A13-Struktur kristallisieren und deren Stabilität bis $T=980\,K$ bzw. $1364\,K$ reicht, darauf folgend kfz. γ-Mn in dem sehr engen Temperaturintervall von 1364 bis 1410 K, und schließlich bis zur Schmelztemperatur $T_m=1517\,K$ das krz. δ-Mn (s. Bild 4.2).

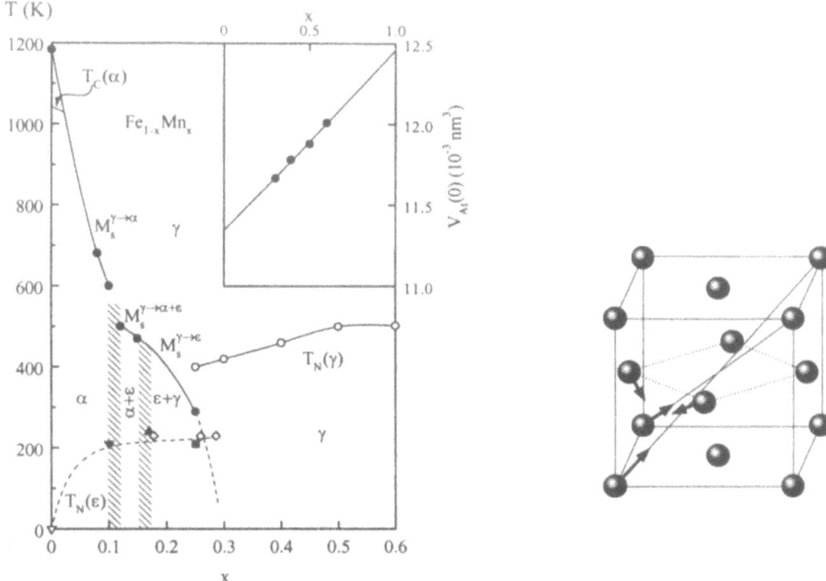

Bild 4.28. Metastabiles strukturelles und magnetisches Phasendiagramm des Systems Fe-Mn. Inset: Konzentrationsabhängigkeit des Atomvolumens von $Fe_{1-x}Mn_x$ (nach [41]). Rechtes Teilbild: Isotrope Spinstruktur (Spins in Richtung der Raumdiagonalen).

Der weniger als 50 K umfassende Existenzbereich des γ-Mn setzt auch den experimentellen Untersuchungen seiner Eigenschaften bei hohen Temperaturen enge Grenzen. Durch die Zugabe von Kupfer und schnelle Abkühlung auf tiefe Temperaturen kann die γ-Phase jedoch stabilisiert werden. Experimente an Mn-Cu-Legierungen (mit ~ 3 bis 15 At.-% Cu) bieten so die Möglichkeit, durch Extrapolation Kenntnisse über das γ-Mn zu gewinnen. Der eingefrorene metastabile Zustand ist allerdings nur beständig unterhalb der Temperatur beginnender Diffusion (T < ~ 600 K), da bei höheren Temperaturen das System mit der Entstehung von α-Mn dem Gleichgewicht zustrebt. Auf diese Weise wurde gefunden, daß das kfz. Mn bei $T_t = 540$ K durch eine diskontinuierliche (martensitische) Umwandlung in eine tetragonal verzerrte tfz. Phase übergeht. Diese Phase ist antiferromagnetisch geordnet, besitzt eine kollineare Spinstruktur und ein magnetisches Moment von 2.4 μ_B pro Atom. Die Néeltemperatur liegt mit $T_N = 670$ K oberhalb der Umwandlung tfz. → kfz [43]. Die tetragonale Verzerrung stabilisiert den Antiferromagnetismus. Wie in Kap. 2.5.1 (s. Bild 2.15) beschrieben, führt eine kollineare antiferromagnetische Spinanordnung in einem kfz. Gitter zu "Spinfrustrationen", die durch Änderung der Atomabstände eine

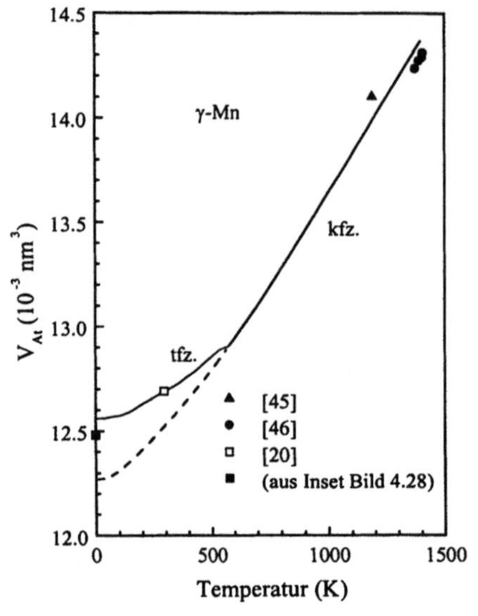

Bild 4.29. Temperaturabhängigkeit des Atomvolumens von γ-Mn.

tetragonale Gitterverzerrung mit einem Achsenverhältniss c/a<1 (für tfz. γ-Mn: c/a=0.95) zur Folge haben.

Die Symmetrieerniedrigung kfz. → tfz. ist mit einer Volumenvergrößerung verbunden, die in der Temperaurabhängigkeit des Atomvolumens deutlich sichtbar ist (Bild 4.29). Der Verlauf von $V_{At}(T)$ wurde durch Extrapolation aus

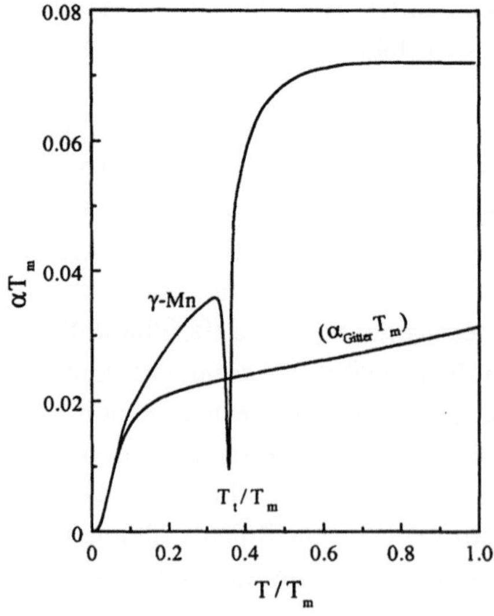

Bild 4.30. αT_m vs. T/T_m von γ-Mn.

der Konzentrationsabhängigkeit verschiedener physikalischer Eigenschaften (Gitterkonstante, thermische Ausdehnung) von Mn-Cu-Legierungen und aus direkten Untersuchungen im Stabilitätsgebiet des γ-Mangans hergeleitet. Die gestrichelte Linie beschreibt das Verhalten ohne Gitterverzerrung und antiferromagnetische Ordnung. Der Volumenunterschied beträgt etwa 2 % [44].

Das γ-Mn zeigt eine außergewöhnlich starke Volumenvergrößerung zwischen dem Nullpunkt ($V_0 = 12.25 \times 10^{-3}\,nm^3$) und der Schmelztemperatur ($V \approx 14.5 \times 10^{-3}\,nm^3$) und ist mit $\Delta V \approx 18\%$ mehr als doppelt so groß wie die der normalen Metalle, die der Grüneisen-Regel folgen ($\Delta V \approx 7.5\%$). Die Ausdehnungskurve $\alpha(T)$ (Bild 4.30) weist zwei Charakteristika auf: ein sehr scharfes, einer Umwandlung erster Art entsprechendes Minimum beim kfz $\rightarrow$ tfz-Übergang, das die damit verbundene Volumenvergrößerung anzeigt, und einen sehr große Ausdehnungskoeffizient oberhalb T_t, der mit $\alpha > 40 \times 10^{-6}\,K^{-1}$ den α-Wert aller anderen kfz. Metalle und Legierungen der 3d-Reihe weit übertrifft [44]. Beide Effekte – der Ausdehnungsexzeß bei hohen Temperaturen und die mit der antiferromagnetischen Ordnung verbundene Volumenvergrößerung – treten auch im γ-Eisen auf. Die Volumenzunahme nach Unterschreiten der Néeltemperatur ($T_N = 67\,K$) ist jedoch um eine Größenordnung geringer, aber um eine Größenordnung unterscheiden sich auch ihre Néeltemperaturen.

Die Ähnlichkeit des γ-Mangans mit dem γ-Eisen läßt erwarten, daß das γ-Mangan auch ein Antiinvar-Verhalten zeigt, das den großen Ausdehnungsexzeß erklärt: der antiferromagnetische Grundzustand wird bei großen Atomabständen instabil und ein ferromagnetischer Zustand energetisch bevorzugt. Berechnungen der Gesamtenergie bestätigen im Grundsatz ein solches Verhalten [47, 48]. Mit zunehmendem Atomvolumen wird die berechnete Energiedifferenz zwischen beiden Zuständen kleiner, und sowohl das ferromagnetische als auch das antiferromagnetische Moment steigen bis auf Werte über $4\,\mu_B$ an. Bisher fehlen jedoch direkte experimentelle Beweise für das Auftreten des ferromagnetischen Zustandes. Die Verwirklichung dieses Zustandes erfordert große Gitterabstände, die experimentell (etwa in metastabilen

Tab. 4.2. Magnetische Zustände und Mn-Mn-Abstände für X_3Mn

	geordnet	ungeordnet
Ni_3Mn	ferromagnetisch $T_C = 759\,K$ $d_{Mn\text{-}Mn} = 0.3592\,nm$ [49]	keine ferromagnetische Fernordnung $d_{Mn\text{-}Mn} = 0.2540\,nm$ [20]
Pt_3Mn	ferromagnetisch $T_C = 425\,K$ $d_{Mn\text{-}Mn} = 0.3899\,nm$ [50]	keine ferromagnetische Fernordnung $d_{Mn\text{-}Mn} = 0.2751\,nm$ [20]

epitaktischen Schichten) nicht erzwungen werden können. Einen wichtigen Hinweis auf die Abhängigkeit der magnetischen Zustände vom Abstand liefern die magnetischen Eigenschaften geordneter bzw. ungeordneter Manganlegierungen vom Typ X_3Mn mit Cu_3Au-Struktur. Im geordneten Zustand gibt es keine nächsten Mn-Mn-Nachbarn. Die Mn-Mn-Abstände in zweitnächster Nachbarschaft sind um das 1.4 fache größer als in nächster Nachbarschaft; die Kopplung ist ferromagnetisch. Dagegen treten in der ungeordneten X_3Mn-Phase nächste Mn-Mn-Nachbarn auf, und der Ferromagnetismus verschwindet. In Tab. 4.2 sind der Typ der magnetischen Ordnung, die Curietemperaturen und die Mn-Mn-Abstände aufgeführt.

Diese Betrachtungen zeigen, daß große Abstände zwischen den Manganatomen den Ferromagnetismus begünstigen. Die Nachbarschaftsverhältnisse sind von großer Bedeutung, um die Eigenschaften der im Grundzustand antiferromagnetischen kfz. Eisen-Mangan-Legierungen verstehen zu können. Diese besitzen keine kollineare, sondern eine isotrope Spinstruktur, in der die Spins in Richtung der Raumdiagonalen liegen (s. Bild 4.28). Aus diesem Grund bewahren diese Legierungen auch im antiferromagnetisch geordneten Zustand verzerrungsfrei ihre kubische Symmetrie [51, 52].

Das mittlere magnetische Moment $\langle\mu\rangle$ in γ-Fe-Mn steigt mit der Eisenkonzentration an, obwohl das Moment des γ-Eisens mit $0.5\,\mu_B$ pro Atom sehr viel kleiner ist als das Moment des γ-Mangans mit $2.4\,\mu_B$ pro Atom (Bild 4.31). Die Ergebnisse der Neutronenstreuexperimente erlauben trotz der Fehlerbreite die

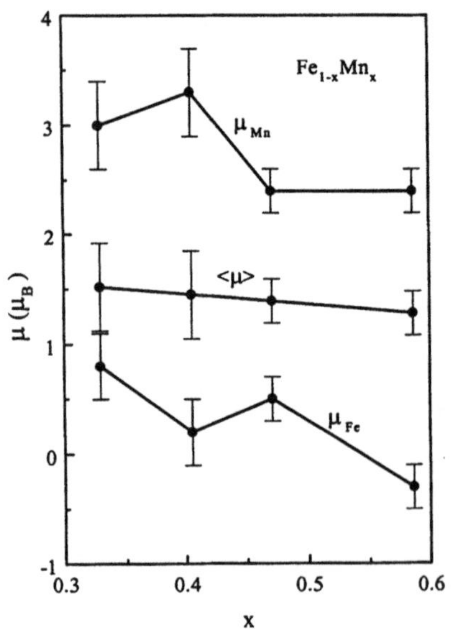

Bild 4.31. Magnetische Momente von Fe$_{1-x}$Mn$_x$. μ_{Fe}: Eisenmoment, μ_{Mn}: Manganmoment, $\langle\mu\rangle$: mittleres magnetisches Moment

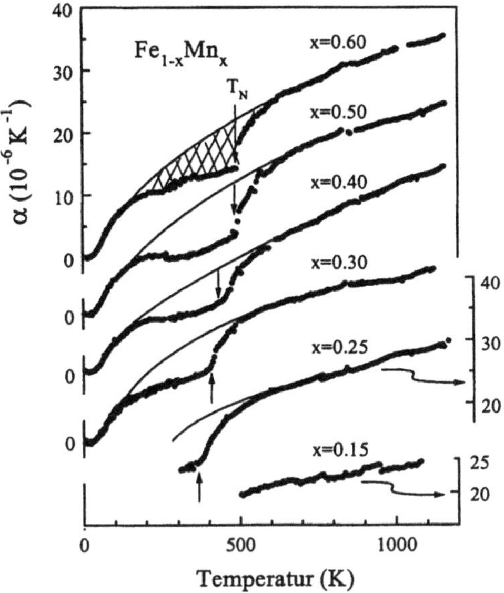

Bild 4.32. Thermische Ausdehnung von Fe$_{1-x}$Mn$_x$ [32]. Die Pfeile markieren die Néeltemperaturen.

Aussage, daß das Eisenmoment μ_{Fe} etwa dem Moment des γ-Fe entspricht. Das Manganmoment bleibt bis unterhalb 50% Mn konstant, um dann bei weiterer Verdünnung der Mangankonzentration anzusteigen [52]. Verantwortlich für diese ungewöhnliche und zunächst widersprüchlich scheinende Konzentrations-abhängigkeit, sowohl des mittleren Momentes als auch der Einzelbeiträge μ_{Fe} und μ_{Mn}, ist der vorherrschende Einfluß des Mangans in diesem System. Dessen Moment nimmt mit steigendem Mn-Mn-Abstand sehr stark zu. Obwohl die Gitterkonstante der Fe-Mn-Legierungen mit der Eisenkonzentration kleiner wird (s. Inset b in Bild 4.28), wächst der mittlere Mn-Mn-Abstand: Zunehmende Verdünnung der Mangankonzentration vermindert die Zahl nächster Mn-Mn-Nachbarschaften und erhöht die Zahl übernächster, weiter entfernter Mn-Mn-Nachbarn mit der Folge einer Erhöhung der Momente.

In antiferromagnetischen Legierungen tritt – in prinzipiell gleicher Weise wie in den ferromagnetischen Legierungen – aufgrund der magnetischen Ordnung ein positiver Magnetovolumen-Effekt auf. Für die kfz. Legierungsreiche Fe$_{1-x}$Mn$_x$ ($0.25 \leq x \leq 0.60$) ist in Bild 4.32 das Produkt aus Ausdehnungskoeffizient α und der Schmelztemperatur T_m als Funktion von T/T_m aufgetragen. Bei und unterhalb der durch Pfeile gekennzeichneten Néeltemperatur T_N wird ein

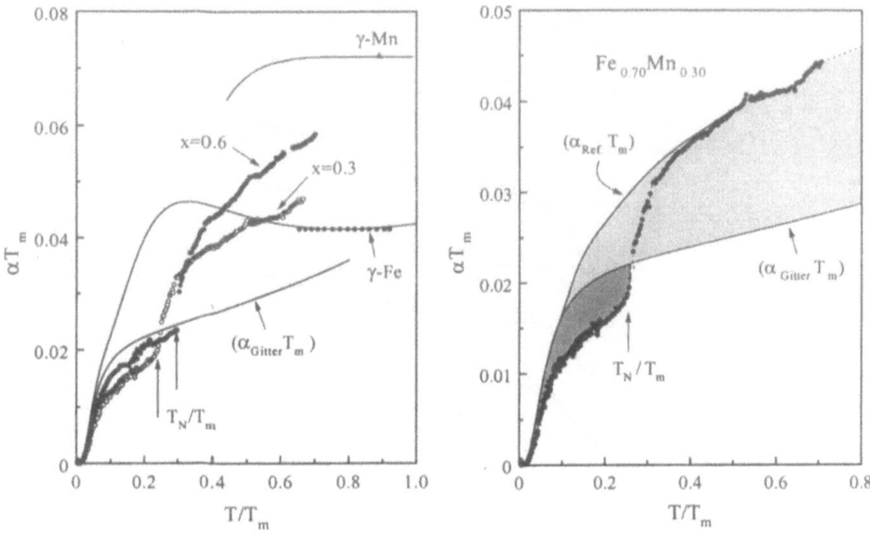

Bild 4.33. Thermische Ausdehnung von Fe$_{1-x}$Mn$_x$ mit x = 0, 0.30, 0.60 und 1 [32].

Bild 4.34. Überlagerung von antiferromagnetischem Magnetovolumen-Effekt und Antiinvar-Effekt

invartypischer Abfall der Ausdehnung beobachtet. Der antiferromagnetische Magnetovolumen-Effekt – proportional zur schraffiert gezeichneten Fläche – ist etwa halb so groß wie der ferromagnetische Invar-Effekt in Fe-Ni-Legierungen. Die stark überhöhte Ausdehnung im Temperaturbereich $T > T_N$ weist diese Legierungen auch als Antiinvare aus. In Bild 4.33 ist die Ausdehnung von zwei Fe-Mn-Legierungen mit x = 0.30 und x = 0.60 im Vergleich zur Ausdehnung des γ-Eisens (s. Bild 3.9) und des γ-Mangans (s. Bild 4.29) dargestellt. Mit steigendem Mangangehalt wird der Antiinvar-Beitrag größer, zu höheren Temperaturen verschoben und erreicht seinen Höchstwert im γ-Mn.

Die Ergebnisse bisheriger Bandstrukturrechnungen liefern noch keine befriedigenden Aussagen über die Art der im System Fe-Mn möglichen magnetischen Zustände und ihrer thermischen Anregbarkeit bei endlichen Temperaturen. Der Verlauf der Ausdehnungskurve und ihre Abweichungen von der normalen Gitterkurve in Bild 4.34 vermitteln nicht den Eindruck, daß beide Magnetovolumen-Effekte – Invar- und Antiinvar-Effekte – separierbar sind und aufeinanderfolgen. Vielmehr gewinnt man den Eindruck einer Überlagerung beider Effekte: indem die antiferromagnetische Ordnung mit steigender Temperatur abgebaut wird, erfolgt simultan die Anregung eines höher energetischen Zustandes mit größerem Volumen, die den Antiinvar-Effekt verursacht.

Für eisenreiche Legierungen, in denen die Manganatome infolge der Verdünnung weit voneinander entfernt sind, dürfen bei hohen Temperaturen ferromagnetische Mn-Mn-Kopplungen erwartet werden. Sie verstärken die ferromagnetischen Korrelationen des γ-Eisens und tragen zu dessen Stabilität bei. Die Erweiterung der γ-Phase (s. Bild 4.28) des Eisens durch Zugabe von Mn findet so eine zwanglose Erklärung.

4.7 Ternäre Systeme

Die magnetischen d-Metalle und ihre binären Legierungen weisen eine Vielfalt unterschiedlicher magnetischer Zustände auf. Die höheren Freiheitsgrade ternärer Legierungen gegenüber den binären Systemen vervielfachen die Existenzbedingungen dieser Zustände und ermöglichen damit eine große Variabilität der physikalischen Eigenschaften. Bild 4.35 zeigt die Grundzustände (mit der Projektion der Curie- und Néeltemperaturen) ternärer Systeme des Eisens mit den magnetischen 3d-Metallen: Fe-Cr-Mn, Fe-Mn-Co und Fe-Co-Ni. Die Systeme sind mit steigender Ordnungszahl vom Chrom bis zum Nickel so zusammengefügt, daß sie – proportional zur Elektronenkonzentration E/A – ineinander übergehen. Die Phasendiagramme der binären Legierungen, die kein Eisen enthalten und noch nicht beschrieben wurden (Cr-Mn, Mn-Co, Co-Ni), sind den entsprechenden Randsystemen zugeordnet. Die binären Systeme des Eisens mit Cr, Mn, Co und Ni wurden in den Kap. 4.3 bis 4.6 erörtert.

Neben den ausgedehnten Existenzbereichen der dunkelgrau dargestellten α-Phase, der weiß belassenen γ-Phase und den hellgrauen Zweiphasengebieten treten in kobaltreichen Legierungen die ε-Phase und in der Manganecke die α-Mn Phase auf.

Im ternären System Fe-Cr-Mn ist die α-Phase vorherrschend. Wie im binären System Fe-Cr wird durch hinreichend schnelle Abkühlung die Entmischung in einen (manganhaltigen) eisen – bzw. chromreichen Phasenanteil unterdrückt, so daß der bei hohen Temperaturen stabile regellose Mischkristall bis zu tiefen Temperaturen erhalten bleibt. Durch die Löslichkeit des Mangans werden die kritischen Temperaturen der Mischungslücke erniedrigt [53]. Binäre Cr-Mn-Legierungen besitzen bis etwa 45 % Mn im gesamten Temperaturbereich die krz. Struktur, bei höheren Gehalten die α-Mn-Struktur. Mangan stabilisiert den Antiferromagnetismus des Chroms. Dessen Néeltemperatur $T_N = 312\,K$ steigt schon bei Gehalten von einigen Prozent Mn um mehrere Hundert Kelvin und erreicht bei etwa 15 % Mn den Wert $T_N = 750\,K$, der dann bis zur Stabilitätsgrenze der krz. Struktur nahezu konstant bleibt [54, 55]. Durch die Zugabe von Eisen werden die Néeltemperaturen erniedrigt. In ternären System ist der Konzentra-

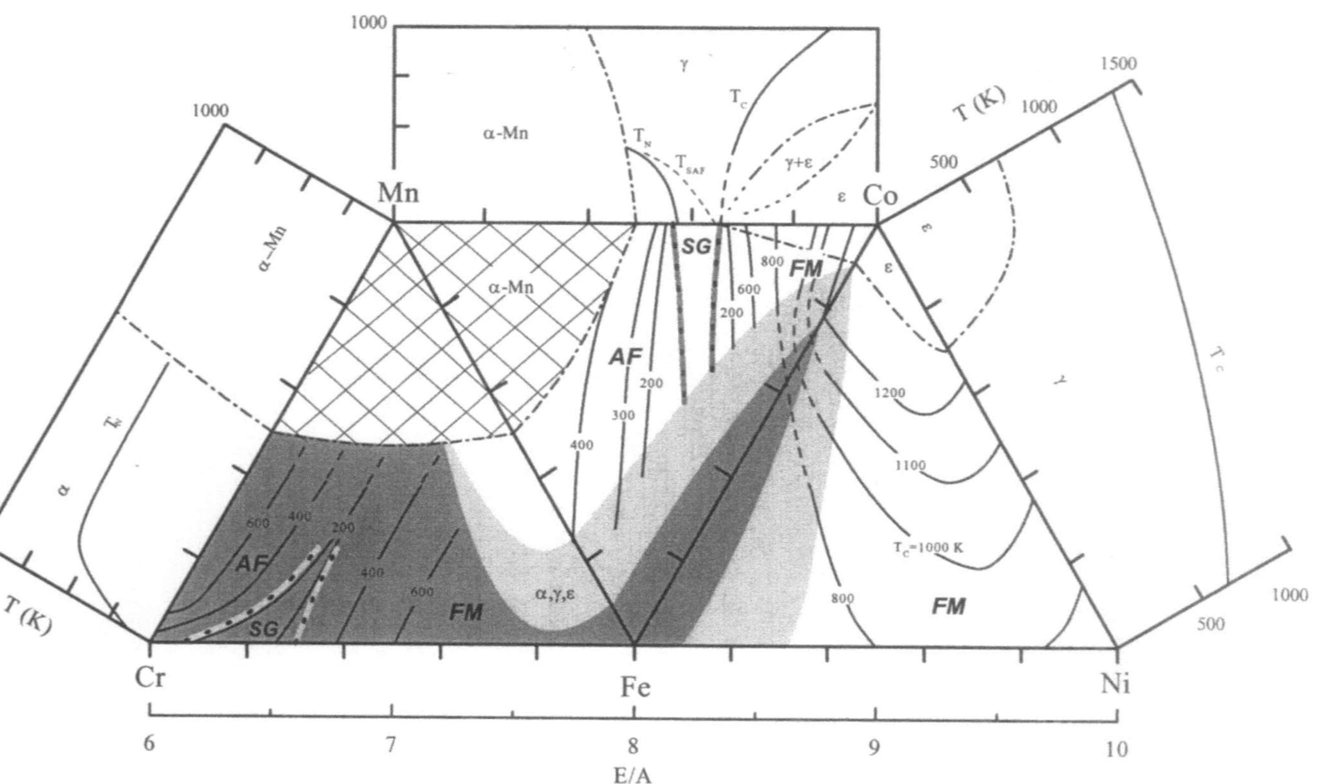

Bild 4.35. Grundzustände ternärer Systeme des Eisens in Abhängigkeit von E/A (mit der Projektion der Curie- und Néeltemperaturen). dunkelgrau: α-Phase, weiß: γ-Phase, hellgrau: Zweiphasen-Gebiet, FM: Ferromagnetismus, AF: Antiferromagnetismus. Gestrichelt-punktiert: Strukturelle Phasengrenzen. Grau-Punktiert: Spinglasbereich (SG).

tionsbereich mit antiferromagnetischem Grundzustand von dem der eisen-reicheren ferromagnetischen Legierungen – wie im System Fe-Cr – durch ein deutliches Spinglasgebiet getrennt.

Bei der Zusammensetzung Mn_3Cr bildet sich die σ-Phase. Die im binären Systeme Fe-Cr auftretende σ-Phase (s. Bild 4.10) vermag große Mengen Mangan zu lösen, so daß der Beständigkeitsbereich der σ-Phase sich weit ins ternäre System erstreckt [56] und eine – in Bild 4.35 nicht eingezeichnete – durchgehende Verbindung zwischen der Mn_3Cr-σ-Phase und der FeCr-σ-Phase besteht [57]. Die Phasengleichgewichte sind wegen der Langsamkeit der Gleichgewichtsein-stellung sehr empfindlich abhängig von der Dauer der Wärmebehandlung.

Mit zunehmender Elektronenkonzentration gewinnt die kfz. Struktur an Sta-bilität gegenüber der krz. Struktur. Mangan und Nickel stabilisieren die γ-Phase des Eisens, so daß die kfz. Struktur in ausgedehnten Konzentrationsbereichen der ternären Systeme auftritt. Kobalt wirkt in umgekehrter Weise, denn in einem Bereich parallel zum Randsystem Fe-Co bleibt die α-Phase im Grundzustand bis etwa 75 % Co stabil. Verantwortlich dafür sind die ferromagnetischen Wechselwirkungen aufgrund der sehr hohen Curietemperaturen der krz. Fe-Co-Legierungen (s. Kap. 4.5)

γ-Fe und γ-Mn sind antiferromagnetisch; folglich besitzen auch die eisen- und manganreichen ternären γ-Legierungen einen antiferromagnetischen Grund-zustand. Die kfz. Struktur der binären Fe-Mn-Legierungen bleibt bei einem Zusatz bis etwa 12 % Cr erhalten [58]; ihre antiferromagnetischen Eigenschaften werden nur in geringem Maße beeinflußt: an der γ-α-Phasengrenze, die parallel zur Fe-Mn-Seite verläuft, bleibt $T_N \geq 300\,K$ [59]. Der Grundzustand der kobalt- und nickelreichen Legierungen ist ferromagnetisch. Im ternären System Fe-Co-Ni treten nur ferromagnetische Ordnungen mit relativ hohen Curietemperaturen auf [60]. Der Übergang vom Antiferromagnetismus zum Ferromagnetismus der γ-Legierungen muß in einem Konzentrationsbereich erfolgen, der durch die Valenzelektronenzahlen des γ-Eisens und des Kobalts eingegrenzt ist $(8.0 \leq E/A \leq 9.0)$. In diesem Übergangsbereich treten bei tiefen Temperaturen sowohl ferro- als auch antiferromagnetische Wechselwirkungen auf, die miteinander in Widerstreit geraten und eine geordnete Spinstruktur verhindern: es bildet sich ein regelloses Spinglas. Die Konfliktsituation entsteht aufgrund der unterschiedlichen atomaren Nachbarschaftsverhältnisse in den Legierungen. Eisen und Manganatome besitzen eine Neigung zur Antiparallelstellung ihrer Spins zu den Momenten ihrer Nachbarn. Wenn also ein Eisenatom von vielen Eisen- oder Manganatomen umgeben ist, treten antiparallele Spinkopplungen auf. In nickel- oder kobaltreichen Umgebungen ist die Tendenz zur ferromagnetischen Spinkopplung vorherrschend. Die Spins der statistisch verteilten Legierungs-atome richten sich so aus, daß möglichst viele Kopplungen durch Parallel- oder

Antiparallelstellung zwischen benachbarten Atomen gleichzeitig abgesättigt werden. Ein Teil aber befindet sich zwangsbedingt immer in höheren Energiezuständen mit regellos positionierten Spinrichtungen: die Spins sind "frustriert".

Spingläser sind nicht im thermodynamischen Gleichgewicht. Es bereitet Schwierigkeiten, ein Modell für ein ungeordnetes frustriertes System zu entwickeln, dessen Gesamtenergie sich aus den vielfältigen Spinpositionen und Spinwechselwirkungen bestimmen läßt. Dieses Problem zu lösen, ist aber eine wichtige und verlockende Aufgabe, da Spingläser – fächerübergreifend – Prototypen sind für komplexe ungeordnete Systeme, die ihre Eigenheiten konkurrierenden Wechselwirkungen verdanken [61-63].

Die experimentelle Beobachtung des Überganges vom Antiferro- zum Ferromagnetismus setzt ausgedehnte Stabilitätsgebiete der kfz. Phase voraus. Wie Bild 4.35 zeigt, erfüllt das ternäre System Fe-Mn-Co diese Bedingung [64]. Spinglaszustände treten in einem relativ eng begrenzten Bereich der Elektronenkonzentration auf: $8.3 \leq (E/A) \leq 8.6$. Mit Annäherung an das Spinglasgebiet nehmen Néel- und Curietemperaturen ab. Auch die Linien gleicher magnetischer Ordnungstemperaturen verlaufen etwa parallel zum Spinglasbereich, d. h. sie sind näherungsweise ebenfalls bestimmten Elektronenkonzentrationen zuzuordnen. Ihre gestrichelte Weiterführung durch die α-Phase der Fe-Co-Legierungen verbindet mit den Curietemperaturen im System Fe-Ni-Co.

Auch im Randsystem $Mn_{1-x}Co_x$ treten Antiferro- und Ferromagnetismus auf [65,66]. Die bisherigen experimentellen Ergebnisse über das strukturelle und magnetische Phasendiagramm sind allerdings z. T. widersprüchlich. Die Legierung mit äquiatomarer Zusammensetzung besitzt – wie reines Eisen $(E/A)=8.0$ – einen antiferromagnetischen Grundzustand, der bis $x \approx 0.58$ reicht. Kobaltreiche Legierungen ($x \approx 0.68$) sind ferromagnetisch. Der Verlauf von T_C scheint bei tiefen Temperaturen durch die Bildung von ε-Martensit verfälscht zu werden, da dessen Phasengrenzen den T_C-Verlauf kreuzen. Der Vermutung, daß zwischen $x=0.58$ und $x=0.68$ Spinglaszustände auftreten sollten, steht die Annahme der Existenz antiferromagnetischer Cluster in einer paramagnetischen Matrix entgegen (superantiferromagnetische Phase SAF) [65].

Verlängert man die Grenzen des Spinglasgebietes, $8.3<(E/A)<8.6$, im System Fe-Mn-Co bis zum Randsystem Fe-Ni, so ist zu entnehmen, daß in dessen γ-Phase kein Spinglas erwartet werden kann, da für Konzentrationen $(E/A)<8.6$ ($Fe_{0.7}Ni_{0.3}$ entsprechend) die α-Phase stabil ist. An der α/γ-Phasengrenze – so wurde in Kap. 4.4 beschrieben – reicht der Eisengehalt nicht aus, um eine hinreichend große Anzahl antiferromagnetischer und frustrierter Momente entstehen zu lassen. Die magnetischen Eigenschaften der binären Systeme liefern lediglich Hinweise auf einen Übergang vom Ferro- zum Antiferromagnetismus. Erst die Zugabe von Mangan als Drittelement eröffnet die Möglichkeit, diesen

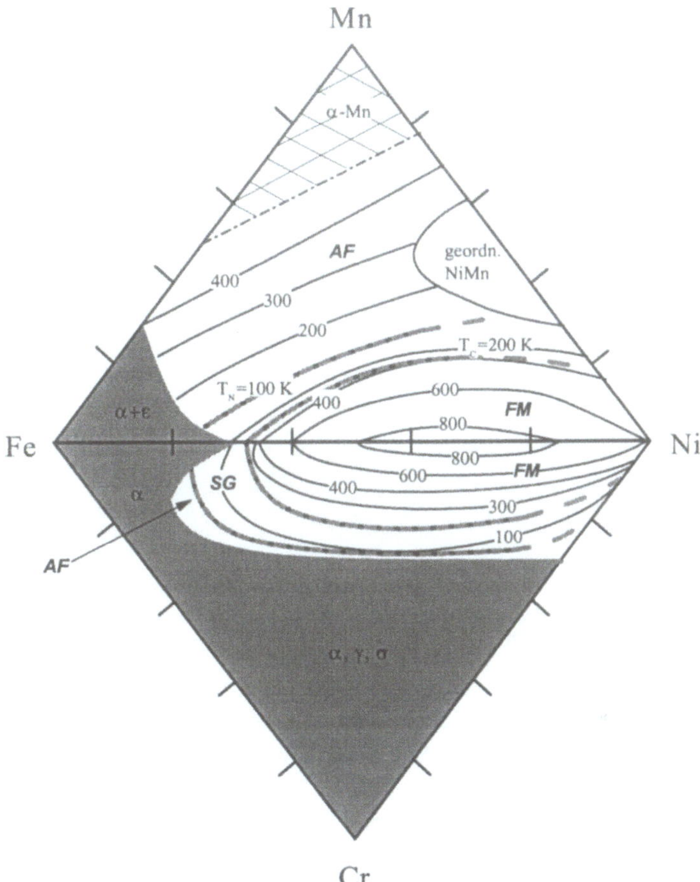

Bild 4.36.   Die ternären Systeme Fe-Ni-Mn und Fe-Ni-Cr. weiß: γ-Phase, grau: α-Phase und mehrphasig, grau-schwarz punktiert: Spinglasbereich (SG).

Übergang und die Bildung von Spinglaszuständen untersuchen zu können. Mangan stabilisiert die γ-Phase und begünstigt – in noch stärkerem Maße als γ-Eisen – den Antiferromagnetismus.

Im System Fe-Ni-Mn (obere Hälfte in Bild 4.36 [67, 68]) ist die γ-Phase über einen weiten Konzentrationsbereich ausgedehnt. Nur in der Eisenecke treten die α- und ε-Phase auf, in der Manganecke die α-Mn-Phase und auf der Ni-Mn-Seite eine geordnete Struktur (NiMn). Die Bereiche der ferro- bzw. antiferro-magnetischen Mischkristalle sind durch ein tiefes Tal, in dem Spingläser auftre-

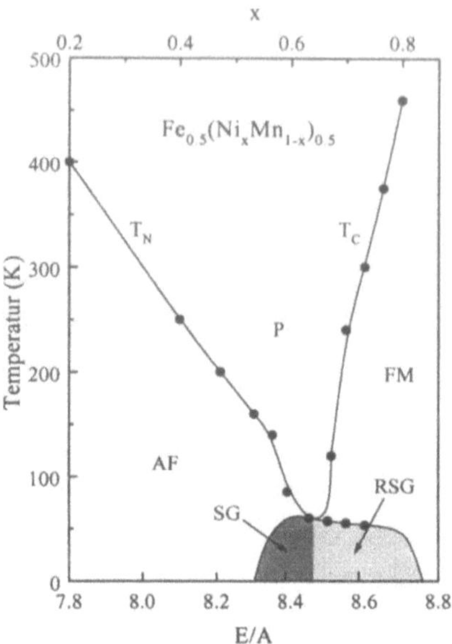

Bild 4.37.   Magnetische Übergangstemperaturen der Reihe $Fe_{0.5}(Ni_xMn_{1-x})_{0.5}$. Experimentelle Werte nach [69].

ten, voneinander getrennt. Dabei ist zu unterscheiden zwischen charakteristisch verschiedenen Spinglaszuständen: dem reinen Spinglas und einem Zustand, der als "Reentrant-Spinglas" bezeichnet wird. Ihre verschiedenartigen Merkmale und Eigenschaften seien am magnetischen Diagramm der quasibinären Legierungsreihe $Fe_{0.5}(Ni_xMn_{1-x})_{0.5}$ beschrieben (Bild 4.37), die den Spinglasbereich überquert. Die nickelreichen Mischkristalle dieser Reihe sind ferromagnetisch; die Curietemperaturen fallen sehr steil ab. Legierungen dieses Konzentrationsbereiches zeigen bei tiefen Temperaturen ein merkwürdiges magnetisches Verhalten. Die Temperaturabhängigkeit der spontanen Magnetisierung weicht von dem für Ferromagnete typischen Verlauf ab. Die Magnetisierung erreicht bei $T=0$ nicht ihren Sättigungswert, sondern durchläuft ein Maximum und nimmt mit Annäherung an den Nullpunkt immer mehr ab. Unterhalb der Temperatur maximaler Magnetisierung baut sich ein Spinglaszustand auf, der als Reentrant-Spinglas bezeichnet wird, weil bei der Übergangstemperatur (nach Bild 4.37 $T_{max} \sim 60\,K$) ein "Wiedereintritt" vom Spinglas in den ferromagnetischen Zustand – und umgekehrt – erfolgt. Die schematische Darstellung der Spinstruktur in Bild 4.38 liefert eine Erklärung für dieses Verhalten. In Bild 4.38a ist das Moment des Atoms am Gitterplatz F frustriert aufgrund der konkurrierenden

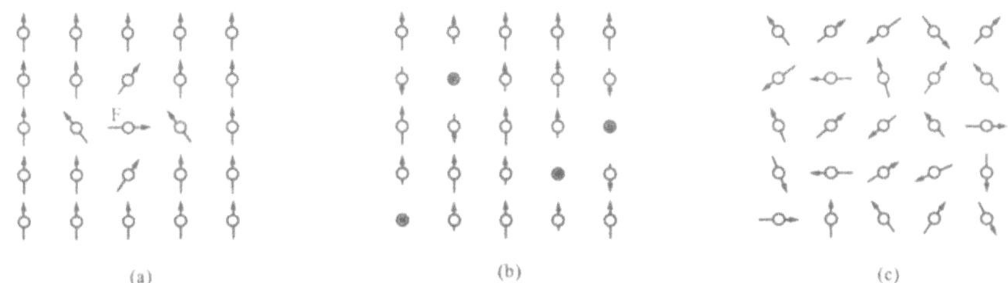

Bild 4.38. Spinanordnungen in Spingläsern (nach [70]).
(a) Frustriertes Moment eines Atom am Gitterplatz F in ferromagnetischer Matrix. Reentrant-Spinglasbereich (RSG).
(b) Antiparallele Spinkopplungen im ferromagnetischen Bereich FM mit niedriger Curietemperatur.
(c) Reines Spinglas mit regellos verteilten Spins.

ferro- und antiferromagnetischen Kopplungen mit den statistisch verteilten unterschiedlichen Legierungsatomen. Sein Zustand ist bei tiefen Temperaturen eingefroren. Seine Orientierung beeinflußt die Orientierung der Momente seiner Nachbarn: die resultierende Magnetisierung der Legierung wird – abhängig von der Temperatur und der Konzentration der frustrierten Momente – kleiner. Bild 4.38b zeigt die Situation für eine Legierung mit einer größeren Anzahl antiferromagnetischer Spinkopplungen bei höheren Temperaturen im ferromagnetischen Phasenbereich. Die Atome versuchen, ihre Momente durch Antiparallelstellung zur ferromagnetischen Matrix möglichst abzusättigen. Die Momente der Nachbaratome werden in einer solchen kollinearen Spinanordnung kaum beeinflußt; die Charakteristik eines Ferromagneten bleibt erhalten. Eine weiterer Erhöhung der Zahl frustrierter Momente durch Verringerung des Nickelghaltes zerstört schließlich die kollineare Anordnung. Bei der Elektronenkonzentration E/A=8.5 kommt es zum vollständigen Kollaps der ferromagnetischen Spinanordnung und bei Unterschreiten dieses Wertes bildet sich ein reines Spinglas mit regellos verteilten Spins (Bild 4.38c). Es entsteht durch einen direkten Übergang aus dem paramagnetischen Bereich. Legierungen mit höheren Mangangehalten ordnen sich antiferromagnetisch mit ansteigenden Néeltemperaturen bis zur binären Legierung $Fe_{0.5}Mn_{0.5}$.

Das ungewöhnliche Verhalten der Spingläser spiegelt sich in Besonderheiten vieler physikalischer Eigenschaften wider: spontane Magnetisierung, Magnetisierung in äußeren Feldern (Hysterese, Remanenz), Wärmekapazität, elektrische Leitfähigkeit u. a. m. [63, 71].

In der unteren Bildhälfte von Bild 4.36 ist das ternäre System Fe-Ni-Cr – Basissystem der austenitischen Chrom-Nickel-Stähle – dargestellt. Die Zuord-

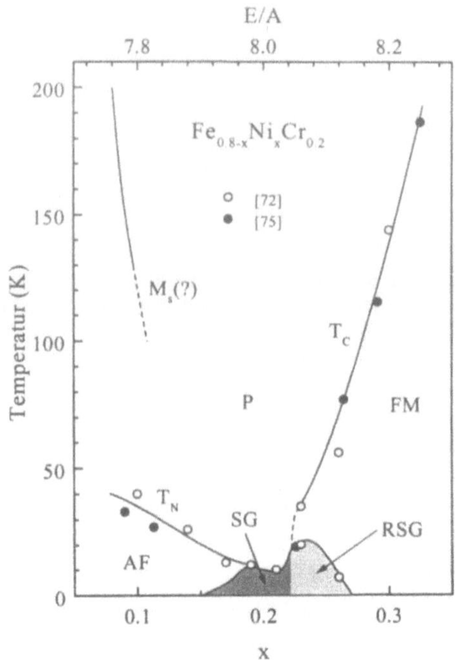

Bild 4.39. Magnetische Übergangstemperaturen der Reihe $Fe_{0.8-x}Ni_xCr_{0.20}$.

nung zum System Fe-Ni-Mn mit gemeinsamer Fe-Ni-Seite läßt Unterschiede und
Ähnlichkeiten beider Systeme deutlich erkennen. Zwar erweitert eine Zugabe von
Chrom zunächst die γ-Phase der Fe-Ni-Legierungen, chromreichere Legierungen
besitzen aber die α-Struktur. In der γ-Phase treten Ferro- und Antiferromagnetismus und in deren Übergangsbereich Spinglaszustände auf. Der Verlauf der Curietemperaturen und der Spinglasgebiete beider ternärer Systeme bietet ein
einheitliches Erscheinungsbild. Ein deutlicher Unterschied besteht im
antiferromagnetischen Bereich, der durch Mangan sehr stark ausgedehnt, im
System Fe-Ni-Cr durch die α/γ-Phasengrenze eingeschränkt wird [71]. Die
Bildung einer langreichweitigen antiferromagnetischen Ordnung wird in diesem
System durch martensitische Umwandlungen gestört. Deren M_s-Temperaturen
sind nur unzureichend bekannt und von Verunreinigungen und Abkühl-
bedingungen empfindlich abhängig.

Antiferromagnetismus wird auch in austenitischen Chrom-Nickel-Stählen
beobachtet [73, 74]. Das magnetische Phasendiagramm der Reihe $Fe_{0.8-x}Ni_xCr_{0.2}$
mit konstantem Chromgehalt ist dabei hilfreich, Informationen über die
magnetischen Zustände zu gewinnen, die in diesen Stählen auftreten. Die

Konzentrationsabhängigkeit des magnetischen Verhaltens dieser Reihe, die auch den Spinglasbereich überquert, ist der in Bild 4.39 sehr ähnlich. Die nickelreichen Legierungen sind ferromagnetisch, und bei tiefen Temperaturen bildet sich ein Reentrant-Spinglas. Mit abnehmendem Nickelgehalt entsteht reines Spinglas und schließlich der antiferromagnetische Zustand. Spinglas- und Néeltemperaturen sind viel niedriger als in der Fe-Ni-Mn-Reihe, und der Übergang vom Ferro- zum Antiferromagnetismus erfolgt bei geringerer Elektronenkonzentration (E/A ~ 8.0).

Die magnetischen Zustände der beschriebenen kfz. Systeme bestimmen weitgehend die Gesamtheit ihrer physikalischen Eigenschaften. Ihre Temperaturabhängigkeit ist geprägt von der thermischen Anregung vom Grundzustand abweichender magnetischer Zustände aufgrund von Moment-Volumen-Instabilitäten. Sie werden in Kap. 6 diskutiert.

4.8 Eisenmischkristalle mit 4d- und 5d-Metallen

Die Mischbarkeit zweier Metalle wird eingeschränkt durch Gitterverzerrungen, die durch unterschiedliche Atomgrößen entstehen. Wegen der Atomgrößenunterschiede zwischen dem Eisen und den 4d- und 5d-Metallen (s. Bild 4.1) sind die Grenzen maximaler Mischbarkeit gegenüber den 3d-Mischkristallen zu niedrigeren Konzentrationen verschoben. Während die Systeme Fe-Cr und Fe-V ausgedehnte α-Mischkristallreihen bilden, beträgt die Löslichkeit der homologen 4d- bzw. 5d-Legierungselemente (Mo und Nb bzw. W und Ta) in α-Eisen maximal nur wenige Prozent. Bei höheren Gehalten bilden diese Metalle im Gleichgewicht mit α-Eisen Laves-Phasen [22].

Die elektronischen Eigenschaften der Eisenmischkristalle mit 4d- und 5d-Metallen weisen ein qualitativ gleiches Verhalten auf wie die mit der 3d-Reihe. Entscheidend ist der Einfluß, den die Legierungselemente auf die Besetzung der Elektronenbänder ausüben. Wichtigste Größe ist folglich die (für homologe 3d-, 4d- und 5d-Metalle gleiche) Valenzelektronenzahl. Die Änderungen der Zustandsdichte und der magnetischen Momente, die die α-Phase durch Legieren mit Übergangsmetallen erfährt, wurde ausführlich in Kap. 4.2 beschrieben. Vermehrung oder Verminderung der Elektronenzahl wirken sich vornehmlich in der Besetzung des Majoritätsbandes aus. Die Löslichkeiten sind aber in der α-Phase so gering, daß der Typus "schwacher Ferromagnet" erhalten bleibt. Durch Zulegieren eines Elements mit höherer Elektronenzahl als Eisen wird das Majoritätsband aufgefüllt; das magnetische Moment erreicht einen maximalen Wert. Nach Überschreiten dieses Wertes – dem Scheitelpunkt der Slater-Pauling-Kurve (s. Bild 4.3) – bleibt die α-Phase nicht länger stabil. Legierungen auf dem absteigenden Ast der Slater-Pauling-Kurve besitzen einen kfz. Grund-

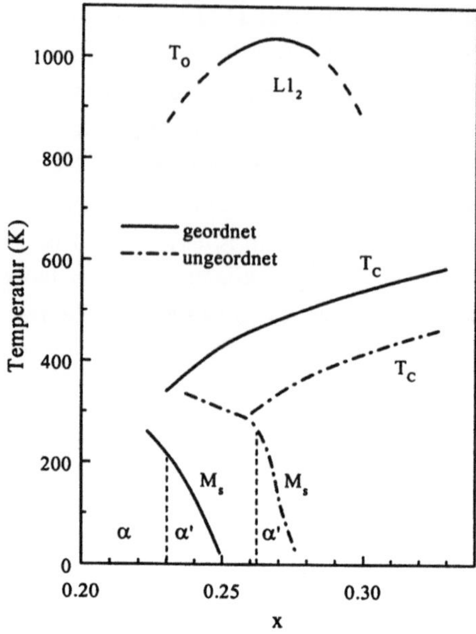

Bild 4.40. Strukturelles und magnetisches Phasendiagramm von $Fe_{1-x}Pt_x$.

zustand. Die physikalischen Eigenschaften der Eisenmischkristalle mit 3d-, 4d- und 5d-Metallen haben viele Gemeinsamkeiten. So tritt in der γ-Phase der Systeme Fe-Ni, Fe-Pd und Fe-Pt in der Nähe ihres martensitischen Überganges in die α-Phase eine der auffälligsten physikalischen Erscheinungen auf: der Invar-Effekt. Die aber im Detail zahlreichen Unterschiede zwischen den genannten Systemen bieten die Möglichkeit, Aufschlüsse über den Einfluß der Atomgröße auf das physikalische Verhalten zu erlangen.

4.8.1 Die Systeme Fe-Pt und Fe-Pd

Bild 4.40 zeigt einen Ausschnitt der Eisenseite des strukturellen und magnetischen Phasendiagramms des Systems $Fe_{1-x}Pt_x$ [76]. Legierungen mit Gehalten $0.28 \leq x \leq 0.32$ besitzen einen ferromagnetischen kfz. Grundzustand. Im Gegensatz zum System Fe-Ni bildet sich im Bereich der stöchiometrischen Zusammensetzung Fe_3Pt die geordnete Ll_2-Phase (Cu_3Au-Struktur), die bei schneller Abkühlung von Temperaturen oberhalb der Ordnungs-Unordnungs-Umwandlung unterdrückt werden kann. Die strukturelle Ordnung stabilisiert die γ-Phase mit einer gegenüber dem ungeordneten Mischkristall um 2% zu höheren Eisengehalten verschobenen martensitischen Phasengrenze. Ursache dieser

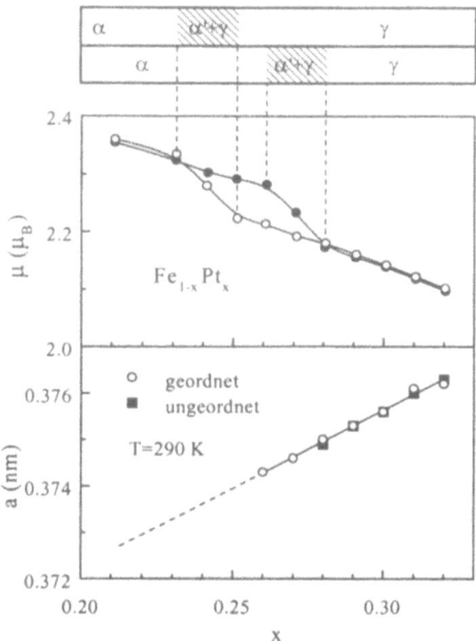

Bild 4.41. Magnetische Momente und Gitterkonstanten geordneter und ungeordneter $Fe_{1-x}Pt_x$.

Bei der martensitischen Umwandlung entsteht aus der γ-Phase eine tetragonal-raumzentrierte (trz.) Phase α' [78]. Deren Existenzbereich – in Bild 4.41 durch die senkrechten, gestrichelten Linien markiert – reicht bei ihrer Bildung aus der ungeordneten bzw. aus der geordneten Phase bis x=0.255 bzw. x=0.23. Erst bei geringeren Pt-Gehalten besitzt die martensitische α-Phase kubische Symmetrie. Geordnete und ungeordnete Legierungen unterscheiden sich in ihrem Umwandlungszyklus. Während die Umwandlung der ungeordneten Phase mit einer großen Temperaturhysterese verbunden ist (s. auch Bild 4.18), finden Hin- und Rückumwandlung der geordneten Phase nahezu ohne Temperaturhysterese statt: bei Temperaturerhöhung wandelt sich der bei Abkühlung gebildete Martensit sofort wieder in die γ-Phase zurück. Ursache dieses Umwandlungsverhaltens, das als "thermoelastisch" bezeichnet wird, sind die elastischen Spannungen, die aufgrund der höheren mechanischen Festigkeit des geordneten Kristalls nicht durch eine plastische Verformung abgebaut werden können [79].

Mit Annäherung an die γ/α-Phasengrenze fällt die Curietemperatur – wie im System Fe-Ni – sehr steil ab. Die Curietemperatur der geordneten Phase liegt oberhalb der des ungeordneten Mischkristalls; Unordnung destabilisiert den Ferromagnetismus der γ-Phase.

verhaltens, das als "thermoelastisch" bezeichnet wird, sind die elastischen Spannungen, die aufgrund der höheren mechanischen Festigkeit des geordneten Kristalls nicht durch eine plastische Verformung abgebaut werden können [79].

Mit Annäherung an die γ/α-Phasengrenze fällt die Curietemperatur – wie im System Fe-Ni – sehr steil ab. Die Curietemperatur der geordneten Phase liegt oberhalb der des ungeordneten Mischkristalls; Unordnung destabilisiert den Ferromagnetismus der γ-Phase.

Bild 4.41 beschreibt die Konzentrationsabhängigkeit des mittleren magnetischen Momentes $<\mu>$ der verschiedenen Phasen im Bereich $0.20 \leq x \leq 0.33$ [80]. Die Angabe der Stabilitätsgebiete dieser Phasen ermöglicht eine entsprechende Zuordnung. Die Momente ungeordneter und geordneter Legierungen der γ-Phase, deren Werte sich kaum unterscheiden, steigen linear mit abnehmendem Pt-Gehalt an. Die γ/α-Umwandlungen sind mit einer Erhöhung der Momente um etwa $0.1\,\mu_B$ verbunden. Die Konzentrationsabhängigkeiten entsprechen dem Verlauf der Slater-Pauling-Kurve; Fe-Pt-Legierungen dieses Konzentrationsbereiches sind starke Ferromagnete. Es ist zu erwarten, daß das Moment der α-Phase bei geringeren Pt-Gehalten ($x \approx 0.10$ bis 0.15) den Scheitelwert der Slater-Pauling-Kurve erreicht, um nach dessen Überschreiten auf den Wert des α-Eisens ($2.22\,\mu_B$) abzufallen. Im linearen Slater-Pauling-Verlauf der Momente der γ-Phase, dessen Extrapolation (gestrichelte Linie) zum HS-Moment des reinen γ-Eisens ($\sim 2.75\,\mu_B$) führt, besteht aber ein wesentlicher Unterschied zum Verhalten der γ-Phase im System Fe-Ni. In diesem System weicht die Konzentrationsabhängigkeit der Momente vom Verlauf der Slater-Pauling-Kurve ab: mit zunehmendem Eisengehalt brechen die Momente zusammen und scheinen dem Wert Null zuzustreben. Dieser Steilabfall (s. Bild 4.17) wird durch das Auftreten antiferromagnetisch gekoppelter Eisencluster in einer ferromagnetischen Matrix verursacht (Kap. 4.4). In den Fe-Pt-Legierungen, deren Momente der Slater-Pauling-Kurve folgen, sind aber antiferromagnetische Kopplungen ausgeschlossen, da die Atomvolumina zu groß sind. Einem späteren Übersichtsbild (Bild 6.3) ist zu entnehmen, daß die Bildung antiferromagnetischer Ordnungen in kfz. Fe-Legierungen begrenzt ist auf Atomvolumina $V_{At} < 12.1 \times 10^{-3}\,\text{nm}^3$ ($a < 0.364$ nm), ein Wert, der in Fe-Pt-Legierungen weit überschritten wird (Bild 4.41). Wird in Fe-Ni-Legierungen Nickel durch Platin substituiert, so bringt die damit verbundene Vergrößerung der Atomabstände die Abweichungen der Momente von der Slater-Pauling-Kurve zum Verschwinden [81]. Die Curietemperaturen bleiben nahezu unbeeinflußt. Beide Systeme – Fe-Ni und Fe-Pt – sind typische Invar-Systeme. Aufgrund der beschriebenen Konzentrationsabhängigkeiten der mittleren Momente bleibt festzustellen, daß – entgegen früheren Erklärungsbemühungen – kein ursächlicher Zusammenhang

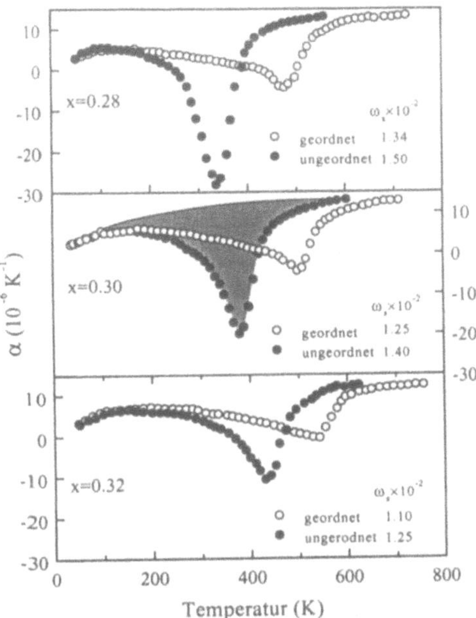

Bild 4.42. α(T) von $Fe_{1-x}Pt_x$. Der Flächeninhalt (grau schattiert) ist proportional zur invarbedingten Volumenvergrößerung [83].

zwischen dem Auftreten des Invar-Effektes und den Abweichungen der Fe-Ni-Momente von der Slater-Pauling-Kurve besteht.

Wie am Beispiel der Fe-Ni-Legierungen in Kap. 4.4 ausführlich dargelegt, erklärt das Modell der Moment-Volumen-Instabilität den Invar-Effekt und weitere vom Magnetismus abhängige physikalische Eigenschaften. Auch in den kfz. Fe-Pt-Legierungen wird der ferromagnetische HS-Grundzustand bei einem kritischen Volumen instabil gegenüber einem LS-Zustand mit kleinerem Volumen. Einen Beweis für einen volumenabhängigen HS → LS-Übergang, der auch aus Bandstrukturrechnungen folgt [82], liefern Mössbauer-Experimente unter hohem Druck: bei einem kritischen Druck (p=4 GPa) und entsprechender Gitterkompression kollabiert der HS-Zustand und transformiert in einen LS-Zustand [31]. Der geringe Energieunterschied zwischen beiden Zuständen ermöglicht die thermische Anregung des LS-Zustandes und führt damit zum Invar-Effekt.

Das Volumen sowohl geordneter als auch ungeordneter Fe-Pt-Legierungen wird durch den Invar-Effekt in einer Weise vergrößert, daß der thermische Ausdehnungskoeffizient α unterhalb der Curietemperatur negativ wird (Bild 4.42). Während für Konzentrationen $0.28 \le x \le 0.32$ die Eigenschaften beider Zustände verglichen werden können, ist bei stöchiometrischer Zusammensetzung Fe_3Pt

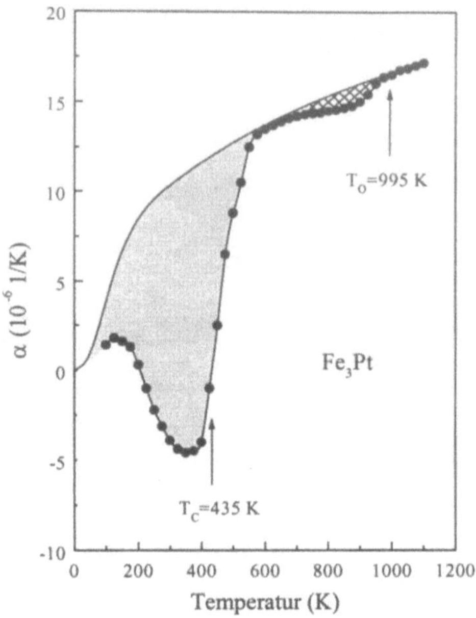

Bild 4.43. Thermische Ausdehnung von Fe_3Pt (geordnet). T_O: Ordnungstemperatur. Schattiert: Invar-Effekt, Gekreuzt: Einfluß der Ordnung

lediglich der geordnete Zustand stabil (Bild 4.43). Die negativen α-Werte des ungeordneten Zustandes übertreffen die des geordneten um eine Größenordnung, und für beide Zustände wird ein Anstieg der Werte mit zunehmendem Fe-Gehalt beobachtet. Eine gleiche Tendenz gilt auch für die gesamten invarbedingten Volumenvergrößerungen $\omega = \Delta V/V$, die – proportional zum Flächeninhalt zwischen experimenteller und Gitterkurve – in Bild 4.43 angegeben sind. Offensichtlich sind die atomaren Nachbarschaften der Eisenatome für die Größe des Invar-Effektes verantwortlich. Wie zu Beginn dieses Kapitels ausgeführt wurde, existieren im ungeordneten Zustand mehr nächste Fe-Fe-Nachbarn als im geordneten Zustand. Daraus ist zu schließen, wie auch aus der Konzentrations-abhängigkeit, daß die Anzahl der ferromagnetisch gekoppelten Fe-Fe-Nachbarn von dominierendem Einfluß auf den Magnetovolumen-Effekt ist.

Die Ordnungseinstellung ist mit einer Volumenvergrößerung von ~0.1 % verbunden. Dieser Wert folgt nach Bild 4.43 aus der Absenkung der thermischen Ausdehnung unterhalb der Ordnungs-Unordnungs-Umwandlung ($T_O = 995$ K). Dieser geringe Unterschied zwischen geordneter und ungeordneter Phase wird in der bei tiefen Temperaturen bestimmten Gitterkonstanten nicht beobachtet

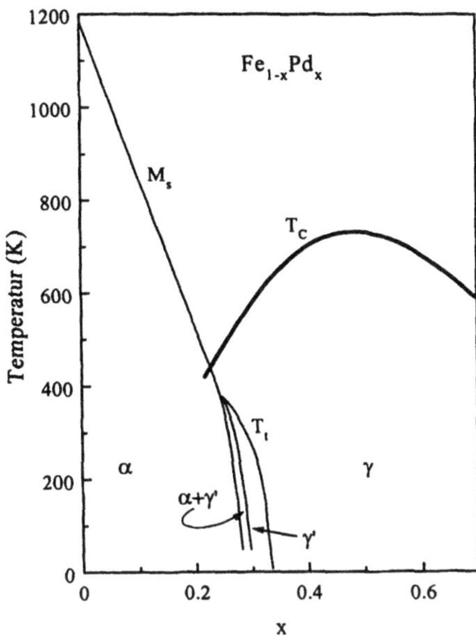

Bild 4.44. Strukturelles und magnetisches Phasendiagramm des Systems Fe$_{1-x}$Pd$_x$. T$_t$: Übergangstemperatur kfz. (γ) → tfz. (γ').

(s. Bild 4.41); er liegt innerhalb der experimentellen Fehlergrenzen, zumal er durch die unterschiedliche Größe der Magnetovolumen-Effekte verändert wird.

Das strukturelle und magnetische Phasendiagramm des Systems Fe$_{1-x}$Pd$_x$ (Bild 4.44) erinnert an das des Systems Fe-Ni. Von hohen Temperaturen schnell abgekühlt, bilden die Legierungen eine lückenlose Reihe ungeordneter γ-Mischkristalle im Bereich $0.34 \leq x \leq 1.0$ (für $T=0$ K). Die Curietemperatur durchläuft ein Maximum bei etwa 50 % und fällt – wie in den Systemen Fe-Ni und Fe-Pt – mit Annäherung an die α/γ-Phasengrenze stark ab. Vor Erreichen dieser Phasengrenze verliert die γ-Phase ihre kubische Symmetrie, und es entsteht durch eine reversibel (thermoelastisch) martensitische Umwandlung die tetragonal-flächenzentrierte (tfz.) γ'-Phase mit einem Achsenverhältnis (c/a)=0.90. Unterhalb $x<0.28$ erfolgt die $\gamma' \to \alpha$-Umwandlung [84].

In der gemeinsamen Darstellung der mittleren magnetischen Momente und der Gitterkonstanten der Systeme Fe-Ni, Fe-Pd und Fe-Pt wird der Einfluß der Atomgröße der Legierungspartner deutlich (Bild 4.45). Während die Momente der Fe-Pd- und Fe-Pt-Legierungen im gesamten Stabilitätsbereich der γ-Phase der

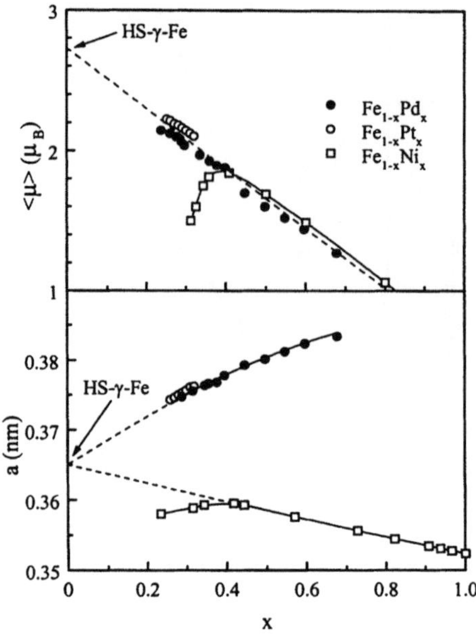

Bild 4.45. Mittlere magnetische Momente $\langle\mu\rangle$ und Gitterkonstante (bei 290 K) der Systeme Fe-Pd, Fe-Pt, Fe-Ni

Slater-Pauling-Kurve folgen, weichen die Momente der Fe-Ni-Legierungen von diesem Verlauf ab. Ursache dieser Abweichung ist – wie in Kap. 4.8.1 erwähnt – die Bildung von Eisenclustern mit antiferromagnetischen Korrelationen, durch die das mittlere ferromagnetische Moment abgesenkt wird. Die größeren Atomabstände in den Fe-Pd- und Fe-Pt-Legierungen verhindern den Antiferromagnetismus. Eine Extrapolation sowohl der Momente als auch der Gitterkonstanten der Legierungen mit Pd und Pt führen zu den Werten, die den HS-Zustand des γ-Eisens kennzeichnen. Dagegen kündigt sich in den Kozentrationsabhängigkeiten der Fe-Ni-Legierungen schon im Stabilitätsgebiet der γ-Phase der Übergang zum antiferromagnetischen Grundzustand des γ-Eisens an.

Für die Grundzustandseigenschaften sind die Atomgrößenunterschiede zwischen den 3d- und den 4d- bzw. 5d-Metallen von großer Bedeutung. Die Eigenschaften bei endlichen Temperaturen werden dagegen von einer Gemeinsamkeit dominiert: in allen drei Systemen treten Moment-Volumen-Instabilitäten auf, theoretisch durch die Ergebnisse von Bandstrukturrechnungen begründet (für Fe-Ni [30], Fe-Pt [82] und Fe-Pd [84, 85]) und experimentell gesichert. So sind die drei homologen Systeme klassische Invarsysteme mit dem invartypischen Absinken der thermischen Ausdehnung bei und unterhalb der

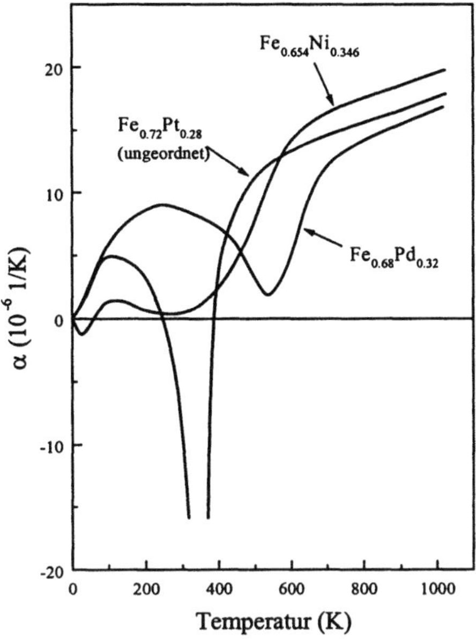

Bild 4.46. Thermische Ausdehnung der Invar-Legierungen Fe$_{0.654}$Ni$_{0.346}$, Fe$_{0.72}$Pt$_{0.28}$ (ungeordnet) und Fe$_{0.68}$Pd$_{0.32}$ [86].

(Bild 4.46). Betrachtet man das Minimum in der Temperaturabhängigkeit der thermischen Ausdehnung als charakteristisches Invarmerkmal, so besteht die Zuordnung: die Fe$_{0.65}$Ni$_{0.35}$-Legierung besitzt ein flach verlaufendes, die ungeordnete Legierung Fe$_{0.72}$Pt$_{0.28}$ ein sehr ausgeprägtes Minimum. Zwischen diesen Extremen läßt sich das Minimum der Fe$_{0.68}$Pd$_{0.32}$- Legierung einordnen.

4.8.2 Das System Fe-Rh

In den bisher beschriebenen Übergangsmetall-Systemen treten zwei oder mehrere nahezu entartete magnetische Zustände auf, die durch thermische Anrègung von dem einen in den anderen Zustand übergehen. Das System Eisen-Rhodium bereichert die verschiedenartigen magnetischen Übergänge um eine weitere Variante. In diesem System bildet sich die geordnete krz. Phase FeRh mit B2-Struktur: sie ist im Grundzustand antiferromagnetisch und oberhalb einer Umwandlungstemperatur $T_{krit} \approx 350\,K$ ferromagnetisch [87, 88]. Magnetisierungs-messungen zeigen die plötzliche Entstehung des Ferromagnetismus, der dann bei einer Curietemperatur $T_C \approx 700\,K$ in den paramagnetischen Zustand übergeht (Bild 4.47) [89]. Der Übergang vom Antiferromagnetismus – mit einer hypothe-tischen Néeltemperatur weit oberhalb der Umwandlungstemperatur – in den

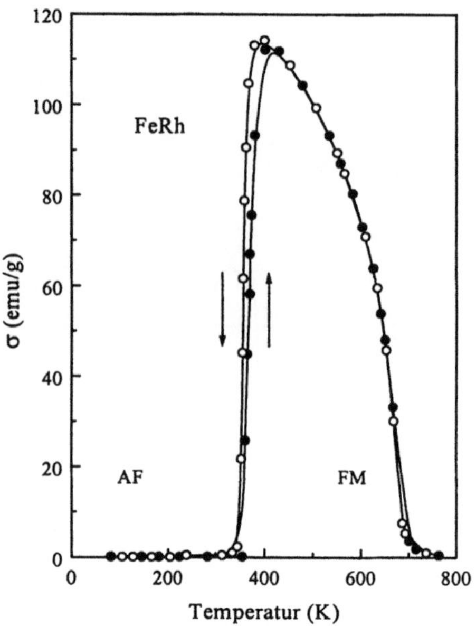

Bild 4.47. Temperaturabhängigkeit der Magnetisierung von FeRh (nach [89]).
Ausgefüllte bzw. offene Kreise stellen den Verlauf bei Erwärmung bzw. bei
Abkühlung dar.

ferromagnetischen Zustand, der ohne strukturelle Änderung abläuft und eine nur
geringe Temperaturhysterese aufweist, ist mit einer sprunghaften Vergrößerung
der Gitterkonstanten um ~0.3 % verbunden – charakteristisch für eine Umwandlung erster Art (Bild 4.48) [90]. Die Umwandlung, die auch durch äußere
Magnetfelder induziert werden kann, wird durch Abweichungen von der
Stöchiometrie stark beeinflußt. Ein Eisenüberschuß von 2 % verursacht eine
Absenkung der Umwandlungstemperatur auf Raumtemperatur [91]. Äußerer
Druck induziert oberhalb T_{krit} einen umgekehrten Phasenübergang vom Ferro-
zum Antiferromagnetismus [92, 93]. Der antiferromagnetische Zustand wird
stabilisiert, da er das geringere Volumen besitzt. Dagegen wird die Curietemperatur durch Druck erniedrigt, und aus der Gegenläufigkeit beider Einflüsse folgt
ein Tripelpunkt (T ≈ 600 K, p ≈ 6 GPa), an dem ferro-, antiferro- und paramagnetische Phase koexistieren.

Im Grundzustand sind die Spins nach dem AF-II-Typ orientiert mit antiferro-
magnetischen Kopplungen in aufeinanderfolgenden (111)-Ebenen (Bild 4.49).
Das lokale Moment der Eisenatome beträgt $3.1 \mu_B$ pro Atom, während das
Moment der Rhodiumatome vernachlässigbar gering ist. Beim Übergang in den

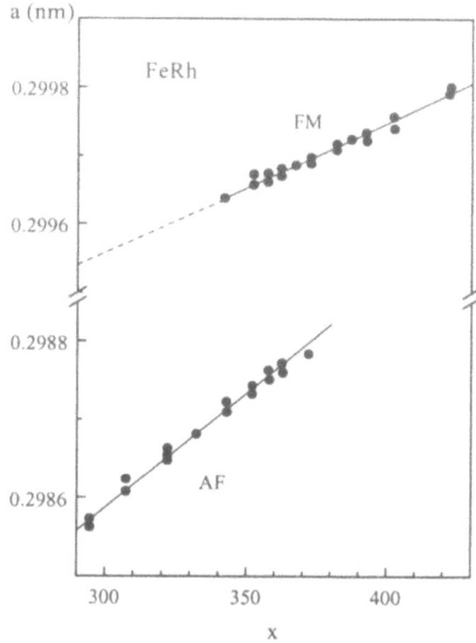

Bild 4.48. Temperaturabhängigkeit der Gitterkonstanten von FeRh (nach [90]).
Der Übergang 1. Art vom antiferromagnetischen zum ferromagnetischen Zustand
ist mit einem Volumensprung verbunden.

ferromagnetischen Zustand wird das Eisenmoment auf 3.1 μ_B erhöht und es
entsteht ein Rhodiummmoment von 1.0 μ_B pro Atom [94].

Mit den beschriebenen experimentellen Befunden stimmen die theoretischen
Ergebnisse der Grundzustandsberechnungen überein [95]: der antiferromagnetische Grundzustand wird bei vergrößerten Atomabständen instabil gegenüber

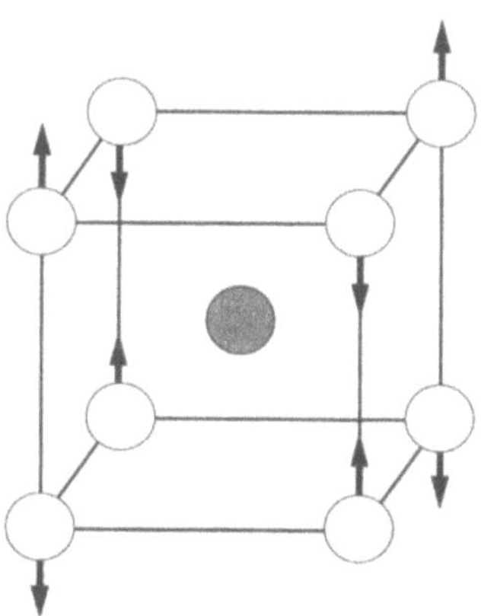

Bild 4.49. Antiferromagnetische Spinkonfiguration (AF II) für B2-geordnetes FeRh.
Offene bzw. schattierte Kreise reprä-
sentieren Eisen- bzw. Rhodiumatome.
Die Rhodiumatome sind ohne Moment.

dem ferromagnetischen Zustand bei gleichzeitiger Erhöhung der Eisenmomente und der Entstehung eines Rhodiummomentes. Der Energieunterschied zwischen beiden Zuständen ist gering und liegt in der Reichweite thermischer Anregung bei Temperaturen von einigen Hundert Grad. Dieses Verhalten erinnert zwar an die im γ-Eisen auftretenden Moment-Volumen-Instabilitäten mit dem LS-HS-Übergang bei Erreichen eines kritischen Gitterabstandes (s. Bilder 2.19 und 2.21). Zwischen beiden Systemen bestehen aber erhebliche Unterschiede. Zunächst ist zu beachten, daß die Momente der FeRh-Phase erheblich größer sind als Folge der starken Gitterdehnung durch die großen 5d-Atome. Bedeutsamer aber ist die unterschiedliche Art und Weise, in der die Zustandsänderungen erfolgen. Während der AF$\rightarrow$FM-Übergang der Fe-Rh-Legierung als Umwandlung erster Art abläuft, besteht der Übergang in den höhenenergetischen Zustand des γ-Eisens in der thermischen Anregung von Moment- und Volumenfluktuationen. Dieser über einen weiten Temperaturbereich ausgedehnte thermisch aktivierte Prozeß kann näherungsweise durch ein Zwei-Niveau-Modell beschrieben werden. Mit ihm ist ein Ausdehnungsexzeß – der Antiinvar-Effekt – verbunden, während bei der magnetischen Umwandlung von FeRh ein Volumensprung auftritt. Dieser ist mit etwa 1% deutlich geringer als der Antiinvar-Effekt des γ-Eisens mit einer Volumenvergrößerung von 2.8%.

5. Einlagerungs- (oder interstitielle) Mischkristalle und Verbindungen

5.1 Zwischengitterplätze

Neben den substitutionellen Legierungen, in denen Legierungs- und Wirtsatome auf den Gitterplätzen austauschbar sind, gibt es Einlagerungs-Mischkristalle und-Verbindungen, in denen kleine Nichtmetallatome, wie Wasserstoff, Bor, Kohlenstoff und Stickstoff, in Lückenpositionen der Metallgitter eingelagert sind. Die wichtigsten Repräsentanten sind die Basissysteme der Eisenwerkstoffe: Eisen-Kohlenstoff und Eisen-Stickstoff. In den dicht gepackten Atomanordnungen der Metallgitter bieten sich tetraedrische und oktaedrische "Hohlräume" an, um Atome mit einem gegenüber den Metallatomen deutlich kleineren Atomvolumen zwischen den Gitterplätzen einzulagern. Diese Zwischengitteratome sind in den Tetraederlücken von 4, in den Oktaederlücken von 6 Metallatomen umgeben.

In Bild 5.1 sind die Oktaeder- und Tetraederplätze der drei dichtgepackten Metallgitter dargestellt. Im krz. Gitter befinden sich die Oktaederplätze in den Mittelpunkten der Würfelflächen und der Würfelkanten, und pro Metallatom gibt es drei Oktaederplätze. Einfache geometrische Betrachtungen veranschaulichen die Größe der Lückenvolumen. Werden die Metallatome als starre Kugeln angesehen, die einander berühren, so beträgt deren Radius $r = (1/4) a \sqrt{3}$ (bezogen auf die Gitterkonstante a). Daraus folgt für die Lücke im Zentrum des Oktaeders ein Kugelvolumen mit dem Radius $0.154\,r$. Die Tetraederplätze der krz. Struktur (6 pro Metallatom) bieten einen größeren Raum. Im Zentrum des Tetraeders, das von 4 umgebenden Metallatomen gebildet wird, steht bei dichter Kugelpackung ein Volumen mit dem Radius $0.291\,r$ zur Verfügung.

Im kfz. Gitter (Radius der Metallatome $r = (a/2)/\sqrt{2}$) befinden sich die oktaedrischen Hohlräume im Mittelpunkt der Würfel und damit in der Mitte der Würfelkanten, und die Zahl der Oktaederplätze entspricht der der Metallatome. Der Radius des Hohlraumvolumens beträgt $0.41\,r$ für die Oktaederposition und ist – im Gegensatz zur krz. Struktur – größer als der Radius der Tetraederposition $(0.225\,r)$.

Im hdp. Gitter sind die Oktaederplätze in Ebenen senkrecht zur c-Achse in einem Abstand von $c/2$ angeordnet, und in den Lückenebenen ist jeder Lückenplatz dicht gepackt von 6 Lückenplätzen umgeben. Oktaeder- und Tetraederlücken besitzen bei idealem Achsenverhältnis $c/a = 1.633$ die gleiche Geometrie wie im kfz. Gitter. Im Gegensatz zu den regulären Oktaedern im kfz. und hdp. Gitter sind die Oktaeder im krz. Gitter unregelmäßig.

Die Zahl der tatsächlich gelösten interstitiellen Atome ist weit geringer als die Zahl der verfügbaren Lückenplätze. Der Einbau eines Metalloidatoms verursacht Gitterverzerrungen, da das Zwischengitteratom mehr Platz benötigt, als ihm in einer Zwischengitterlücke zur Verfügung steht. Die nächsten Nachbaratome werden nach außen verschoben mit der Folge einer Verschiebung der weiteren Nachbarn, so daß die Besetzung benachbarter Zwischengitterplätze vermindert wird und die Löslichkeit unter der maximal möglichen bleibt. Die Überlagerung der langreichweitigen Verschiebungsfelder aller Zwischengitteratome führt zu einer Aufweitung des gesamten Metallgitters. Für die Veränderungen, die der Metallkristall durch die Zwischengitteratome erleidet, sind die Atomgrößenverhältnisse aber nicht allein verantwortlich, sondern auch die chemischen Bindungen zwischen den Metall- und Metalloidatomen. Da die Metalloidatome Elektronen an das 3d-Band abgeben, nehmen die Löslichkeiten von Kohlenstoff und Stickstoff in den 3d-Metallen mit zunehmender Auffüllung der 3d-Schale sehr stark ab bis zu ihrer fast vollständigen Unlöslichkeit im Kupfer.

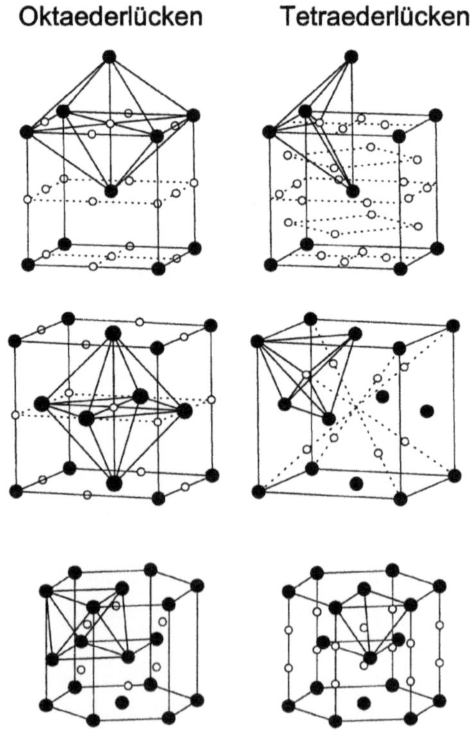

Bild 5.1. Position der Oktaeder- und Tetraederlücken im krz., kfz., und hdp. Gitter.

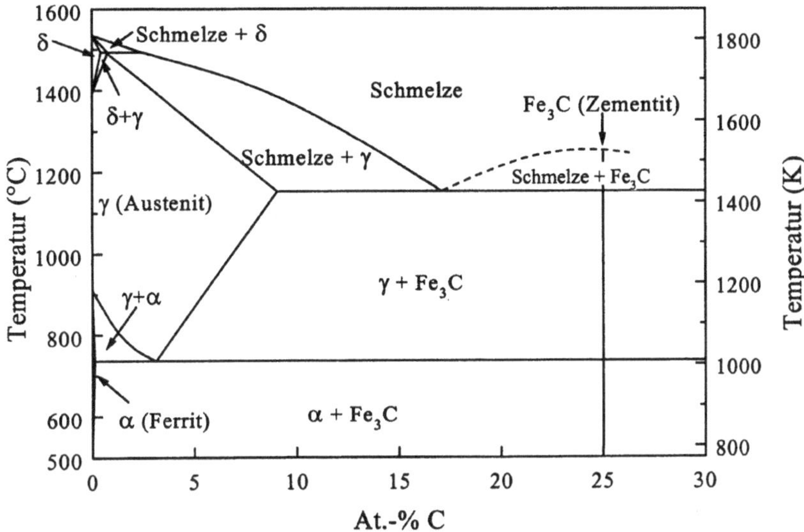

Bild 5.2. Das metastabile Gleichgewichtsdiagramm Eisen-Zementit (Fe-Fe$_3$C)

5.2 Fe-C- und Fe-N-Legierungen

Wie das metastabile Gleichgewichtsdiagramm Eisen-Zementit (Fe-Fe$_3$C) zeigt (Bild 5.2),[*] können im α-Mischkristall (Ferrit) lediglich ~ 0.1 At.-% C gelöst werden, im γ-Mischkristall (Austenit) dagegen bis etwa 9 At.-% C. Die Kohlenstoffatome (und auch die Stickstoffatome) besetzen in der α- und γ-Phase ausschließlich Oktaederplätze, und die größere Löslichkeit in der γ-Phase ist durch deren größeres Lückenvolumen zu erklären (s. Tab. 5.1). Die Oktaederlücke der kfz. Struktur des Eisens bietet mit einem Kugelradius $r_L^{okt}=0.0517\,nm$ mehr Raum als die Oktaederlücke der krz. Struktur mit $r_L^{okt}=0.0191\,nm$. Obwohl in der krz. Struktur die Tetraederlücken mit $r_L^{tet}=0.0360\,nm$ größer sind als die Oktaederlücken, werden aber letztere von den Kohlenstoff- und Stickstoffatomen bevorzugt. Da die Radien der Kohlenstoff- und Stickstoffatome r_C bzw. r_N erheblich größer sind als die der Lückenvolumen, wird das Eisengitter aufgeweitet. Eine Aufweitung erfordert in der Tetraederposition eine Verschiebung aller vier umgebenden Atome, in der Oktaederposition dagegen die Verschiebung von nur zwei Atomen parallel zu einer Würfelkante. Diese Verschiebung wird

---

[*] Die stabile Phase in Fe-C-Legierungen ist der Graphit. Zur Graphitausscheidung kommt es indessen nur bei extrem langen Wärmebehandlungszeiten, da die Keimbildung des Graphits gegenüber der des Zementits sehr erschwert ist.

Tab 5.1. Zur Geometrie der Zwischengitteratome.

Phase	Radius des Fe-Atoms r_{Fe} (nm)	Lückentyp	Radius der Lücke r_L (nm)	r_C/r_L [*]	r_N/r_L [*]
krz.	0.1239	okt. tet.	0.0191 0.0360	4.03 2.14	3.87 2.05
kfz.	0.1262	okt. tet.	0.0517 0.0284	1.49 2.71	1.43 2.61

[*]Radien der C- und N-Atome bei kovalenter Bindung: $r_C = 0.077$ nm, $r_N = 0.074$ nm, r_L: Lückenvolumen

durch eine Ausdehnung des Gitters in dieser Richtung ausgeglichen und führt zu einer tetragonalen Verzerrung des Kristalls.

Die sehr unterschiedlichen Löslichkeiten in der α- und γ-Phase und der eutektoide Zerfall der Hochtemperaturphase Austenit unterhalb ~720 °C (~1000 K) in die Tieftemperaturphasen Ferrit und Karbid lassen sehr verschiedenartige Gefügestrukturen der Fe-C-Legierungen entstehen, die eine außerordentlich große Variationsbreite ihrer technologischen Eigenschaften

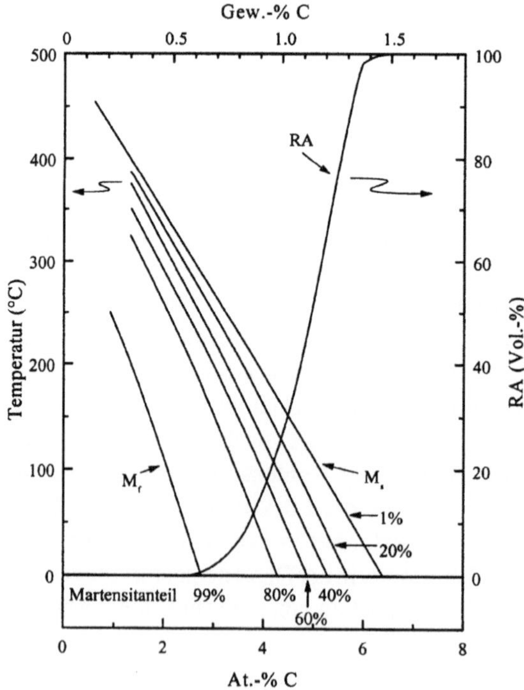

Bild 5.3. Martensit-Temperaturen (M_s, M_f) und Restaustenitgehalt (RA) im System Fe-C nach [2].

ermöglichen. Die Phasenanteile im Gefüge, ihre Morphologie und Dispersität hängen empfindlich vom zeitlichen Verlauf der Abkühlung ab, d.h. das Gefüge kann sich mehr oder weniger dem Gleichgewichtszustand annähern. Die Art und Weise, wie solche Gefüge entstehen und gezielt erzeugt werden, ist Gegenstand der Werkstoffkunde der Stähle [1]. Bei hinreichend schneller Abkühlung kann die Ausscheidung von Fe_3C unterdrückt werden; es entsteht Martensit. Bei genügend tiefen Temperaturen ist die Diffussion so gering, daß die eingelagerten Atome in den Lücken verbleiben, die sie im Austenit besetzt haben. Das Ergebnis ist ein an Kohlenstoff (oder Stickstoff) übersättigter Kristall, in dem die besetzten Einlagerungsplätze die gleiche Verzerrungsrichtung aufweisen, so daß der Martensit an Stelle der kubischen eine tetragonale Struktur aufweist. Martensitische Umwandlungen unterscheiden sich von den diffusionsgesteuerten Umwandlungen bei höheren Temperaturen dadurch, daß sie kooperativ und athermisch ablaufen. Während der Abkühlung setzen sie bei Erreichen einer bestimmten Temperatur – der M_s-Temperatur – plötzlich ein, der Umwandlungsgrad hängt von der weiteren Abkühlung ab, und die Umwandlung ist bei M_f abgeschlossen (Bild 5.3). Aus der Konzentrationsabhängigkeit von M_s, M_f und des Restaustenitgehaltes folgt, daß Legierungen mit 3–6 At.-% bei Raumtemperatur zweiphasig ($\alpha' + \gamma$) sind, bei höheren Gehalten aber einphasig (γ) [2].

Im Gleichgewicht mit molekularem Stickstoff bei normalem Atmosphärendruck ist die Stickstoffaufnahme im Eisen nur sehr gering. Sie beträgt in der γ-Phase maximal ~ 1 At.-% N, im Gleichgewicht mit der γ'-Fe_4N-Phase jedoch bis zu ~ 10 At.-% N. Derart hohe Stickstoffgehalte können durch Glühen unter Ammoniak eingestellt werden, gemäß der Reaktion

$$NH_3 \rightleftharpoons N_{Fe} + (3/2)H_2.$$

Unterschiedliche NH_3-H_2-Gemische führen zu dem in Bild 5.4 dargestellten Fe–N-Phasendiagramm [3]. Neben der nur in einem sehr engen Konzentrationsbereich existierenden kfz. γ'-Fe_4N-Phase tritt bei noch höheren Stickstoffgehalten die hexagonale ε-Phase auf, die sich über einen weiten Konzentrationsbereich bis zur orthorhombischen ζ-Phase-Fe_2N erstreckt. Hohe Stickstoffgehalte entsprechen sehr hohen virtuellen Gleichgewichtsdrucken von molekularem Stickstoff (für $Fe_4N \approx 1\,GPa$), so daß die Phasen metastabil oder instabil sind und während längerer Verweilzeiten bei höheren Temperaturen Stickstoff abgeben können.

Die Systeme Fe-Fe_3C und Fe-Fe_4N sind einander sehr ähnlich: beide besitzen große unterschiedliche Löslichkeiten von Kohlenstoff und Stickstoff im Ferrit bzw. Austenit, und oberhalb der Martensittemperatur zerfällt der Austenit eutektoid in Ferrit und Zementit Fe_3C bzw. in Ferrit und die γ'-Fe_4N-Phase. Andere Karbid- bzw. Nitridphasen werden beim Austenitzerfall nicht beobachtet, doch entstehen weitere instabile Phasen unter besonderen Bedingungen (s. 5.4.2).

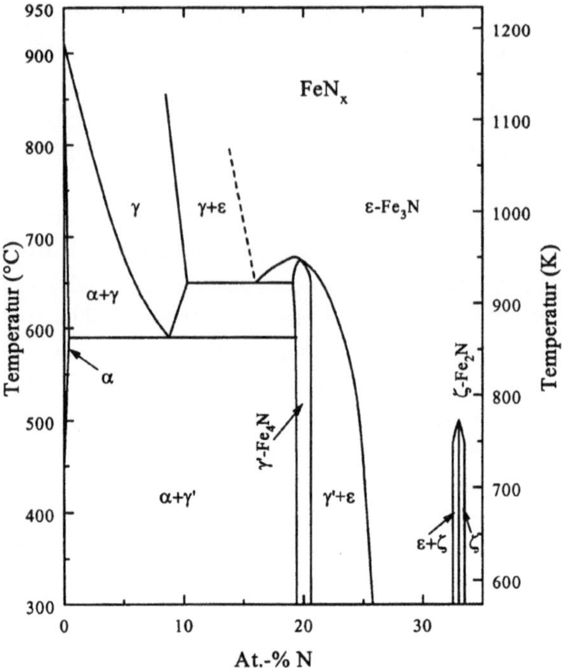

Bild 5.4. Fe-N-Phasendiagramm

Das Gitter des Eisens wird durch die Einlagerung von Kohlenstoff- und Stickstoffatomen in gleicher Weise aufgeweitet.[*] Die Gitterkonstanten des tetragonalen Kohlenstoff- und Stickstoffmartensits weisen eine für beide Systeme im Rahmen der Meßgenauigkeit gleiche lineare Konzentrationsabhängigkeit auf, die sich durch folgende empirische Beziehungen darstellen läßt [4, 5]:

$$c_{\alpha'} = 0.2866 + 0.0025\,x\,[\text{nm}]$$
$$a_{\alpha'} = 0.2866 - 0.0003\,x\,[\text{nm}]$$
$$c/a = 1 + 0.0099\,x$$
$$\text{mit x in At.-\% C bzw. N.}$$

Durch eingelagerten Kohlenstoff und Stickstoff wird infolge der Zunahme des Gitterabstandes bei gleichzeitiger Erhöhung der Valenzelektronenzahl das

---

[*] Aufgrund des auch quantitativ gleichen Einflusses beider Elemente wird für interstitielle Legierungen neben den Gehaltsangaben in At.-% (od. Gew.-%) häufig das Atomzahlenverhältnis ($n = N_{C,N}/N_{Fe}$) verwendet und gelegentlich auch das Verhältnis der Zahl der Einlagerungsatome zur Zahl der Lückenplätze: ($N_{C,N}/aN_{Fe}$). Für krz: a=3; für kfz und hdp: a=1.

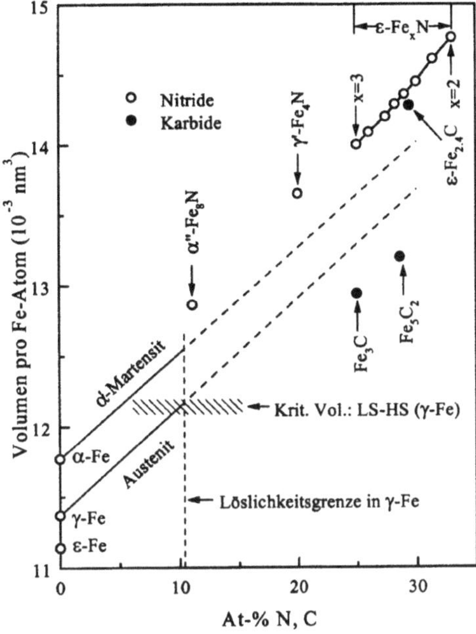

Bild 5.5. Volumen pro Fe-Atom in den Systemen Fe-N und Fe-C.

magnetische Moment des krz. Eisens ($2.22\,\mu_B$) vergrößert und erreicht an der Löslichkeitsgrenze einen Wert von $\sim 2.65\,\mu_B$ (s. Bild 5.9) [6].

Auch die Gitterkonstante der γ-Phase wird von beiden Elementen in gleichem Maße konzentrationsproportional vergrößert:

$$a_\gamma = 0.3571 + 0.00078\,x.$$

Die aus der Gitterkonstanten berechneten Volumina pro Eisenatom werden in Bild 5.5 bis zu den Löslichkeitsgrenzen durch die ausgezogenen Geraden beschrieben.

Wie in Kap. 2.5.2 ausführlich erörtert wurde, zeigt das γ-Eisen eine extreme Volumenabhängigkeit seiner magnetischen Eigenschaften (Moment-Volumen-Instabilität). Der antiferromagnetische Grundzustand (AF) mit einem kleinen Moment von $\sim 0.5\,\mu_B$ wird bei einem kritischen Volumen von $\sim 12.1 \times 10^{-3}\,\mathrm{nm}^3$ instabil und erfährt eine sprunghafte Änderung: bei größeren Volumina tritt Ferromagnetismus auf mit einem Moment von etwa $2.5 - 2.7\,\mu_B$ (HS-Zustand). Es ist nun sehr bemerkenswert, daß das kritische Volumen gerade an der Löslichkeitsgrenze für Kohlenstoff und Stickstoff in der γ-Phase erreicht wird (Bild 5.5). Während die Legierungen im Konzentrationsbereich der festen Lösungen (bis ~ 10 At.-%) einen LS-Grundzustand besitzen, darf für höhere Kohlenstoff- bzw. Stickstoffgehalte, d. h. größere Atomvolumina, ein HS-Grundzustand erwartet werden. Der AF-Zustand wird mit steigender Temperatur instabil. Der mit dem Übergang in den HS-Zustand verbundene Antiinvar-Effekt erhöht die Bindungsenergie infolge der ferromagnetischen Korrelationen und stabilisiert somit die γ-Phase. Ohne den Antiinvar-Effekt – so wurde in Kap. 3.3 festgestellt – träte die γ-Phase gar nicht auf. Erreicht die Gitteraufweitung durch den Kohlenstoff bzw. Stickstoff das kritische Volumen, wird der HS-Zustand Grundzustand, und es entfällt die stabilisierende Wirkung des Antiinvar-Effekts. *Die Löslichkeitsgrenze läßt sich somit auf die Volumenabhängigkeit der magnetischen Eigenschaften des γ-Eisens zurückführen.*

In den Einlagerungsmischkristallen sind die Zwischengitteratome statistisch auf den Zwischengitterplätzen verteilt, in den Nitriden und Karbiden in geordneter Weise, so daß ein bestimmtes Muster der Zwischengitteratome innerhalb des Kristalls entsteht. Diese Strukturen erlauben höhere Stickstoff- und Kohlenstoffgehalte und sind aufgrund ihrer größeren Atomvolumina ferromagnetisch und besitzen hohe magnetische Momente.

5.3 Die Eisennitride

5.3.1 γ'-Fe$_4$N

Die Struktur der Verbindung Fe$_4$N läßt sich beschreiben als kfz. Eisengitter mit einem zusätzlichen gitteraufweitenden Stickstoffatom in der Würfelmitte (Bild 5.6). Das aus der Gitterkonstanten [7] $a=0.3797$ nm berechnete Atomvolumen $V_{At}=13.66\times10^{-3}$ nm^3 ist um 5.5 % größer als der extrapolierte Wert, der dem LS-Zustand der γ-Phase gleicher Konzentration entsprechen würde. Diese Berechnung des Volumens pro Eisenatom berücksichtigt aber lediglich die in der Elementarzelle enthaltenen Eisenatome und nicht den Raumbedarf des Stickstoffatoms.[*] Die Berücksichtigung von Eisen-Stickstoff-Wechselwirkungen erfordert indessen die Beschreibung des Fe$_4$N-Gitters durch zwei Metall-Untergitter mit unterschiedlichen Abständen zwischen den Eisen- und Stickstoffatomen. Zum einen besetzen die Eisenatome die Positionen in den Würfelecken (FeI), zum anderen Positionen in den Flächenmittelpunkten (FeII). Eine solche Antiperovskitstruktur mit der Formeleinheit (FeI)(FeII)$_3$N besitzt die folgenden Nachbarschaftskonfigurationen:

FeI: 12 Atome in FeII-Position im Abstand $d=[(\sqrt{2})/2a]=0.268$ nm
       8 N-atome mit $d=[(\sqrt{3})/2a]=0.329$ nm

---

[*] Anmerkung: Aufgrund der vereinfachenden Annahme, daß das Zellenvolumen nur von den in ihm enthaltenen Eisenatomen eingenommen wird und der Raumbedarf der Metalloidatome unberücksichtigt bleibt, stellt V_{Fe} lediglich eine Maßzahl für die Gitteraufweitung dar. Sie erlaubt aber auch bei höheren Metalloidgehalten einen Volumenvergleich zwischen verschiedenen Kristallstrukturen mit deren sehr unterschiedlichen Zellenvolumina.

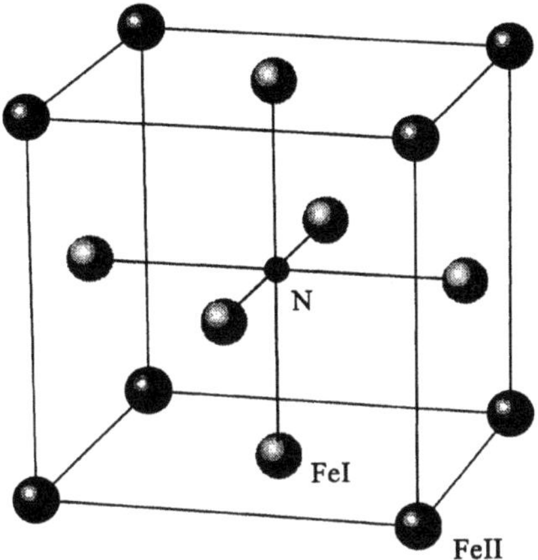

Bild 5.6. Die Struktur von γ'-Fe$_4$N.

FeII: 4 Atome FeI, 8 Atome FeII mit $d=[(\sqrt{2})/2a]=0.268\,\mathrm{nm}$
2 Stickstoffatome im Abstand $d=a/2=0.19\,\mathrm{nm}$

Diese einfachen geometrischen Betrachtungen zeigen deutlich, daß stärkere elektronische Wechselwirkungen zwischen den FeI-Atomen und dem Stickstoff bestehen und weniger starke zwischen FeII und dem Stickstoff.

Unter der vereinfachenden Annahme, daß die d-Elektronen am Eisenatom lokalisiert sind und der interstitielle Stickstoff seine drei p-Elektronen an die 3d-Schale des Eisens abgibt, kann die folgende magnetische Struktur hergeleitet werden: $3\mu_B$ für die FeI-Plätze mit drei ungepaarten Spins und $2\mu_B$ für FeII mit zwei ungepaarten Spins [8]. Das aus dieser magnetischen Struktur folgende mittlere magnetische Moment $\langle\mu\rangle=2.25\,\mu_B$ pro Fe-Atom stimmt recht gut mit dem aus der Sättigungsmagnetisierung ermittelten Moment überein. Es beträgt $8.85\,\mu_B$ pro Einheitszelle, d.h. $2.21\,\mu_B$ pro Fe-Atom und erreicht damit den Wert des α-Eisens ($2.22\,\mu_B$). Selbstkonsistente Bandstrukturuntersuchungen liefern ein tieferes Verständnis für den Magnetismus und die Bindung zwischen dem Eisen und dem Stickstoff [9-11]. Die berechneten Zustandsdichten zeigen eine deutlich unterschiedliche Charakteristik der beiden Eisenplätze. Zwischen den Elektronen der Stickstoffatome und den 3d-Elektronen der FeII-Atome besteht eine starke chemische Bindung; die FeII-Zustände sind itinerant. Dagegen besteht kaum eine Wechselwirkung der 3d-Zustände der FeI-Atome mit dem Stickstoff; die Momente an den FeI-Plätzen sind weitgehend lokalisiert.

Die magnetischen Momente im γ'-Fe$_4$N und ihre Abhängigkeit vom Raumbedarf der Atome fordern einen interessanten Vergleich mit den

Tab. 5.2. Mittlere thermische Ausdehnung von MFe$_3$N

	Fe$_{0.65}$Ni$_{0.35}$	NiFe$_3$N	Fe$_4$N	
$<\alpha>$ $(10^{-6}\,1/K)$ Temp. Bereich 4 bis 293 K	1.15	5.96	8.34	[14]

magnetischen Eigenschaften des γ-Eisens heraus [9]. LS- und HS-Zustand des γ-Eisens scheinen im γ'-Fe$_4$N simultan verwirklicht zu sein. Die FeI-Atome befinden sich in einem HS-Zustand; ihr magnetisches Moment ist gesättigt. Das ungesättigte Moment der Atome in FeI-Position entspricht einem stark volumenabhängigen LS-Zustand. Für diesen Zustand gibt es ein kritisches Volumen, bei dessen Erreichen – wie im γ-Eisen – eine sprunghafte Änderung des Momentes erfolgt. Da die Energieunterschiede zwischen den Zuständen im Bereich thermischer Energien liegen, zeigen die Nitride vom Typ γ'-Fe$_4$N Invarverhalten, wenn auch die sehr geringe thermische Ausdehnung der klassischen Fe$_{0.65}$Ni$_{0.35}$-Legierung nicht erreicht wird (s. Tab. 5.2). Die FeI-Plätze werden bevorzugt auch von anderen Übergangsmetallatomen besetzt, so daß geordnete Verbindungen MFe$_3$N (M=Fe, Ni, Pd, Pt) entstehen [12, 13].

Die bisherigen experimentellen Ergebnisse sind auf niedrige Temperaturen beschränkt und reichen nicht aus, die Größe des Magnetovolumeffektes zu bestimmen, da die Curietemperatur ($T_C = 760\,K$ für Fe$_4$N und NiFe$_3$N) um ~ 280 K höher ist als die von Fe$_{0.65}$Ni$_{0.35}$. Eine weitere invartypische Eigenschaft ist die starke Druckabhängigkeit der Curietemperatur und des magnetischen Momentes. Dabei zeigt sich, daß die FeII-Momente stark druckabhängig sind, die lokalisierteren Momente, d. h. die des Eisens, Nickels, Palladiums und Platins auf den FeI-Plätzen, dagegen nicht [15]. Das Modell der Moment-Volumen-Instabilitäten ist nicht nur für die dichtgepackte γ- und ε-Phase des Eisens und seiner Legierungen gültig, sondern beschreibt auch die physikalischen Eigenschaften dieser durch die Stickstoffatome aufgeweiteten Gitterstruktur.

5.3.2 ε-Fe$_x$N

Auch das ε-Eisen mit seinem nichtmagnetischen Grundzustand weist, dem γ-Eisen ähnlich, eine extrem starke Volumenabhängigkeit seines magnetischen Verhaltens auf und ist bei hinreichend großem Gitterabstand ferromagnetisch (Kap. 2.6).

Im hexagonal kristallisierenden, ferromagnetischen Fe$_x$N ($2 < x \leq 3$) werden die oktaedrischen Zwischengitterplätze in geordneter Weise vom Stickstoff besetzt (Bild 5.7). Entlang der c-Achse bildet sich eine Folge von Fe-N-Fe-N-Fe-... Schichten mit dem jeweiligen Abstand c/4 aus. Bei der Zusammensetzung Fe$_3$N ist 1/3 der Oktaederplätze besetzt. Die 6 nächsten Nachbarn in jeder Schicht bleiben ebenso unbesetzt wie die Lückenpositionen im Abstand c/2 direkt unter-

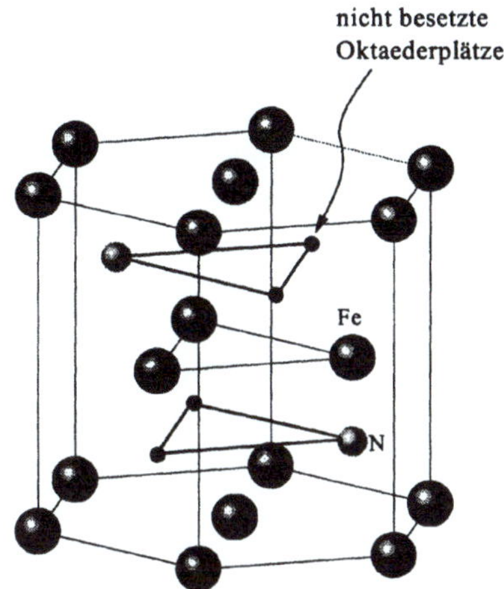

Bild 5.7. Die hexagonale Struktur von Fe_3N

halb und oberhalb eines Stickstoffatoms. Der Homogenitätsbereich der ε-Phase reicht nahezu bis zur Fe_2N-Phase. Die zusätzlichen Stickstoffatome werden nur in jeder zweiten Schicht eingelagert. Es stellt sich so eine Folge von Schichten ein, in denen im Idealfall abwechselnd 1/3 bzw. 2/3 der verfügbaren Oktaederplätze besetzt werden. Doch vor Erreichen einer solchen idealen Struktur (x = 2) wandelt die ε-Phase in die orthorhombische ζ-Fe_2N-Phase um [3].

Aus der Gitterkonstanten (a = 0.272 nm, c = 0.438 nm) folgt ein Volumen pro Einheitszelle von 56×10^{-3} nm^3 und – bezogen auf die hdp.-Zelle des ε-Eisens – ein Volumen pro Eisenatom von 14.0×10^{-3} nm^3 (s. Bild 5.5). Der Abstand zwischen den Eisen- und Stickstoffatomen ist mit 0.192 nm nur geringfügig größer als der FeII-N-Abstand im Fe_4N.

Die Bandstruktur von Fe_3N zeigt eine ähnliche Überlappung der Zustände der Stickstoffelektronen mit den 3d-Zuständen des Eisens wie für die FeII-Atome in Fe_4N mit allerdings abgeschwächter chemischer Bindung (itinerantes Verhalten) [16]. Das magnetische Moment von ~ 1.8 μ_B pro Eisenatom nimmt mit zunehmendem Stickstoffüberschuß ab. In der ζ-Fe_2N-Phase tritt keine magnetische Ordnung auf.

5.3.3 α''-Fe_8N

Unterhalb ~ 500 K scheidet sich aus übersättigten Eisen-Stickstoff-Mischkristallen das metastabile ferromagnetische α''-Nitrid Fe_8N aus. Es entstehen plattenförmige Ausscheidungen auf den {100}-Würfelebenen des Eisengitters. Es sei erwähnt, daß die Orientierung der Ausscheidungen durch ein äußeres Magnetfeld gezielt beeinflußt werden kann. Das Magnetfeld bewirkt eine Orientierungsauslese, d. h. von den drei möglichen Habitusebenen der Nitridplättchen wird diejenige bevorzugt, die senkrecht zur Richtung des äußeren

Feldes liegt mit der Folge, daß die magnetischen Eigenschaften, insbesondere die Koerzitivkraft, eine ausgeprägte Anisotropie aufweisen [17, 18].

Das α''-Nitrid entsteht auch beim Zerfall des Stickstoffmartensits. Oberhalb 500 K zerfällt der Stickstoffmartensit in Ferrit und γ'-Fe$_4$N. Unterhalb dieser Temperatur tritt das thermisch instabile α''-Fe$_8$N (mit zwei Formeleinheiten in der Elementarzelle Fe$_{16}$N$_2$) als Vorstufe auf:

$$\alpha' \rightarrow \alpha''\text{-Fe}_8\text{N} \rightarrow \gamma'\text{-Fe}_4\text{N} + \alpha .$$

Seine tetragonal raumzentrierte Struktur folgt unmittelbar aus der des α'-Martensits: die im Martensit statistisch besetzten Oktaederplätze bilden im Fe$_8$N ein geordnetes Stickstoff-Untergitter (Bild 5.8). Die Oktaeder, die von den Metallatomen im krz. Gitter gebildet werden, sind tetragonal verzerrt (s. Bild 5.1 a). Wird der Oktaederplatz aber von einem Einlagerungsatom besetzt, so entsteht – wie im α'-Martensit – durch die Verschiebung von zwei Atomen in Würfelkantenrichtung ein reguläres Oktaeder. In der geordneten Stickstoff-besetzung im Fe$_8$N treten abwechselnd reguläre und verzerrte Oktaeder auf, die zu der in Bild 5.8 dargestellten periodisch verzerrten tetragonalen Struktur mit $a=0.572$ nm, $c=0.629$ nm ($c/a=1.1$) führen. Aufgrund unterschiedlicher

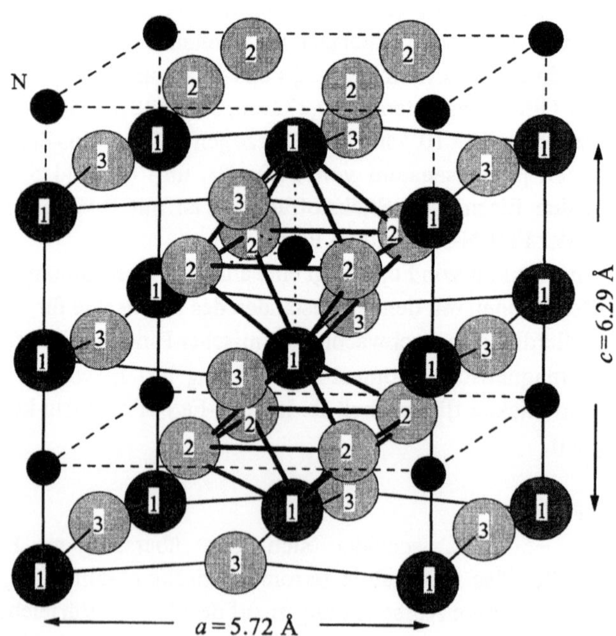

Bild 5.8. Die Struktur von α''-Fe$_{16}$N$_2$. (Aus Gründen der Deutlichkeit wurden die unterschiedlichen Fe-Plätze mit arabischen statt römischen Ziffern gekennzeichnet.)

Nachbarschaftskonfigurationen gibt es drei verschiedene Eisenplätze mit den Fe-N-Abständen:

$$FeI-N: 0.202\,nm; \quad FeII-N: 0.202\,nm; \quad FeIII-N: 0.329\,nm.$$

Das Volumen pro Eisenatom ist mit $12.86 \times 10^{-3}\,nm^3$ um 2% größer als das des Martensits mit ungeordneter Besetzung.

Das experimentell ermittelte magnetische Moment der α''-Phase – durch Tempern der martensitischen α'-Phase bei niedrigen Temperaturen ($T < 425\,K$) erzeugt – beträgt $2.3 - 2.6\,\mu_B$ [19] und ist damit etwas geringer als das magnetische Moment der α'-Phase bei der Grenzkonzentration von etwa 10 At.-% N. Überraschend hohe Momente zwischen 2.83 und $3.2\,\mu_B$ bei 293 K und bis $3.5\,\mu_B$ bei 4 K wurden an dünnen, in Stickstoffatmosphäre aufgedampften bzw. durch Sputtern hergestellten Fe_8N-Schichten gemessen [20, 21]. Diese hohen Momente dürften aber vermutlich auf besondere Herstellungsbedingungen zurückzuführen sein. Die realistischer erscheinenden geringeren Momente werden durch Bandstrukturrechnungen bestätigt. Aus ihnen folgt ein über die verschiedenen Eisenplätze gemitteltes Moment von 2.4 bis $2.5\,\mu_B$ (s. Tab. 5.3) [10, 11, 22]. Dabei tragen die Eisenatome mit dem größten Abstand vom Stickstoffatom ein deutlich höheres (lokalisiertes) Moment als die Atome mit geringerem Fe-N-Abstand. Deren kleineres magnetisches Moment beruht – wie im Fe_4N – auf einer Spinpaarung des Eisens mit einem der drei p-Elektronen des Stickstoffs.

Die Gitteraufweitung durch die geordnet eingebauten Stickstoffatome bildet die Hauptursache für den Ferromagnetismus der Nitride. Bild 5.5 gewährt einen Überblick über ihre Atomvolumina und zeigt die starke Gitterexpansion der Nitride gegenüber dem ungeordneten Zustand der festen Lösungen, deren Volumina bei höheren Konzentrationen durch die extrapolierte (gestrichelt gezeichnete) Gerade beschrieben werden kann. Die Strukturen der Nitride ε-Fe_xN und γ'-Fe_4N entsprechen hinsichtlich der Anordnung der Eisenatome denen der dichtgepackten Gitter des ε- und γ-Eisens, die im Grundzustand nichtmagnetisch bzw. antiferromagnetisch mit kleinem Moment sind, bei großen Volumen sich aber ferromagnetisch ordnen. Die verzerrte Struktur von α''-Fe_8N stellt eine Übergangsstruktur dar vom tetragonal-raumzentrierten (trz.) α' Martensit zur kfz. γ'-Fe_4N-Phase.

In Bild 5.9 und Tab. 5.3 sind die Sättigungsmomente im System Fe-N dargestellt. Im Bereich der festen Lösungen befindet sich der Austenit im LS-Zustand und erreicht an der Löslichkeitsgrenze bei ~ 10 At.-% N das kritische Volumen zum Übergang in den HS-Zustand. Das Moment des α'-Martensits steigt mit zunehmendem Stickstoffgehalt langsam bis auf ~ $2.65\,\mu_B$ an. Das stickstoffärmste Nitrid α''-Fe_8N besitzt das höchste Moment; es fällt über die Phasen γ'-Fe_4N und ε-Fe_xN an der Grenze zur ζ-Phase auf Null ab. Die experimentellen und theoretisch errechneten Ergebnisse stimmen überein und sie bestätigen einander.

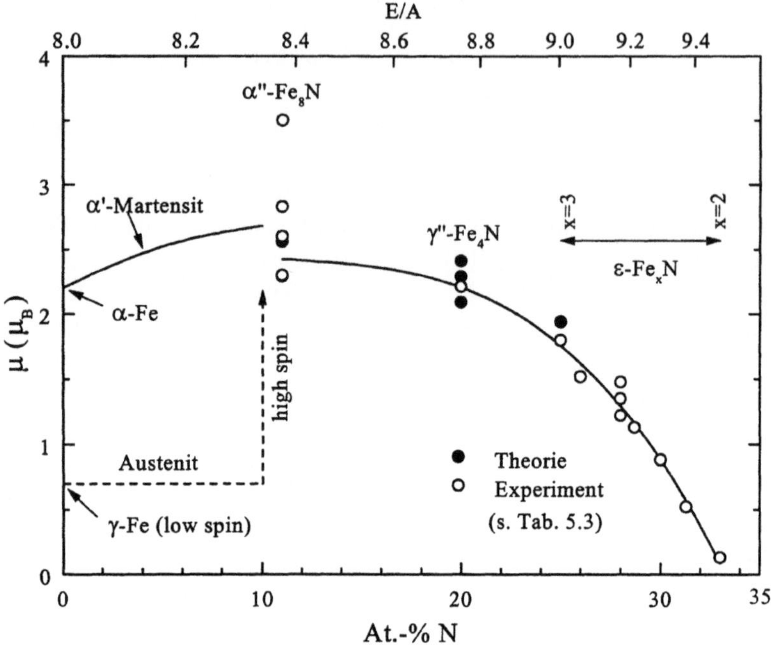

Bild 5.9. Sättigungsmomente (pro Fe-Atom) im System Fe-N. Oberer Bildrand: E / A unter der Annahme, daß der Stickstoff seine 2p-Elektronen an das Eisen ergibt.

Die Momente im System Eisen-Stickstoff zeigen ein Slater-Pauling-Verhalten mit dem Übergang vom schwachen zum starken Ferromagnetismus mit zunehmender Auffüllung der d-Schale. Die Zahl der Valenzelektronen pro Atom E/A am oberen Bildrand von Bild 5.9 wurde berechnet unter der Annahme, daß der Stickstoff seine drei 2p-Elektronen an das Eisen abgibt. Das Maximum bei E/A ≈ 8.3 entspricht dem Maximum der Slater-Pauling-Kurve (s. Bild 4.3). Das mittlere Moment ist das Ergebnis aus der Konkurrenz zwischen der Gitteraufweitung durch den Stickstoff, die das Moment erhöht, und der Abschwächung des Moments mit steigendem Stickstoffgehalt, d.h. mit Erhöhung der Valenzelektronenkonzentration.

Die Nitride beanspruchen ein mehrfaches Interesse. Sie beeinflussen als Gefügebestandteile in gezielter oder als Verunreinigungen in unerwünschter Weise die technologischen Eigenschaften von Eisenwerkstoffen in erheblichem Maße. Sie verdienen wegen ihrer teilweise sehr hohen Momente Beachtung als magnetische Pigmente mit hoher Aufzeichnungsdichte. Sie sind von allgemeinem physikalischen Interesse aufgrund der Abhängigkeit ihrer magnetischen Eigenschaften von den Bindungsverhältnissen zwischen Metall und Metalloid mit der Koexistenz itineranter und lokaler magnetischer Momente.

Phase	Gitterstruktur	Einheitszelle	Gitterkonstante bei 293 K (nm)	Volumen der Einheitszelle (10^{-3} nm³)	Volumen pro Fe-Atom (10^{-3} nm³)	Magnetische Moment (μ_B)				T_C (K)
						exper.	Ref.	Theor.	Ref.	
α''-Fe$_8$N	trz.	Fe$_{16}$N$_2$	$a=0.572$ $c=0.629$	205.6	12.86	2.83 3.5 2.3-2.6	18 19 23	2.37 2.39 2.44	10 11 22	?(>500)
γ'-Fe$_4$N	kub.	Fe$_4$N	$a=0.3797$	54.86	13.66	2.21	8	2.09 2.29 2.41	10 11 22	763
NiFe$_3$N	kub.	NiFe$_3$N	$a=0.379$	54.44	13.61	1.51	14	1.37	12	762
PtFe$_3$N	kub.	PtFe$_3$N	$a=0.3857$	57.38	14.34	1.94	8	2.06	13	642
ε-Fe$_x$N ($2<x\leq3$) x=3	hex.	Fe$_6$N$_2$	$a=0.2719$ $c=0.4381$	56	14.0	1.8	21	1.94	10	~550
2.83				56.4	14.1	1.52	21			498
2.65				56.8	14.2	1.42	21			473
2.56				57.2	14.3	1.21	21			403
2.57						1.33; 1.5	20			
2.48				57.4	14.35	1.13	21			367
2.33				58.0	14.5	0.88	21			275
2.19				58.5	14.62	0.52	21			167
2.02				59.0	14.76	0.13	21			

Tabelle 5.3. Struktur, Volumen und magnetische Momente der Eisennitride

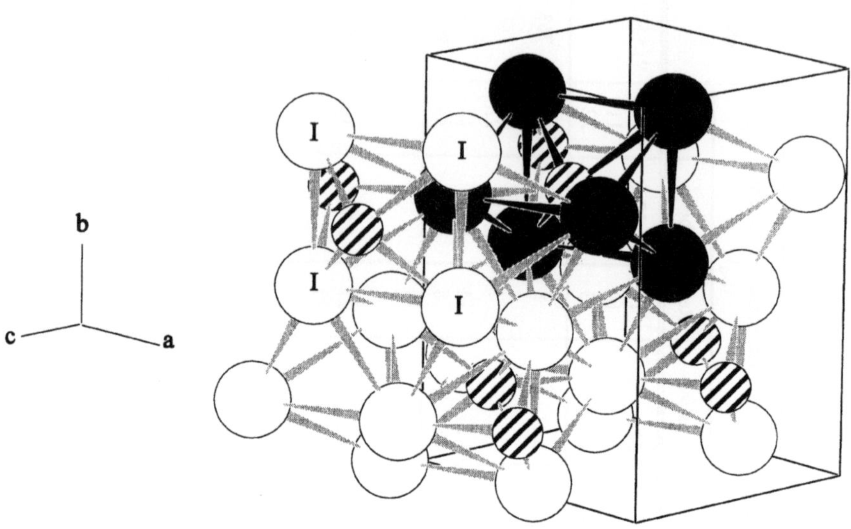

Bild 5.10. Struktur von Fe_3C. Kleine schraffierte Kreise: C-Atome. Die dunkel gekennzeichneten FeI- und FeII-Atome bilden die prismastische Umgebung eines C-Atoms.

5.4 Die Eisenkarbide

5.4.1 Zementit Fe_3C

Das einzige thermisch stabile Eisenkarbid ist der Zementit Fe_3C. Er besitzt eine orthorhombische Struktur mit den Gitterkonstanten [24,25]

$$a = 0.5089\,nm; \quad b = 0.6743\,nm; \quad c = 0.45235\,nm.$$

Aus dem Zellenvolumen mit der Formeleinheit $Fe_{12}C_4$ folgt das Volumen pro Eisenatom: $12.94 \times 10^{-3}\,nm^3$. Dieses Volumen ist um $7.5\,\%$ kleiner als das des Nitrides $\varepsilon\text{-}Fe_3N$. und auch deutlich geringer als der extrapolierte Wert für feste Lösungen (s. Bild 5.10). Die Annahme einer allein gitteraufweitenden Wirkung der interstitiellen Atome ist bei höheren Konzentrationen eine zu grobe Vereinfachung. Ursache der dichteren Struktur des Zementits ist eine andere Anordnung der Eisenatome um das Kohlenstoffatom. Während in den Nitriden der Stickstoff gründsätzlich Oktaederplätze besetzt, ist das Kohlenstoffatom im Zementit von sechs Metallatomen umgeben, die ein dreiseitiges Prisma bilden, das in Bild 5.10 besonders gekennzeichnet ist. Die Prismen sind durch gemeinsame Ecken und Kanten verbunden, so daß Schichten entstehen, die senkrecht zur c-Achse gestapelt sind. Die Anordnung der Eisenatome im Zementit kann näherungsweise durch eine hexagonal dicht gepackte Struktur beschrieben werden, in der jedoch die Schichten durch die Anpassung an den interstitiellen Kohlenstoff zickzackförmig verzerrt sind [23].

Aus dieser Struktur folgen für die Eisenatome zwei verschiedene Gitterplatztypen: 4 FeI-Atome und 2 FeII-Atome bilden das dreiseitige Prisma. Ihre mittleren Abstände zu den Kohlenstoffatomen betragen:

$$FeI-C: 0.204\,nm; \quad FeII-C: 0.197\,nm.$$

Ein Eisenatom auf dem FeI-Platz hat 11 Eisennachbarn in einem mittleren Abstand von 0.258 nm und 3 Kohlenstoffnachbarn (1 Kohlenstoffatom vervollständigt die 12er-Koordination), auf dem FeII-Platz 12 Eisennachbarn im mittleren Abstand 0.262 nm und 2 benachbarte Kohlenstoffatome. Für die Abstandsverhältnisse zwischen den Eisenatomen gelten folgende Beziehungen: FeI-FeI < FeI-FeII < FeII-FeII. Die Curietemperatur des Zementits beträgt 500 K und das magnetische Sättigungsmoment $1.9\,\mu_B$ [24].

Das Eisen kann im Zementit durch andere Übergangsmetalle teilweise substituiert werden: $(Fe_{1-x}Me_x)_3C$ mit Me = Ni, Mn, Cr. Nickel ist bis zu ~ 10 % im Zementit löslich und wirkt bei höheren Gehalten destabilisierend. Die Curie-

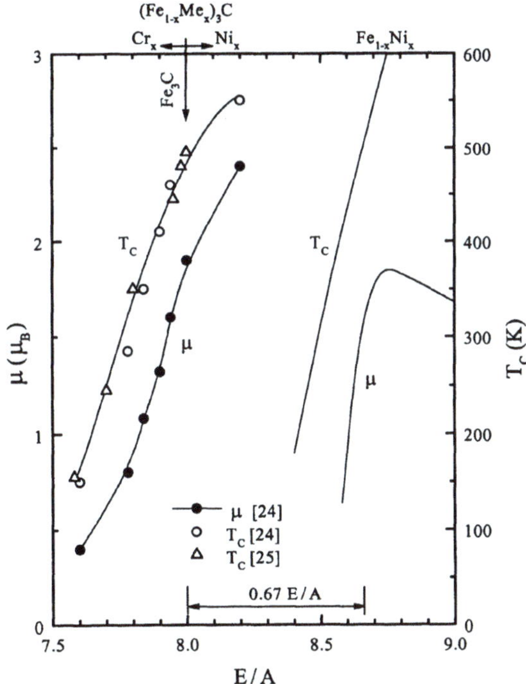

Bild 5.11. Magnetische Momente und Curietemperaturen der Systeme $(Fe_{1-x}Me_x)_3C$ und $Fe_{1-x}Ni_x$ in Abhängigkeit von E/A.

temperatur und das magnetische Moment werden durch Nickel erhöht. Ein isostrukturelles Mangankarbid Mn_3C ist nur bei hohen Temperaturen ($T>1200\,K$)
stabil. Die Löslichkeit von Mangan im Fe_3C nimmt mit fallender Temperatur ab
und beträgt bei 293 K, ebenso wie die des Chroms, ~ 20 %. Mangan und Chrom
bewirken eine drastische Erniedrigung sowohl der Curietemperatur als auch des
magnetischen Momentes. Zementit besitzt einen sehr kleinen thermischen
Ausdehnungskoeffizienten und der starke Abfall des magnetischen Momentes
nach Unterschreiten einer kritischen Valenzelektronenkonzentration durch den
Einbau von Chrom- oder Manganatomen erinnert an das Invarverhalten der
Eisen-Nickel-Legierungen (Bild 5.11). In diesen tritt der größte Invareffekt bei
einer Valenzelektronzahl pro Metallatom $E/A=8.7$ auf. Der Steilabfall der
Zementitphase erfolgt bei einem Wert geringfügig unter $E/A=8.0$, wenn lediglich
die Valenzelektronen des Eisens berücksichtigt werden (für Fe_3C: $E/A=8.0$).
Unter der Annahme, daß der Kohlenstoff als "Donator" seine beiden p-Elektronen
an das 3d-Band des Eisens abgibt, wird die Konzentrationsachse um $0.67\,E/A$
verschoben, so daß die Kurven für den Zementit und für die Eisen-Nickel-
Legierungen nahezu zur Deckung kommen.

Bild 5.12 zeigt die Abhängigkeit des Zellenvolumens von $(Fe_{1-x}Cr_x)_3C$ vom
Chromgehalt bei 293 K [26]. Bei ~ 9 % Cr tritt ein Knick auf; bei höheren
Konzentrationen ist der Zementit paramagnetisch, bei kleineren Gehalten
ferromagnetisch. Die ferromagnetische Phase besitzt aufgrund eines positiven
Magnetovolumeffektes ein deutlich größeres Volumen. Der Volumenunterschied
zwischen der paramagnetischen und ferromagnetischen Phase beträgt – auf reines
Fe_3C extrapoliert – bei 293 K etwa 0.8 %.

Zementit weist einen invartypischen Verlauf des thermischen Ausdehnungskoeffizienten auf (Bild 5.13) [27, 28]. Die an Polykristallen ohne kristallographi-

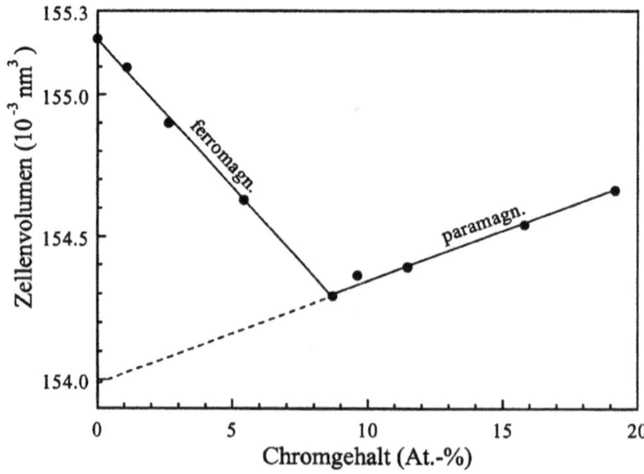

Bild 5.12. Zellenvolumen von $(Fe_{1-x}Cr_x)_3C$ in Abhängigkeit vom Chromgehalt bei 293 K [26].

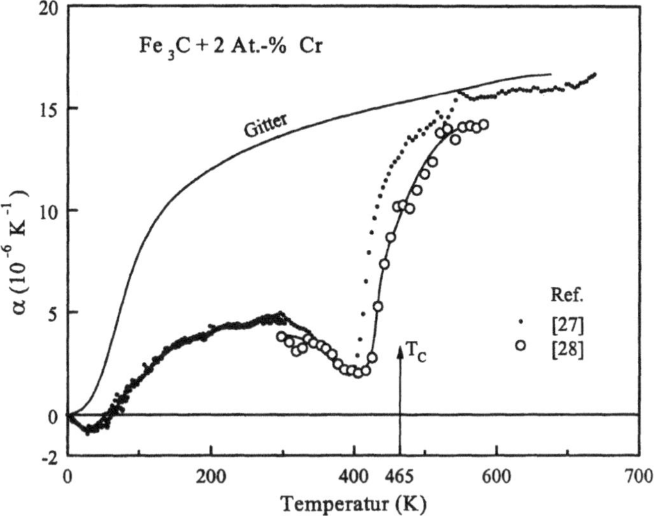

Bild 5.13. Thermische Ausdehnung von Fe$_3$C (mit 2 At.-% Cr)

sche Vorzugsrichtung gewonnenen Ergebnisse stellen eine Mittelung über die drei Kristallachsen der orthorhombischen Struktur dar. Die Ausdehnung ist aber anisotrop, wie der nachfolgenden Tabelle 5.4 zu entnehmen ist, in der die mittleren Ausdehnungskoeffizienten für die drei Kristallrichtungen im Temperaturbereich von 293 K bis zur jeweiligen Curietemperatur angegeben sind. Während die Ausdehnungskoeffizienten in Richtung der a- und b-Achse sehr klein sind und nahezu die Werte der klassischen Invarlegierungen Fe$_{65}$Ni$_{35}$ ($\alpha \approx 1 \times 10^{-6}\,1/K$) erreichen, unterscheidet sich die Ausdehnung in Richtung der c-Achse kaum von der des paramagnetischen Zustandes.

Tab. 5.4. Mittlere thermische Ausdehnungskoeffizienten von (Fe$_{1-x}$Me$_x$)$_3$C im Temperaturbereich 293 K bis T$_C$ [29]

Me	x	E/A	$\langle\alpha\rangle_a$ (10^{-6}K^{-1})	$\langle\alpha\rangle_b$ (10^{-6}K^{-1})	$\langle\alpha\rangle_c$ (10^{-6}K^{-1})
Ni	0.07	8.14	7	7	15
Ni	0.02	8.04	5	4	15
Mn	0.03	7.97	3	1	10
Cr	0.03	7.94	2	2	9
Mn	0.09	7.91	7	7	12
Cr	0.06	7.88	4	5	10

5.4.2 Instabile Eisenkarbide

Einige instabile Eisenkarbide, deren Existenzbedingungen trotz zahlreicher Untersuchungen nicht endgültig geklärt sind, treten in kohlenstoffhaltigen Eisenwerkstoffen nur unter bestimmten Herstellungsbedingungen und in bestimmten Temperaturbereichen auf [30]. Bevor sich das heterogene Gleichgewicht Ferrit+Zementit einstellt, wird beim Tempern von α'-Martensit im Bereich niedriger Temperaturen (350 – 450 K) ein ε-Karbid Fe_xC ausgeschieden mit gleicher hexagonal dichter Packung und oktaedrischer Umgebung der Kohlenstoffatome wie das ε-Nitrid Fe_xN. Der Konzentrationsbereich der relativen Stabilität dieses Karbids ist indessen noch unsicher. Bei einem Wert $x=2.4$ beträgt das Volumen pro Eisenatom $14.28 \times 10^{-3}\,nm^3$ und entspricht damit nahezu dem des ε-Fe_xN (s. Bild 5.5). ε-Fe_xC ist ferromagnetisch. Die Curietemperatur kann nur abgeschätzt werden ($T_c \approx 750\,K$) [31], da dieses Karbid unterhalb T_C in das χ-oder Hägg-Karbid Fe_5C_2 umwandelt. Dessen Struktur ist monoklin mit der Formeleinheit $Fe_{20}C_8$ für die Elementarzelle. Sie enthält drei verschiedene Eisenplätze: 8 FeI, 8 FeII, 4 FeIII und 4 C-Atome mit den folgenden Nachbarschaftskofigurationen [32]:

FeI: 12 Fe+4 C;   FeI-Fe=0.290 nm,   FeI-C=0.218, 0.218, 0.280, 0.306 nm
FeII: 11 Fe+3 C;   FeII-Fe=0.285 nm,   FeII-C=0.218, 0.219, 0.260 nm
FeIII: 12 Fe+4 C;   FeIII-Fe=0.282 nm,   FeIII-C=0.218, 0.218, 0.219, 0.219 nm

Es besteht eine große Ähnlichkeit zwischen der Struktur des χ-Karbids und des Zementits. Die Kohlenstoffatome befinden sich ebenfalls im Zentrum dreiseitiger Prismen, von denen je zwei mit entgegengerichteter Orientierung so verbundenen sind, daß sich Schichtfolgen aus Doppelprismen ausbilden [33]. Aus den Gitterkonstanten [34]:

$$a=1.156\,nm,\ b=0.4573\,nm,\ c=0.5060\,nm,\ \beta=97.74°$$

folgt das Volumen pro Eisenatom: $13.2 \times 10^{-3}\,nm^3$. Dieses Volumen liegt zwischen dem des ε-Karbids und des Zementits. Das χ-Karbid ist ferromagnetisch mit $T_C=520\,K$.

Diese beiden instabilen Karbide bilden Vorstufen zur Gleichgewichtseinstellung $\alpha+Fe_3C$ mit der Ausscheidungsfolge:

$$\alpha \xrightarrow{350\text{-}450\,K} \varepsilon\text{-}Fe_xC \xrightarrow{450\text{-}650\,K} Fe_5C_2 \xrightarrow{>600\,K} Fe_3C.$$

Die angegebenen Temperaturbereiche besitzen orientierenden Charakter, sind fließend, überschneiden sich und unterliegen manchen Einflüssen: gleichzeitig mit den Umwandlungen läuft der Zerfall des Restaustenits ab, und interstitielle Atome des Stickstoffs und vor allem des Sauerstoffs beeinflussen die relativen Stabilitäten und bereiten Schwierigkeiten bei der Phasenidentifizierung. Aus diesen Gründen sind die physikalischen Kenntnisse über diese instabilen Karbidphasen noch sehr unzureichend.

Im Konzentrationsbereich der festen Lösungen zeigen die Fe-C- und Fe-N-Legierungen gleichartiges Verhalten, sowohl hinsichtlich der Kristallstruktur als auch der Atomvolumina. Zwischen den Karbiden und Nitriden bestehen indessen erhebliche Unterschiede. Der Zementit und das χ-Karbid besitzen Kristallstrukturen, die dichter gepackt sind als die Mutterstrukturen des Eisens. Die Strukturen der Nitride und des ε-Karbids sind dagegen deutlich aufgeweitet. Den dichteren Strukturen liegt eine prismatische Anordnung, den offeneren Strukturen eine oktaedrische Anordnung der Metallatome zugrunde. Je größer die interatomaren Abstände, desto schwächer ist die chemische Bindung der Atome. In der Oktaederkonfiguration ist die Metall-Metall-Bindung schwächer als in der prismatischen Struktur, während die Metall-Metalloid-Bindungen sich umgekehrt verhalten, wie ein Vergleich der interatomaren Abstände zwischen dem Zementit und dem εKarbid belegt:

$$\begin{aligned}
&\text{Fe}_3\text{C:} \qquad &&d_{\text{Fe-C}}=0.202\,\text{nm} \\
&\text{(prismat.)} \qquad &&d_{\text{Fe-Fe}}=0.260\,\text{nm} \qquad && d_{\text{Fe-C}}/d_{\text{Fe-Fe}}=0.77 \\[2mm]
&\varepsilon\text{Fe}_{2.4}\text{C:} \qquad &&d_{\text{Fe-C}}=0.192\,\text{nm} \\
&\text{(oktaedr.)} \qquad &&d_{\text{Fe-Fe}}=0.273\,\text{nm} \qquad && d_{\text{Fe-C}}/d_{\text{Fe-Fe}}=0.70
\end{aligned}$$

Diese Unterschiede bilden auch die Ursache für die größere Stabilität der Verbindungen des Prismentyps. Sie belegen aber auch deutlich, daß die Atomvolumina der interstitiellen Verbindungen nicht nur von der Größe der interstitiellen Atome abhängig sind, sondern wesentlich von der Natur der chemischen Bindung zwischen den Atomen mitbestimmt werden.

5.5 Die Boride

Das Eisen und seine im Periodensystem benachbarten Metalle bilden mit Bor die Monoboride MeB und die Semiboride Me_2B. Diese Verbindungen sind ferromagnetisch und erreichen magnetische Momente bis zu etwa $2\,\mu_\text{B}$ und Curietemperaturen bis etwa 1000 K.

Die orthorhombische Einheitszelle der Monoboride (B27) [35] enthält vier Formeleinheiten: Me_4B_4. In dieser Struktur sind die Boratome von sechs Metallatomen umgeben, die – wie im Fe_3C – ein dreiseitiges Prisma bilden. Die Metallatome haben 10 nächste Metallatomnachbarn mit variierenden Abständen zwischen 0.26 und 0.29 nm.

Die Semiboride (vier Formeleinheiten in der Einheitszelle Fe_8B_4) kristallisieren in der tetragonal raumzentrierten Struktur (C16). Die Boratome sind von vier Metallatomen in tetraedrischer Anordnung umgeben und besetzen zwei unterschiedliche Gitterplätze mit der Folge sehr unterschiedlicher interatomarer Abstände. Die Eisenatome haben 11 nächste Eisennachbarn mit

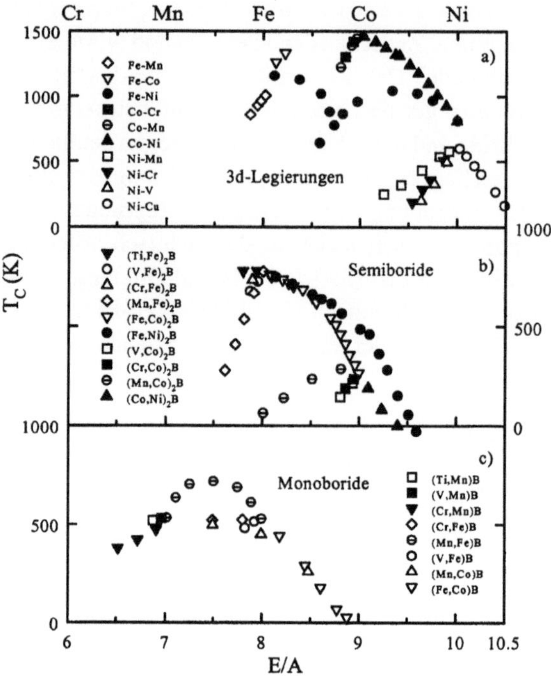

Bild 5.14. Curietemperaturen der 3d-Boride in Abhängigkeit von der Valenzlektronenzahl [37].

variierenden Abständen zwischen 0.241 und 0.272 nm: ein Atom mit dem kürzesten Abstand 0.241 nm, zwei Atome im Abstand von 0.244 nm, vier Atome im Abstand von 0.272 nm.

Das magnetische Verhalten der 3d-Boride und der entsprechenden isomorphen Mischboride ist dem der 3d-Metalle und -Legierungen sehr ähnlich. Die magnetischen Momente der Boride Me_2B und MeB zeigen eine der Slater-Pauling-Kurve analoge Abhängigkeit von der Elektronenkonzentration [36, 37]. Nach Bild 5.14 sind die Kurven für die Semi- und die Monoboride aber um zwei nahezu gleiche Stufen zu kleineren Valenzelektronenzahlen verschoben. Diese Verschiebung entspricht etwa 1.5 Elektronen pro Boratom und ist so zu deuten, daß jedes Boratom das d-Band mit 1.5 Elektronen auffüllt. Der Bandcharakter der 3d-Elektronen in den Boriden wird bekräftigt durch deren metallische Leit-fähigkeit, wenn auch zwischen den Boratomen kovalente Bindungen bestehen. Auch die Konzentrationsabhängigkeit der spezifischen Wärmen zeigt einen ähnlichen Verlauf wie die der 3d-Metalle mit einer Verschiebung in gleicher Weise wie die der magnetischen Momente [38].

Die Erklärung einer einheitlichen Verschiebung der Slater-Pauling-Kurve durch einen Transfer von Borelektronen in das 3d-Band ist nur näherungsweise gültig. Die Elektronendichten, die magnetischen Momente und die chemischen

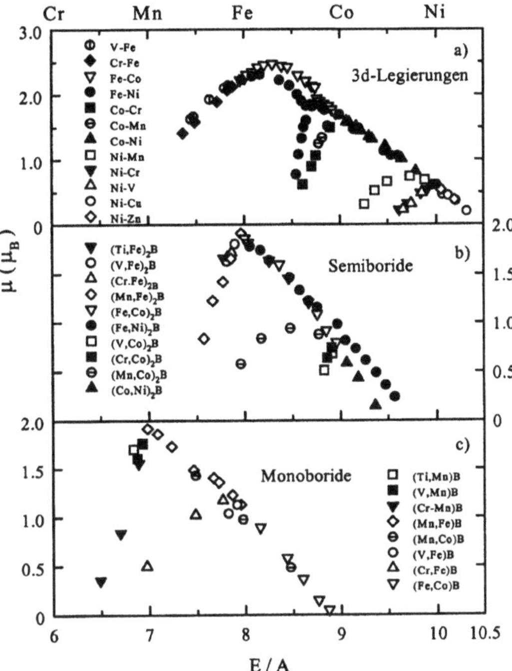

Bild 5.15. Magnetische Momente der 3d-Boride in Abhängigkeit von der Valenzelektronenzahl [37].

Bindungen sind von den interatomaren Wechselwirkungen zwischen den individuellen Metallatomplätzen abhängig. So bleibt in den Eisen-Kobalt-Mischboriden das Moment der Eisenatome nahezu konstant, und der Abfall der mittleren Momente mit steigendem Kobaltgehalt beruht auf einer starken Abahme des Kobaltmomentes [38, 39]. In der pseudobinären Reihe $(Fe_{1-x}Mn_x)_2B$ nimmt das Eisenmoment mit wachsendem x ab und erreicht den Wert Null bei x=0.63, d. h., wenn etwa 7 der 11 nächsten Nachbarplätze vom Mangan besetzt sind [40]. Auch die Curietemperaturen der Boride weisen eine ähnliche Kozentrationsabhängigkeit auf wie die der 3d-Metalle und -Legierungen (Bild 5.15) [37].

Die Atomabstände dieser Reihe werden vom Magnetismus beeinflußt. Die eisenreichen ferromagnetischen Boride besitzen in der c-Achse eine deutlich größere Gitterkonstante als die paramagnetischen manganreichen Boride, während die a-Achsen unbeeinflußt bleiben. Aus der Konzentrationsabhängigkeit der Gitterkonstanten der paramagnetischen Boride läßt sich die Gitterkonstante eines hypothetischen paramagnetischen Eisenborids Fe_2B extrapolieren [40]. Die aus den Gitterkonstanten folgenden Volumina der Einheitszelle der Semiboride sind in Bild 5.16 dargestellt. Es besteht ein deutlicher Unterschied zwischen dem Volumen des ferromagnetischen und des paramagnetischen Zustands. Für Fe_2B

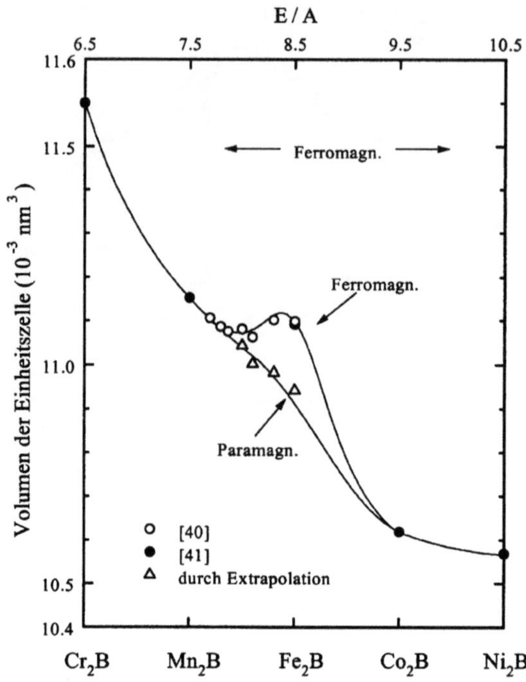

Bild 5.16. Zellenvolumen der 3d-Semiboride. Oberer Bildrand: E/A unter der Annahme, daß das Bor sein 2p-Elektron an das Eisen ergibt.

beträgt dieser Unterschied etwa 1.4 %. Dieser Magnetovolumeffekt verschwindet für $(Fe_{1-x}Mn_x)_2B$ bei $x = 0.63$ und sollte auch für die Fe-Co-Mischboride mit zunehmendem Kobaltgehalt, d. h. mit der Abnahme des magnetischen Momentes, immer geringer werden.

5.6 Wasserstoff in Eisen und Eisenlegierungen

Die Übergangsmetalle zeigen sehr unterschiedliche Wasserstofflöslichkeiten. Die Metalle der Gruppen IV und V und deren intermetallische Verbindungen bilden stabile Metallhydride mit hohen Wasserstoffkonzentrationen bis zu einem Wasserstoffatom pro Metallatom. Die Menge gelösten Wasserstoffs ist dabei so groß, daß die gleiche Menge Wasserstoff im flüssigen oder festen Zustand ein größeres Volumen einnimmt als das Metallvolumen. Wegen dieser hohen Wasserstoffspeicherfähigkeit sind diese Metallhydride von großem technischen Interesse [42, 43]. Dagegen lösen die Übergangsmetalle der Gruppen VI, VII und VIII im Gleichgewicht mit der Gasphase unter Normaldruck nur (um einige

Zehnerpotenzen) geringere Mengen. Sie bilden – mit Ausnahme des Palladiums – keine stabilen Hydride.

Die Wasserstoffaufnahme aus der Gasphase erfolgt über die Adsorption und Dissoziation des molekularen Wasserstoffs an der Metalloberfläche und der Absorption des atomaren Wasserstoffs im Metallgitter:

$$H_2 \rightarrow 2H_{ad} \rightarrow 2H_{ab}.$$

Die Wasserstoffatome dissoziieren im Metall in Protonen und Elektronen. Die Protonen besetzen Zwischengitterplätze, und die Elektronen werden von den Elektronenbändern des Metalls aufgenommen. Verglichen mit der Größe der Zwischengitterlücken sind die Protonen verschwindend klein, doch muß zur Erhaltung der Elektroneutralität des Metallgitters die positive Ladung des Protons abgeschirmt werden. Dieses geschieht durch eine Abschirmwolke aus Leitungselektronen mit einem Radius in atomaren Dimensionen.[*] Innerhalb dieses Radius ist die Abschirmung der positiven Protonenladung unvollkommen. Es treten daher abstoßende Kräfte auf zwischen den interstitiellen Protonen und den ebenfalls positiv geladenen Metallatomrümpfen der nächsten Nachbarschaft mit der Folge einer örtlichen Expansion und Verzerrung des Gitters. "Gelöstes Wasserstoffatom" meint im Sinne dieser Vorstellung immer "Proton mit einer Elektronenabschirmwolke".

Im thermodynamischen Gleichgewicht mit der Gasphase bei Normaldruck und T=293 K ist die Zahl der im α-Eisen gelösten Wasserstoffatome sehr gering: auf 10^8 Fe-Atome kommen nur 3 bis 4 H-Atome. Dieser Wert gilt für einen weitgehend ungestörten Eisenkristall, denn es bestehen starke Wechselwirkungen zwischen dem Wasserstoff und Gitterbaufehlern. Die Bindungsenergie von Wasserstoffatomen auf Zwischengitterplätzen ist um einen Faktor 15 bis 20 kleiner als die Wechselwirkungsenergie des Wasserstoffs mit Kristallbaufehlern: Versetzungen, Korngrenzen, Phasengrenzflächen u.a. [44]. Aus diesem Grund kann der Wasserstoffgehalt in einem stark gestörten, etwa kaltverformten Eisengitter um mehrere Zehnerpotenzen größer sein als in rekristallisiertem Eisen. Wasserstoff kann von den Eisenwerkstoffen bei ihrer Herstellung, bei ihrer Bearbeitung bis zum fertigen Werkstück und unter Betriebsbedingungen in wasserstoffhaltiger Atmosphäre oder in wäßrigen Elektrolyten aufgenommen werden. Er beeinträchtigt die technologischen Eigenschaften in starkem Maße und kann eine als "Wasserstoffversprödung" bezeichnete Rißbildung und Ausbreitung induzieren [45]. Bei einer Diskussion des Verhaltens von Wasserstoff in Eisen und Eisenlegierungen ist also deutlich zu unterscheiden zwischen dem von Gitterstörstellen eingefangenen und gebundenen Wasserstoff und dem auf Zwischengitterplätzen im weitgehend ungestörten Kristallgitter gelösten Wasserstoff. Nur letzterer wird im folgenden behandelt, weil nur er verantwortlich ist für die Änderungen der inhärenten Eigenschaften des

---

[*] Der Radius des H-Atoms beträgt bei kovalenter Bindung 0.053 nm.

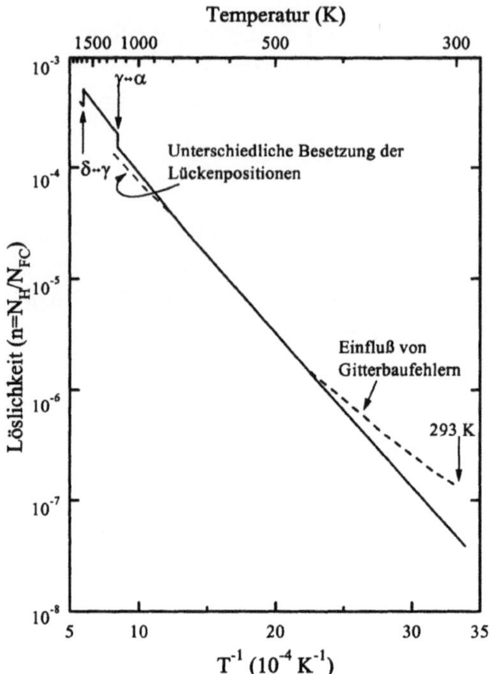

Bild 5.17. Löslichkeit von H in Fe (Atmosphärendruck). Mittelwerte aus verschiedenen Arbeiten [46].

Eisenkristalls, die dieser aufgrund der Wechselwirkungen zwischen den Eisen- und den Wassertoffatomen erfährt.

Die Temperaturabhängigkeit der Wasserstofflöslichkeit in Eisen läßt sich im Temperaturbereich $500\,K < T < 900\,K$ durch eine Arrhenius-Gerade beschreiben (Bild 5.17). In der Darstellung $\log(n)$ vs. $1/T$ ($n = N_H/N_{Fe}$: Atomzahlenverhältnis) treten bei höheren und tieferen Temperaturen Abweichungen vom linearen Verlauf auf. Für $T \leq 500$ K wird durch die zusätzliche Bindung des Wasserstoffs an Kristallbaufehler eine erhöhte Löslichkeit gefunden, so daß die echte Löslichkeit bei Raumtemperatur nur durch Extrapolation aus dem Bereich höherer Temperaturen mit hinreichender Genauigkeit ermittelt werden kann. Die positiven Abweichungen vom linearen Verlauf für $T \geq 900\,K$ sind auf eine unterschiedliche Besetzung der Lückenpositionen im Eisengitter zurückzuführen [48]. Bei tiefen Temperaturen ist der Einbau des Wasserstoffs im krz. Gitter auf Tetraederplätzen bevorzugt. Mit zunehmender Temperatur erfolgt simultan eine Besetzung der Oktaederlücken, da der Zustand mit zweifacher Besetzungs- möglichkeit entropisch stabilisiert wird. Die Löslichkeit ist in der γ-Phase um den Faktor ~ 1.5 größer, und entsprechend zeigen auch austenitische Werkstoffe eine höhere Wasserstofflöslichkeit.

Beim Einbau von Wasserstoff in den Eisenkristall muß Energie aufgewendet werden (endotherme Lösung).[*] Die Hauptursache für die geringe Löslichkeit ist aber der sehr kleine Anteil atomaren Wasserstoffs im Wasserstoffgas unter Normalbedingungen. Zur Untersuchung des Einflusses von Wasserstoff auf die physikalischen Eigenschaften des Eisens bedarf es aber höherer Gehalte. Sie können erreicht werden durch ein größeres Angebot von atomarem Wasserstoff an der Eisenoberfläche, indem das Eisen durch elektrolytisch erzeugten Wasserstoff im status nascendi kathodisch beladen wird. Durch nachfolgendes Abschrecken auf tiefe Temperaturen (T<80K) wird der Wasserstoff im Metall "eingefroren", so daß Untersuchungen bei tiefen Temperaturen möglich sind. Vor allem aber bietet die Anwendung hoher Wasserstoffdrucke die Möglichkeit umfangreicher und grundlegender Untersuchungen, und es ist erstaunlich, daß auf diese Weise die geringe Löslichkeit bei Normaldruck um mehrere Größenordnungen übertroffen wird. Nach hinreichend langer Einwirkung (mehrere Stunden bei einigen Hundert K) stellt sich das dem jeweiligen Wasserstoffdruck entsprechende Gleichgewicht ein [47-49]. Wird das Angebot an atomarem Wasserstoff verringert, strebt das System wieder dem neuen Gleichgewicht zu, indem der überschüssige Wasserstoff aus dem Kristall diffundiert. Wenn nach Druckminderung eine schnelle Abkühlung auf tiefe Temperaturen (T ≤ 90K) erfolgt, reicht aber die Verweilzeit des zwangsgelösten Wasserstoffs im Eisen aus,

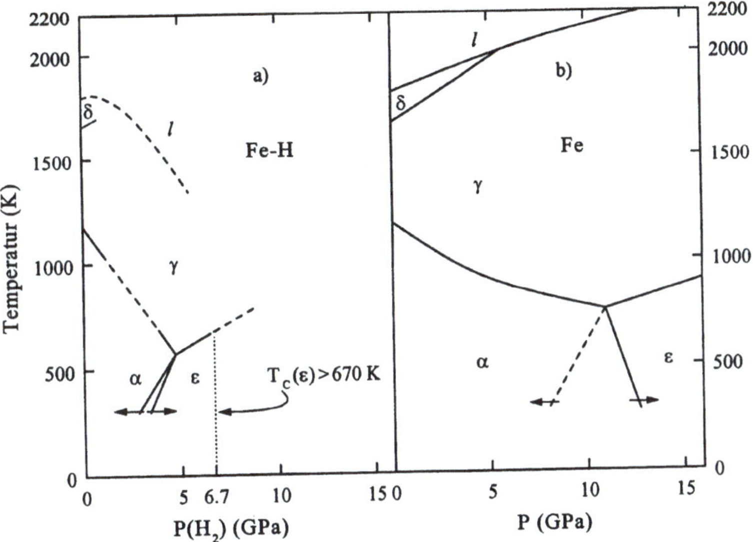

Bild 5.18. a) p_H-T-Diagramm für das System Fe-H [48, 50, 51]. b) p-T-Diagramm für Fe (s. Bild 1.1).

---

[*] Die Bildung stabiler Hydride mit den Metallen der IV. und V. Gruppe ist in der Gesamtenergiebilanz exotherm.

um aussagekräftige Experimente auch unter Normaldruck bei tiefen Temperaturen und nicht nur unter in situ-Bedingungen bei höheren Temperaturen durchführen zu können.

In Bild 5.18a ist das $p(H_2)$-T-Diagramm für das System Fe-H dargestellt. Wie ein Vergleich mit dem p-T-Diagramm des Eisens zeigt (Bild 5.18b), bewirkt der Wasserstoff eine weitere Stabilisierung der dichtgepackten γ- und ε-Phase. Der Tripelpunkt $(\alpha,\gamma,\varepsilon)$ mit den Koordinaten $p \approx 4.6\,GPa$, $T \approx 570\,K$ wird bei deutlich geringeren Drucken erreicht und ist zu tieferen Temperaturen verschoben. Die Phasengrenze $\alpha \leftrightarrow \varepsilon$ weist – wie das Eisen unter dem Druckeinfluß eines neutralen Mediums – eine Hysterese auf, da die Umwandlung nicht isobarisch abläuft, sondern martensitischer Natur ist. Die Schmelztemperatur wird durch den gelösten Wasserstoff stark erniedrigt – ein Charakteristikum interstitieller Legierungen. Im festen Zustand verursachen die eingelagerten Atome Gitterverzerrungen, und diese verhindern, daß alle verfügbaren Gitterplätze besetzt werden können. Beim Übergang vom festen in den flüssigen Zustand ändert sich die Koordinationszahl nur wenig, so daß angenommen wurden darf, daß auch die Konfiguration der Lückenplätze weitgehend erhalten bleibt. Da die flüssige Phase völlig relaxiert und die Besetzung von Lückenplätzen nicht eingeschränkt ist, sind große Löslichkeiten möglich. Nach Bild 5.18 darf vermutet werden, daß bei Drucken $P > 10\,GPa$ die ε-Fe-H Phase schon bei sehr niedrigen Temperaturen schmilzt mit der Konsequenz, daß in experimentell erreichbaren Druckbereichen flüssige Fe-H-Legierungen auftreten – oder es könnten sich Hydride mit hohen Wasserstoffgehalten bilden und mit einer Dichte des Wasserstoffs in der hydrierten Phase, die die Dichte in seiner flüssigen Phase weit übertrifft.

In der α-Phase ist die Wasserstofflöslichkeit am geringsten ($n < 0.005$), in der γ-Phase deutlich größer und am höchsten in der ε-Phase [52]. Nach mehrstündiger Auslagerung im Stabilitätsgebiet der ε-Phase bei Drucken oberhalb des Tripelpuktes und bei Temperaturen von ~ 520 K werden nach anschließendem Abschrecken auf $T \sim 80\,K$ und unter Atmosphärendruck Atomzahlenverhältnisse von 0.60 bis 0.80 erzielt. Die Bestimmung des Wasserstoffgehaltes erfolgt in der Weise, daß die Probe erwärmt und der austretende Wasserstoff volumenometrisch gemessen wird.

Die Aufweitung des Kristallgitters durch den Wasserstoff ist abhängig von der Kristallstruktur, vom Typ der besetzten Lückenplätze und von den spezifischen Wechselwirkungen zwischen den Metall- und Wasserstoffatomen. Unter den Auslagerungsbedingungen 10h bei $p(H_2) = 6.7\,GPa$, $T = 523\,K$ wird ein Atomzahlenverhältnis von $n = 0.75$ erreicht. Bei $T = 80\,K$ und Normaldruck besitzt ε-$FeH_{0.7}$ die Gitterkonstanten $a = 0.2686$ nm, $c = 0.438$ nm, $c/a = 1.6131$ [53]. Das daraus folgende Volumen der Elementarzelle, $V_Z = a^2 c \sqrt{3} = 54.73 \times 10^{-3}\,nm^3$, ist um $10.21 \times 10^{-3}\,nm^3$ (23 %) größer als das Zellenvolumen des hdp. ε-Eisens. Die "absolute" Volumenaufweitung pro Wasserstoffatom ist mit $3.6 \times 10^{-3}\,nm^3$ deutlich größer als der Wert, der für 3d-Metall-Wasserstoff-Systeme im allgemeinen gefunden wird ($2 \times 10^{-3}\,nm^3 < \Delta V < 3 \times 10^{-3}\,nm^3$) [49]. ε-$FeH_{0.7}$ ist ferromagnetisch mit einem Sättigungsmoment, das mit $2.22\,\mu_B$ ebenso groß ist wie das des α-Eisens [54]. Die Curietemperatur ist mit $T_C > 670\,K$ höher als die Temperatur der $\varepsilon \leftrightarrow \gamma$ Umwandlung.

Die sehr große Gitteraufweitung und der Ferromagnetismus der ε-Fe-H-Phase bedingen einander. Das hexagonale ε-Eisen zeigt, wie in Kap. 2.6 ausgeführt wurde, eine extreme Volumenabhängigkeit seiner magnetischen Eigenschaften. Sein Grundzustand ist nichtmagnetisch. Bei größeren Atomvolumina tritt Antiferromagnetismus auf mit stark volumenabhängigem Moment, und bei noch stärkeren Gitteraufweitungen erweist sich ein ferromagnetischer Zustand mit hohem Moment als stabil. In diese theoretisch begründete und experimentell bestätigte Volumenabhängigkeit lassen sich der Ferromagnetismus und das magnetische Moment der $FeH_{0.75}$-Phase zwangslos einordnen (Bild 2.22). Wenn auch das große Volumen dieser Phase die Hauptursache für den Ferromagnetismus ist, so bleibt aber zu berücksichtigen, daß der Wasserstoff als Donator die Valenzelektronenzahl erhöht und die Bindungsverhältnisse beeinflußt – in analoger Weise zur Wirkung des Stickstoffs und des Kohlenstoffs in den Nitriden und Karbiden.

Auch in den Nachbarelementen des Eisens – dem Mangan und dem Chrom mit den weniger dichten Grundzustandsstrukturen kub. A12 bzw. krz. A2 – ist bei Wasserstoffdrucken von einigen GPa die ε-Phase bei tieferen Temperaturen $(T < 500\,K)$ die stabilste Phase [48, 53]. Chrom besitzt einen antiferromagnetischen Grundzustand mit einer Néeltemperatur $T_N = 312\,K$, während ε-$CrH_{0.97}$ paramagnetisch ist. $MnH_{0.95}$ ist dagegen ferromagnetisch mit einer Curietemperatur von $T_C \simeq 280\,K$ und einem allerdings sehr kleinen Moment $(\mu < 0.2\,\mu_B)$ [55]. Der Stabilitätsbereich des hexagonalen Grundzustandes des Kobalts wird durch Wasserstoffabsorption erweitert, und erst bei $p(H_2) > 7\,GPa$ erfolgt ein Phasenübergang in die kfz. γ-Phase [48].

Die kfz. Struktur des Nickels und der γ-Eisenlegierungen mit Nickel und Mangan bleibt bei einer Hydrierung erhalten [48]. Diese Legierungen sind von besonderem physikalischen Interesse, da bei einer kritischen Valenzelektronenkonzentration $(8.0 < E/A < 8.4)$ ein Übergang von einem ferromagnetischen in einen antiferromagnetischen Grundzustand erfolgt und Moment-Volumen-Instabilitäten auftreten, die verantwortlich sind für den Invar- und Antiinvareffekt und den damit verbundenen charakteristischen Einflüssen auf das gesamte physikalische Verhalten (s. Kap 4.1.4). Im System Ni-H treten durch spinodale Entmischung unterhalb einer kritischen Temperatur $(620\,K < T_{kr} < 700\,K)$ zwei isomorphe kfz. Phasen γ' und γ'' mit sehr unterschiedlichen Wasserstofflöslichkeiten auf: im thermodynamischen Gleichgewicht unter Normaldruck und bei Temperaturen $T < 250\,K$ ist $n_{max}(\gamma') < 0.02$ und $n_{min}(\gamma'') \simeq 0.7$. Durch Zulegieren von etwa $40\,\%$ Eisen wird die kritische Entmischungstemperatur unter Raumtemperatur abgesenkt. Legierungen im Invarbereich $(\sim 60\,\%\ Fe)$ sind einphasig und erreichen Wasserstofflöslichkeiten von $n = 1$. Auch hydrierte Fe-Ni-Mn- und Fe-Mn-Legierungen sind strukturell einheitlich und homogen. Die Gitteraufweitung der kfz. Eisenlegierungen durch den Einbau der Wasserstoffatome ist im

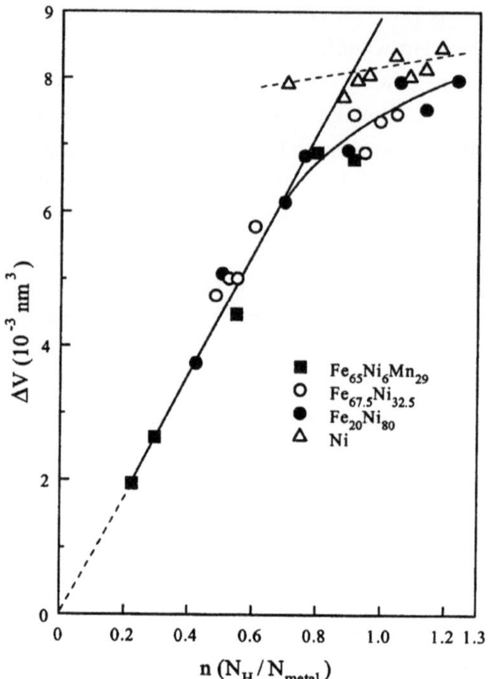

Bild 5.19. Volumenzunahme $\Delta V = V(n) - V(0)$ der Elementarzelle in Abhängigkeit vom Wasserstoffgehalt ($p=0$, $T=38\,$K).

Rahmen der Meßgenauigkeit unabhängig von der Legierungszusammensetzung [49]. Bild 5.19 zeigt die Abhängigkeit der Volumenzunahme $\Delta V = V(n) - V(0)$ vom Wasserstoffgehalt n, ermittelt bei Normaldruck und $T=38\,$K. V(n) ist das Volumen der Elementarzelle mit dem Wasserstoffgehalt n und V(0) das wasserstofffreie Zellenvolumen. Aus dem linearen Zusammenhang für $n < 0.8$ mit der Steigung $\beta = (\partial/\partial n)\,\Delta V(n) \approx 9 \times 10^{-3}\,$nm^3 folgt ein Volumen pro Wasserstoffatom, das mit $2.25 \times 10^{-3}\,$nm^3 wesentlich kleiner ist als das im ϵ-Eisen beanspruchte Volumen ($3.6 \times 10^{-3}\,$nm^3). Der Wasserstoff besetzt in den kfz. Legierungen zunächst Oktaederplätze. Da aber Wasserstoffgehalte $n > 1$ erreicht werden, im kfz. Gitter jedoch maximal 1 Oktaederplatz pro Metallatom zur Verfügung steht, müssen bei hohen Wasserstoffgehalten zusätzlich Tetraederplätze besetzt werden. Die ausgeprägte Änderung der $\Delta V(n)$-Abhängigkeit bei $n \approx 0.8$ dürfte auf die beginnende simultane Besetzung der beiden Lückentypen zurückzuführen sein.

Die Elektronen des im Metallgitter eingelagerten Wasserstoffs werden von den Elektronenbändern des Metalls aufgenommen. Die Erhöhung der Valenzelektronenzahl und die Gitteraufweitung bewirken Änderungen des magnetischen Verhaltens in einer Weise, in der sich die von der Elektronenkonzentration

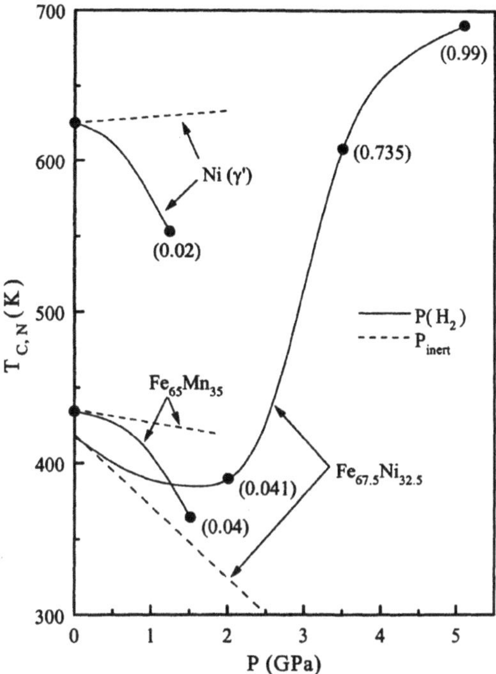

Bild 5.20. Druckabhängigkeit der Curietemperatur von Ni und $Fe_{67.5}Ni_{32.5}$ und der Néeltemperatur von $Fe_{65}Mn_{35}$ [56, 57]. Zahlenwerte in Klammern: Atomzahlverhältnis $n = N_H / N_{Fe}$.

abhängigen, charakteristisch unterschiedlichen physikalischen Eigenschaften der kfz. Legierungen widerspiegeln (s. Kap 4.1). Die Legierungen mit großer Valenzelektronenzahl $(8.8 < E/A < 10.0)$ bilden den absteigenden Ast der Slater-Pauling-Kurve und sind starke Ferromagnete. Legierungen mit $E/A < 8.8$ weichen von ihrer Position auf der Slater-Pauling-Kurve ab und zeigen eine starke wechselseitige Bedingtheit zwischen magnetischem Moment und Atomvolumen. Es treten Moment-Volumen-Instabilitäten auf, die den Invareffekt verursachen. Mit weiter abnehmender Elektronenzahl $(E/A < 8.2$ bis $8.4)$ erfolgt der Übergang von einem ferromagnetischen in einen antiferromagnetischen Grundzustand.

In Bild 5.20 ist die typisch unterschiedliche Wirkung einer Hydrierung am Beispiel der Druckabhängigkeit der Curie- bzw. Néeltemperatur für Nickel, eine Fe-Ni-Invarlegierung und eine antiferromagnetische Fe-Mn-Legierung dargestellt. Die eingeklammerten Zahlen geben den dem jeweiligen Druck entsprechenden Wasserstoffgehalt an. Während unter dem Druckeinfluß eines inerten Gases die Curietemperatur des Nickels linear ansteigt $[(dT_C/dP) = 3 K/GPa]$, wird unter Wasserstoffdruck die Curietemperatur abgesenkt. An der Löslichkeitgrenze der γ'-Phase $[n_{max}(γ') = 0.02]$ beträgt die Erniedrigung 75 K. Die γ"-Phase mit einem minimalen Wasserstoffgehalt $n_{min}(\gamma'') \approx 0.7$ ist paramagnetisch. Eine Abnahme der Curietemperatur und des magnetischen Momentes durch Hydrierung erfahren alle Fe-Ni-Legierungen mit Fe-Gehalten von weniger als 60%.

Ein umgekehrtes Verhalten zeigen die Legierungen im Invar-Bereich, für die eine sehr starke negative Druckabhängigkeit in einem inerten Gas charakteristisch ist (s...). Durch hohe Wasserstoffgehalte steigt die Curietemperatur extrem stark an und übertrifft bei $p \approx 4$ bis 5 GPa die Curietemperatur der nicht hydrierten Legierung bei gleichem Druck um einige Hundert Grad. Bei kleineren Wasserstoffdrucken fällt die Curietemperatur zunächst ab, da bei geringen Wasserstoffgehalten die invartypische negative Druckabhängigkeit überwiegt. Erst bei Gehalten $n \geq 0.04$ führt die durch den Wasserstoff verursachte Vergrößerung des Volumens und der Elektronenkonzentration zu der drastischen Erhöhung der Curietemperatur [56]. Antiferromagnetische Fe-Mn-Legierungen zeigen eine mit wachsendem Wasserstoffdruck immer stärkere Erniedrigung der Néeltemperatur. Gegenüber der nichthydrierten Legierung mit einer negativen Druckabhängigkeit (8.5 K/GPa) ist die Néeltemperatur von $Fe_{0.65}Mn_{0.35}$ bei einem Wasserstoffgehalt $n=0.04$ um etwa 50 K abgesenkt [57].

Die Konzentrationsabhängigkeit des magnetisches Momentes von Fe-Ni-Legierungen wird in Bild 5.21 durch die ausgezogene Linie wiedergegeben (s. Kap 4.4). Eine Wasserstoffaufnahme verursacht eine Erniedrigung des Momentes aller Legierungen mit Fe-Gehalten von weniger als 60% (E/A>8.8). Die Momenterniedrigung wird durch die vertikalen Pfeile angegeben. Die Kreise bezeichnen die einem Wasserstoffgehalt $n=0.8$ entsprechenden Werte [58]. Die

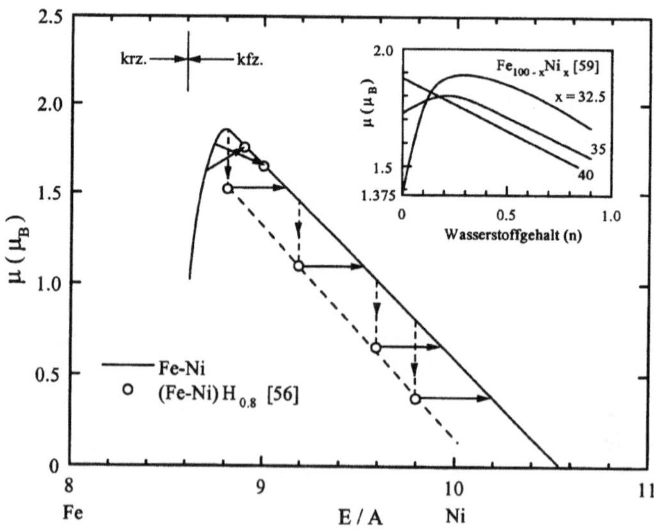

Bild 5.21. Einfluß von Wasserstoff auf das magnetische Moment von Fe-Ni-Legierungen bei T=0 K und Normaldruck. Ausgezogene Linie: Fe-Ni (s. Bild 4.17).

daraus folgende gestrichelt gezeichnete Kurve für die Reihe (Fe-Ni)$H_{0.8}$ ist gegenüber den nichthydrierten Legierungen um den durch die horizontalen Pfeile angegebenen Betrag verschoben. Aus ihm läßt sich abschätzen, daß der Wasserstoff als Donator mit etwa 0.4 Elektronen pro Proton das 3d-Band der Legierung auffüllt. Die γ''-Phase des Nickels ist paramagnetisch; in ihr sind durch die Donatorwirkung des Wasserstoffs alle Spins gepaart. Der Slater-Pauling-Kurve entsprechend fällt das magnetische Moment des Nickels von $0.6\,\mu_B$ auf Null ab. Legierungen im Invarbereich, deren Moment mit abnehmender Elektronen-konzentration sehr stark abfällt, erfahren durch eine Hydrierung eine unterschied-liche Beeinflussung. Je nach ihrer Lage auf der steil abfallenden Kurve wird das Moment – abhängig vom Wasserstoffgehalt – erhöht oder erniedrigt, wie Bild 5.21 (Inset) am Beispiel zweier Invarlegierungen zeigt. Während das Moment der Legierungen, die auf der Slater-Pauling-Kurve positioniert sind, linear mit dem Wasserstoffgehalt abnimmt (x=40 im Inset), zeichnet sich der für die Invarlegierungen typische Verlauf durch ein mehr oder weniger ausgeprägtes Maximum aus (x=35 bzw. 32.5). Wie zu erwarten, beeinflußt der Wasserstoff die thermische Ausdehnung [58]. "Hydrierte Invarlegierungen" besitzen nicht mehr die invartypisch geringe thermische Ausdehnung. Sie gleichen vielmehr Fe-Ni-Legierungen mit entsprechend höherer Valenzelektronenkonzentration.

Mit abnehmendem E/A-Verhältnis wird die kfz.-Phase im System Fe-Ni instabil; es erfolgt ein struktureller Phasenübergang in die krz. α-Phase. Substitution des Nickels durch Mangan stabilisiert die kfz. Phase. Die Reihe $Fe_{0.65}(Ni,Mn)_{0.35}$ z.B. ermöglicht Untersuchungen über den Einfluß von Wasser-stoff auf die physikalischen Eigenschaften in einem weiten Konzentrations-bereich: $7.65 < E/A < 8.7$. Die nickelreichen Legierungen besitzen einen ferroma-gnetischen Grundzustand und sind ferromagnetische Invare. Mit steigendem Mangangehalt sinken Curietemperatur und magnetisches Moment, und nach Durchlaufen eines Spinglasgebietes wird ein antiferromagnetischer Grundzustand stabil mit ansteigender Néeltemperatur (s. Kap. 4.2). Eine Hydrierung beeinflußt im gesamten Konzentrationsbereich die magnetischen Eigenschaften in gleicher Weise wie eine Erhöhung des Nickelgehaltes. Curietemperatur und magnetisches Moment werden in den ferromagnetischen Legierungen angehoben. In den antiferromagnetischen Legierungen bewirkt der Wasserstoff zunächst eine Erniedrigung der Néeltemperatur, doch kann bei hinreichend hohen Wasserstoff-gehalten erreicht werden, daß ursprünglich antiferromagnetische Legierungen ferromagnetisch werden. Für die Legierung $Fe_{0.65}Mn_{0.35}$ ($E/A=7.65$; $T_N=440\,K$) ist dafür ein Wasserstoffgehalt $n=0.94$ erforderlich. Die Wasserstoffkonzentra-tionen, die notwendig sind, um Ferromagnetismus zu bewirken, sind umso geringer, je niedriger die Néeltemperatur im wasserstofffreien Zustand, d.h. je kleiner der Abstand zum Spinglasbereich ist.

Wasserstoff beeinflußt die physikalischen Eigenschaften der 3d-Metalle und -Legierungen in starkem Maße, aber in unterschiedlicher Weise. Doch die Ergebnisse zeigen, daß alle Effekte zurückzuführen sind auf eine Auffüllung der 3d-Schale durch die Elektronen des Wasserstoffs mit einem Anteil von etwa

0.4 Elektronen pro Atom. Die Konzentrationsabhängigkeit der magnetischen Eigenschaften der Metall-Wasserstoff-Systeme kann auf der Grundlage eines einfachen Bandmodells erklärt werden. Damit sind auch Voraussagen möglich über bisher nicht ausreichend untersuchte Me-H-Systeme. So darf z. B. erwartet werden, daß in dem technisch bedeutsamen Dreistoffsystem Fe-Cr-Ni – dem Basissystem austenitischer Chrom-Nickel-Stähle – wasserstoffinduzierter Ferromagnetismus auftritt.

6. Einfluß des Magnetismus auf die physikalischen Eigenschaften der Eisenlegierungen

6.1 Magnetische Zustände und Übergänge

Strukturelle Phasendiagramme bilden die Grundlage zum Verständnis der physikalischen (und technologischen) Eigenschaften der Legierungen. Kristallographisch verschiedene Phasen mit ihren unterschiedlichen Atomanordnungen besitzen charakteristisch unterschiedliche Eigenschaften. Die Übergänge von einer Phase zur anderen sind Umwandlungen erster Art und mit sprunghaften Eigenschaftsänderungen verbunden. Im Fall magnetischer Legierungen bedürfen die Phasendiagramme wegen der wechselseitigen Bedingtheit von Struktur und Magnetismus einer Ergänzung durch die Angabe der magnetischen Ordnungszustände, und dieses geschieht durch die Darstellung der Konzentrationsabhängigkeit der magnetischen Ordnungstemperaturen: Curie-, Néel- und Spinglastemperaturen. Magnetische Phasenübergänge erstrecken sich kontinuierlich über einen weiten Temperaturbereich (Umwandlungen zweiter Art). Das physikalische Modell, das magnetischen Ordnungs-Unordnungsumwandlungen zugrunde liegt, ist am Beispiel des ferromagnetisch-paramagnetischen Phasenüberganges des α-Eisens in Kap. 2.4.2 ausführlich erörtert worden. Magnetische Ordnungen vergrößern die Bindungsenergie zwischen den Atomen und stabilisieren somit die kristallographische Struktur.

Darüber hinaus gibt es Systeme, die in zwei oder mehr sehr unterschiedlichen magnetischen Zuständen auftreten können mit der Möglichkeit magnetischer Übergänge zwischen diesen Zuständen. Solche *ohne strukturelle Änderungen* ablaufenden Übergänge – bisher weniger bekannt und daher kaum beachtet – können ebenso drastische Veränderungen der allgemeinen Eigenschaften des Systems verursachen wie kristallographische Umwandlungen. Die magnetischen Übergänge können thermisch induziert werden, wenn die Differenz der Gesamtenergie zwischen den Zuständen entsprechend gering ist. Das γ-Eisen ist –wie in Kap. 2.5.2 ausführlich beschrieben – ein solches System, da sein antiferromagnetischer Grundzustand mit kleinem Moment und kleinem Volumen mit steigender Temperatur instabil und ein Zustand mit ferromagnetischen

Korrelationen und großem Moment und Volumen thermisch angeregt wird (LS → HS-Übergang, s. Kap. 2.5). Dieses ungewöhnliche magnetische Verhalten ist von entscheidender Bedeutung für die Konstitution des Eisens und seiner Legierungen, denn es bildet *die Voraussetzung für die Existenz der γ-Phase* bei höheren Temperaturen. Ohne die Moment-Volumen-Instabilität des γ-Eisens bliebe die krz. Struktur, die durch den Ferromagnetismus des α-Eisens stabilisiert wird, bis zur Schmelztemperatur erhalten (s. Kap. 3.3).

α- und γ-Phase des Eisens besitzen unterschiedliche Löslichkeiten für substitutionelle und interstitielle Legierungselemente mit stabilisierender bzw. destabilisierender Wirkung auf die γ-Phase. Sie ermöglichen durch eine Erweiterung des Stabilitätsgebietes der γ-Phase bzw. durch dessen Einengung Legierungssysteme unterschiedlicher Struktur (ferritische bzw. austenitische Legierungen). Für deren Stabilität ist der Einfluß entscheidend, den die Legierungselemente auf den LS → HS-Übergang ausüben. Das γ-Eisen ist im HS-Zustand ein starker Ferromagnet; das Majoritätsband ist voll aufgefüllt. Durch Legieren mit Metallen geringerer Valenzelektronenzahl als Eisen wird das Majoritätsband immer weniger besetzt, der HS-Zustand kann nicht mehr erreicht werfen, so daß LS → HS-Übergänge ausgeschlossen sind. Damit ist die Voraussetzung für die Existenz der γ-Phase nicht mehr erfüllt. Die γ-Phase wird mit zunehmender Konzentration der Übergangsmetalle, die im Periodensystem links vom Eisen positioniert sind, mehr und mehr eingeschnürt. Es treten keine Umwandlungen auf: die Stabilität der α-Phase reicht bis zur Schmelztemperatur (s. Kap. 4.3). Durch Legieren mit Elementen höherer Valenzelektronenzahl, die das γ-Gebiet erweitern, wird der Energieunterschied zwischen LS- und HS-Zustand verringert (s. Bild 4.20). Eine Verringerung der Anregungsenergie bedeutet, daß der HS-Zustand bei tieferen Temperaturen angeregt und die γ-α-Phasengrenze folglich zu tieferen Temperaturen verschoben wird. Bei hinreichender Erhöhung der Valenzelektronenkonzentration erfolgt schließlich eine Umkehrung des Vorzeichens der Moment-Volumen-Instabilität: der ferromagnetische HS-Zustand wird Grundzustand der Legierung (s. Kap. 4.4). Damit finden die unterschiedlichen Wirkungen der Legierungselemente als γ-Schließer bzw. γ-Öffner eine zwanglose Erklärung.

Die strukturellen und magnetischen Phasendiagramme der Eisenlegierungen, ihre magnetischen Momente und Atomvolumina sind in den Kap. 4 und 5 detailliert beschrieben worden. In diesem Kapitel nun werden die magnetischen Zustände und Übergänge aufgrund einer Zuordnung zur Elektronenkonzentration und ihrer Verknüpfung mit dem Atomvolumen in einen Gesamtzusammenhang gestellt, um damit eine Grundlage für eine einheitliche Erklärung der physikalischen Eigenschaften der 3d-Legierungen zu schaffen.

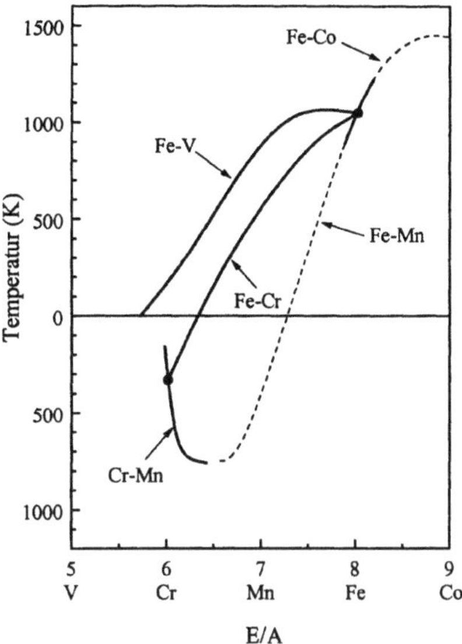

Bild 6.1. Curie- bzw. Néeltemperaturen von krz. Eisenlegierungen (ausgezogene Linien entsprechen Meßwerten, gestrichelte Linien geben den vermuteten Verlauf in nichtstabilen Temperaturbereichen wieder).

binären krz. Mischkristallen des Eisens mit seinen Nachbarn im Periodensystem gibt Bild 6.1, in dem die Curie- bzw. Néeltemperaturen – der Übersichtlichkeit wegen spiegelbildlich zur Abszisse – in Abhängigkeit von der mittleren Elektronenzahl E/A dargestellt sind. Ausgezogene Linien beschreiben experimentell ermittelte Werte, gestrichelte Linien geben den vermuteten Verlauf der magnetischen Ordnungstemperaturen für solche Mischkristallkonzentrationen an, bei denen die Curie- bzw. Néeltemperaturen in nichtstabilen Temperaturbereichen der krz. Phase liegen. Durch die Zugabe von Kobalt wird die Curietemperatur des α-Eisens erhöht. Oberhalb 15 at.% Co überschreitet T_C die $\alpha \rightarrow \gamma$-Umwandlungstemperatur, durchläuft in kobaltreichen Legierungen ein Maximum und fällt auf 1450 K ab, der Curietemperatur eines hypothetischen krz. Kobalts (s. Kap. 4.5).

In der Konzentrationsabhängigkeit der Curietemperatur eisenreicher Fe-Cr- und Fe-V-Legierungen tritt ebenfalls ein Maximum auf. Bei etwa 85 at.% Cr erfolgt ein Übergang vom Ferro- zum Antiferromagnetismus, da das Chrom sich unterhalb einer Néeltemperatur von 312 K antiferromagnetisch ordnet (s. Kap. 4.3).

Mangan senkt die Curietemperatur des α-Eisens ab. Da vermutet werden darf,

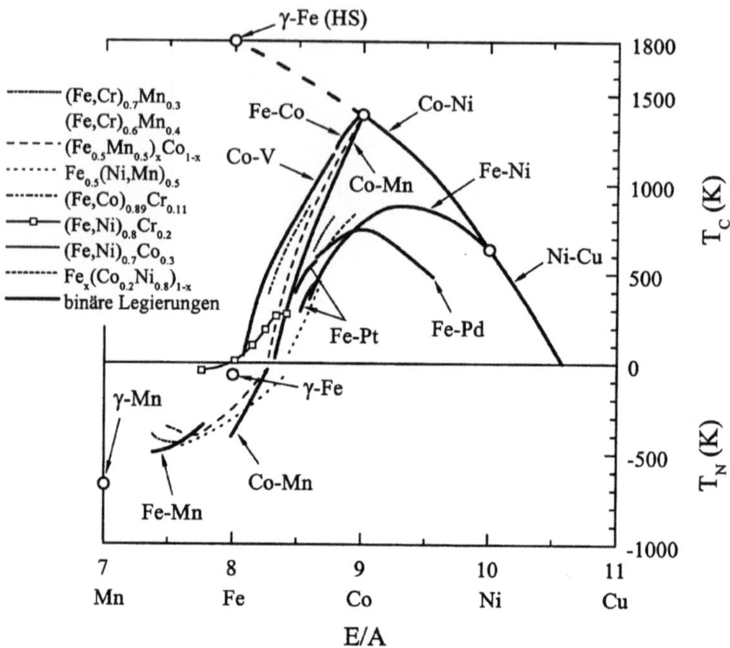

Bild 6.2.   Curie- bzw. Néeltemperaturen der kfz Übergangsmetall-Legierungen

Mangan senkt die Curietemperatur des α-Eisens ab. Da vermutet werden darf, daß das krz. δ-Mangan, das nur als Hochtemperaturphase stabil ist (s. Bild 4.2), sich antiferromagnetisch ordnet, sollte auch in der nichtstabilen krz. Fe-Mn-Mischkristallreihe ein Übergang vom Ferro- zum Antiferromagnetismus stattfinden. Auch der Anstieg der Néeltemperatur im System Fe-Mn mit zunehmendem Mangangehalt (s. Bild 4.35) liefert einen wichtigen Hinweis auf eine antiferromagnetische Ordnung des δ-Mangans.

Während die ferritischen Eisenlegierungen ein ziemlich einheitliches, dem reinen α-Eisen ähnliches, vom Ferromagnetismus geprägtes physikalisches Verhalten zeigen, weisen die austenitischen Legierungen eine Fülle von Besonderheiten auf, die in engem Zusammenhang stehen mit den vielfältigen magnetischen Phänomenen dieser Legierungen. Einen Überblick über die Systematik der magnetischen Ordnungstemperaturen zahlreicher kfz. Legierungsreihen gewährt Bild 6.2. Dabei wird wieder als Abszissenmaßstab – den molaren Anteilen der Legierungselemente entsprechend – die mittlere Valenzelektronenzahl pro Atom E/A gewählt. Binäre Legierungen sind durch ausgezogene Linien gekennzeichnet, die ternären Legierungsreihen durch die im Bild angegebenen Symbole. Das Bild zeigt eine deutliche Gruppierung in ferro- und antiferromagnetische Legierungen in Abhängigkeit von der mittleren Elektronenzahl. Der Übergang vom Antiferromagnetismus zum Ferromagnetismus erfolgt im Konzentrationsbereich $8.0 < E/A < 8.4$, in dem die in Kap. 4.7 ausführlich beschriebenen Spinglaszustände auftreten.

Vom Spinglasgebiet ausgehend, steigen die Néeltemperaturen mit abnehmender Elektronenzahl an und erreichen beim γ-Mangan ihren Höchstwert. Im ferromagnetischen Bereich steigen die Curietemperaturen mit wachsender Elektronenzahl, um nach Durchlaufen eines Maximums bei $E/A \sim 9.0$ - 9.3 mit zunehmender Auffüllung der d-Schale dem Wert Null zuzustreben. Der Verlauf erinnert an die in Bild 4.3 dargestellte Konzentrationsabhängigkeit der magnetischen Momente. Er ist eine Folge der in den kfz. 3d-Legierungen auftretenden Moment-Volumen-Instabilitäten. Der Grundzustand der antiferromagnetischen Legierungen wird – wie für das γ-Eisen in Kap. 2.5.2 beschriebenen – mit steigender Temperatur instabil, da ein ferromagnetischer HS-Zustand energetisch günstiger wird. Mit zunehmender Elektronenzahl wird der HS-Zustand stabilisiert und der LS-Zustand ungünstiger. Es findet also eine Umkehrung des Grundzustandes in Abhängigkeit von der Elektronenkonzentration statt. Dieser Wechsel wird in Bild 4.20 durch eine schematische Darstellung des Energieunterschiedes ΔE zwischen dem LS- und HS-Zustand $\Delta E = E_{LS} - E_{HS}$ aufgezeigt. Im Spinglasbereich, in dem ferro- und antiferromagnetische Kopplungen koexistieren, sind Wechsel zwischen dem LS- und HS-Zustand ohne Energieaufwand möglich. Bei kleineren und höheren Elektronenzahlen wird der Energieunterschied zwischen beiden Zuständen größer, bleibt aber in einem relativ ausgedehnten Konzentrationsbereich in der Reichweite thermischer Energien. Die Konzentrationsabhängigkeit der magnetischen Ordnungstemperaturen läßt sich somit zurückführen auf die Existenz der beiden verschiedenen Spinzustände und deren temperaturabhängige Anregung. Der Abfall von T_C für $E/A < 9$ beruht auf der zunehmenden Besetzung von LS-Zuständen, die die ferromagnetischen Kopplungen schwächen. Ohne Anregung der LS-Zustände besäßen die Legierungen dieses Konzentrationsbereiches sehr hohe, dem HS-Zustand entsprechende Curietemperaturen. Wie durch Extrapolation der Slater-PaulingKurve das HS-Moment des γ-Eisens $(2.8\,\mu_B)$ ermittelt werden kann (s. Bild 4.3), so läßt sich aus der Konzentrationsabhängigkeit der Curietemperaturen jenseits des Maximums die Curietemperatur des HS-Zustandes des γ-Eisens extrapolieren. Aus der gestrichelten Fortführung des rechten Kurvenastes folgt: $T_C^\gamma(HS) \sim 1800\,K$ [1]. Die Konzentration maximaler Curietemperaturen $(E/A \approx 9.0$ - $9.2)$ darf als Grenze angesehen werden, oberhalb derer HS-LS-Übergänge nicht mehr möglich sind. Die Differenz $\Delta E = k\,T$ (k: Boltzmannkonstante) wird so groß, daß Temperaturen unterhalb der

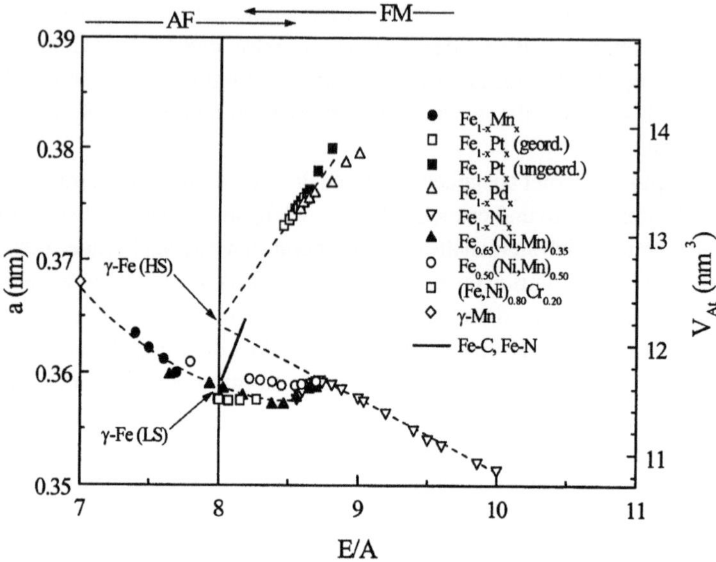

Bild 6.3. Gitterkonstante bzw. Atomvolumen der kfz. Fe-Legierungen bei T = 4.2K

Schmelztemperatur nicht ausreichen, um den LS-Zustand thermisch anzuregen. Damit ist auch die Obergrenze des Konzentrationsbereiches gegeben, in dem die durch Moment-Volumen-Instabilitäten bedingten Besonderheiten der physikalischen Eigenschaften auftreten können.

Die beiden Spinzustände besitzen charakteristisch unterschiedliche Atomvolumina: mit dem LS-Zustand ist ein kleines, mit dem HS-Zustand ein großes Atomvolumen verbunden. In Bild 6.3 sind die Gitterkonstanten bzw. Atomvolumina der kfz. Eisenlegierungen in Abhängigkeit von der Elektronenzahl pro Atom dargestellt. Aus einer Extrapolation der Gitterkonstanten der Systeme Fe-C, Fe-N und Fe-Mn folgt für den LS-Wert des γ-Eisens $a = 0.357$ nm ($V_{At} = 11.3 \times 10^{-3}$ nm^3). Aus den ferromagnetischen Legierungsreihen Fe-Ni, Fe-Pd und Fe-Pt wird der Wert $a = 0.364$ nm ($V_{At} = 12.1 \times 10^{-3}$ nm^3) für den HS-Zustand ermittelt [2]. Die an den ternären Systemen gewonnenen umfangreichen experimentellen Ergebnisse zeigen deutlich geringere Gitterkonstanten im Bereich "gemischt" magnetischer und antiferromagnetischer Zustände.

Indem man die mit den LS↔HS-Übergängen verbundenen, an zahlreichen Systemen untersuchten relativen Volumenänderungen als Funktion der Elektronenzahl aufträgt (Bild 6.4), gewinnt man einen Überblick über die

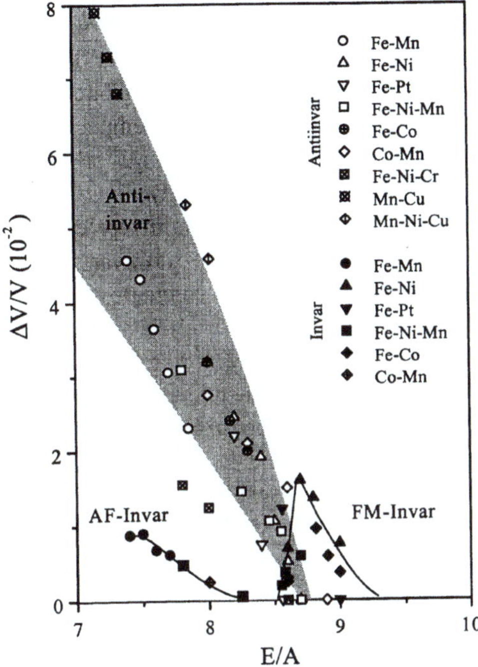

Bild 6.4. Experimentell ermittelte relative Volumenänderung $\Delta V/V$ in Invar- und Antiinvar-Legierungen als Funktion der Valenzelektronenzahl (nach [3]).

Systematik der Magnetovolumen-Effekte: ferro- und antiferromagnetischer Invar-Effekt und Antiinvar-Effekt (s. ausführliche Diskussion dieser Effekte in Kap. 4.4). Im Konzentrationsbereich $8.5 < E/A < 9.3$ tritt der ferromagnetische Invar-Effekt auf mit einer maximalen Volumenvergrößerung $\Delta V/V = 1.7\%$ bei $E/A = 8.7$. Wenn mit abnehmender Elektronenzahl der Spinglasbereich erreicht wird, verschwindet der ferromagnetische Invar-Effekt ($E/A = 8.5$), und der Antiinvar-Effekt setzt ein. Bei Elektronenzahlen unterhalb der des γ-Eisens beginnt der antiferromagnetische Invar-Effekt. Die damit verknüpfte Volumen-expansion ist im Fall der Fe-Mn-Legierungen etwa halb so groß wie der maxi-male Invar-Effekt im System Fe-Ni. In diesem Konzentrationsbereich treten sowohl Invar- als auch Antiinvar-Effekt auf (s. Bilder 4.33 und 4.34). Die durch den Antiinvar-Effekt verursachten Volumenexpansionen übertreffen die invarbedingten Gitteraufweitungen um ein Mehrfaches; sie steigen mit dem Mangangehalt stark an. Aus den Werten für Mn-Cu-Legierungen läßt sich für reines γ-Mangan ein Antiinvar-Effekt abschätzen, der mit etwa 9% dreimal so groß ist, wie im γ-Eisen. Die für den Antiinvar-Effekt erforderlichen Anregungsenergien $\Delta E = kT$ sind – wie nach Bild 4.20 aufgrund einer Extrapolation zu erwarten ist – für das γ-Mangan deutlich größer als für das γ-Eisen. Während das Maximum des Antiinvarbeitrages zur Volumenvergrößerung im Falle des Eisens und eisenreicher Legierungen bei mittleren Temperaturen (einige Hundert Kelvin) liegt (s. Bild 3.9), wird dieser Effekt mit steigendem Mn-Gehalt zu höheren Temperaturen verschoben (s. Bild 4.33).

Kfz. Eisen und kfz. Mangan sind "Antiinvarelemente"; Kobalt ist ein "Invarelement". Das Wortpaar Invar und Antiinvar ist aber mehr als eine Bezeichnungsweise für unterschiedliche Magnetovolumeneffekte. Es kennzeichnet die gemeinsame Ursache für die Vielfalt der physikalischen Besonderheiten der austenitischen Eisenlegierungen: charakteristisch verschiedenartige Spinzustände und deren unterschiedliche temperaturabhängige Besetzung.

Die wechselseitige Moment-Volumen-Abhängigkeit hat eine starke Druckabhängigkeit der Spinzustände zur Folge. Die Volumenänderung durch Druck führt zu vermehrter Besetzung des LS-Zustandes und damit zu einer ungewöhnlich starken Abnahme der magnetischen Momente und der Curie- und Néeltemperaturen in den Konzentrationsbereichen, in denen nach Bild 6.4 erhebliche, durch den Invar-Effekt verursachte, Volumenvergrößerungen auftreten [4].

6.2 Wärmekapazität

Die unterschiedlichen magnetischen Zustände – Ferro- und Antiferromagnetismus und die durch den Terminus "Moment-Volumen-Instabilität" bezeichneten temperatur- und volumenabhängigen Zustände – sind von entscheidender Bedeutung für die Konstitution des Eisens und seiner Legierungen. Experimentelle Grundlage einer thermodynamischen Berechnung der Phasenstabilitäten ist die Wärmekapazität der miteinander konkurrierenden Phasen. Aus einer Aufgliederung der Wärmekapazität in den phononischen und magnetischen Anteil folgt – wie in Kap. 3.3 ausführlich diskutiert – die wichtige Aussage, daß die krz. Struktur des Eisens im Grundzustand auf dem Ferromagnetismus des α-Eisens beruht, und daß der Antiinvar-Effekt des γ-Eisens (die thermische Anregung eines HS-Zustandes mit ferromagnetischen Korrelationen) die Voraussetzung bildet für die Existenz des γ-Eisens bei hohen Temperaturen. Die Wärmekapazität des α-Eisens kann direkt experimentell bestimmt werden; eine Aufgliederung in die Einzelanteile – den verschiedenen thermischen Anregungen entprechend – ist in Bild 3.3 dargestellt. Die Wärmekapazität des γ-Eisens kann dagegen nur indirekt aus dem Verhalten von γ-Eisenlegierungsreihen mit bis zu

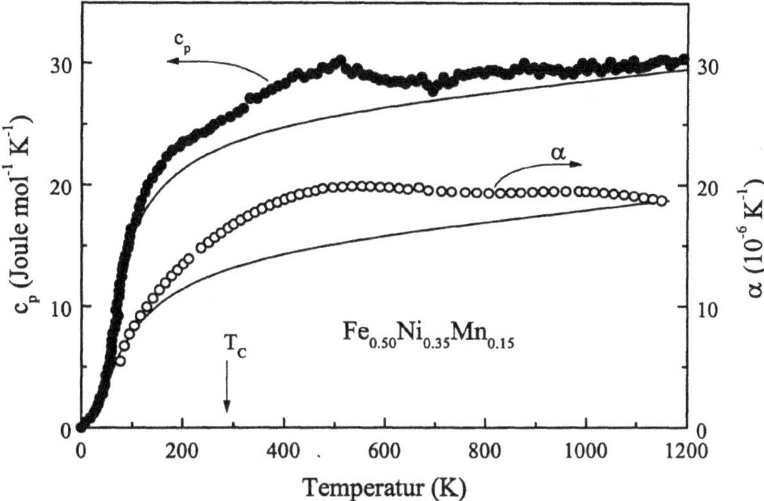

Bild 6.5. Wärmekapazität c_p und thermischer Ausdehnungskoeffizient α von $Fe_{0.50}Ni_{0.35}Mn_{0.15}$

tiefen Temperaturen stabiler kfz. Struktur erschlossen werden. Die Besonderheit des γ-Eisens – die thermische Anregung eines HS-Zustandes – äußert sich in einer Überhöhung der Wärmekapazität; sie konnte in zahlreichen Antiinvar-Eisenlegierungen der Systeme Fe-Ni-Mn und Fe-Ni-Cr nachgewiesen werden [5, 6]. Bild 6.5 zeigt am Beispiel einer $Fe_{0.50}Ni_{0.35}Mn_{0.15}$-Legierung (s. Bild 4.37) eine solche als "Schottky-Anomalie" bezeichnete Exzeßwärme. Sie ist gleich der Differenz aus den experimentellen Werten und dem durch die ausgezogene Kurve angegebenen Gitteranteil. Sie läßt sich phänomenologisch auf der Grundlage eines einfachen 2-Niveau-Modells beschreiben (Kap. 3.1.2). Die mit dem LS → HS-Übergang verbundene Volumenvergrößerung (Antiinvar-Effekt) korrespondiert mit dem Verlauf der Wärmekapazität. Aus der übereinstimmenden Lage der Maxima für den Wärme- und Ausdehnungsexzeß bei T = 500 K folgt nach Gl. 3.12 ein Energieunterschied $\Delta E = E_{HS} - E_{LS} = k\,1250\,K \approx 0.1\,eV$, ein Wert, der sich nur wenig von dem des reinen γ-Eisens unterscheidet (Bild 3.5).

Die korrekte Beschreibung des HS → LS-Überganges in Invarlegierungen stellt ein bisher ungelöstes Problem dar, da dieser Übergang in magnetisch geordneter Phase abläuft. Dadurch kommt es zu einer wechselseitigen Abhängigkeit und

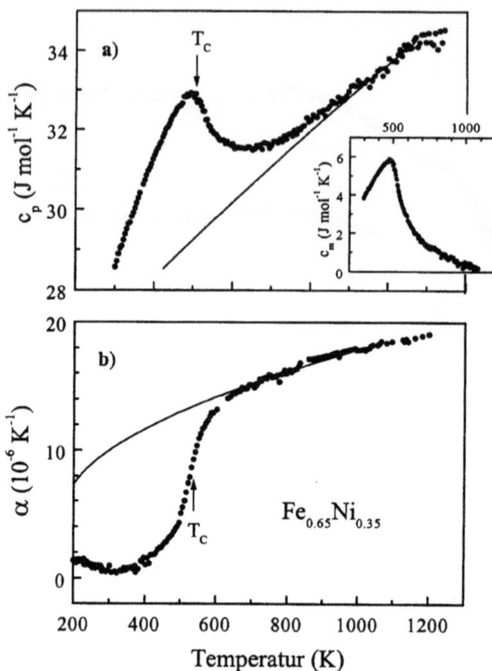

Bild 6.6. a) Wärmekapazität c_p (Inset: magnetischer Anteil c_m), b) thermischer Ausdehnungskoeffizient α (nach [9]).

Überlagerung des HS → LS-Überganges mit den besetzungsabhängigen Änderungen des magnetischen Ordnungsgrades mit der Folge, daß in der Temperaturabhängigkeit der Wärmekapazität erhebliche Abweichungen vom Verlauf einer Umwandlung 2. Art auftreten. Die bisherigen Untersuchungen an der klassischen Invarlegierung $Fe_{0.65}Ni_{0.35}$ führten zwar zu quantitativ unterschiedlichen Ergebnissen [5, 7-9], allen gemeinsam ist aber ein anomaler Verlauf der Wärmekapazität um und bei der Curietemperatur in Form einer starken Verrundung (Bild 6.6a). Der magnetische Beitrag zur Wärmekapazität ist durch Differenzbildung zwischen dem experimentellen c_p-Verlauf und einer bei hohen Temperaturen den experimentellen Werten angepaßten nichtmagnetischen Referenzkurve (ausgezogene Kurve) separierbar. Die resultierende c_{mag}-Kurve ist im Inset in Bild 6.6a dargestellt; in ihr spiegelt sich der HS → LS-Übergang wider. Besonders auffällig ist die zur Abszisse konvexe Krümmung der Kurve unterhalb T_C im Gegensatz zum konkaven Verlauf einer üblichen Phasenumwandlung 2. Art

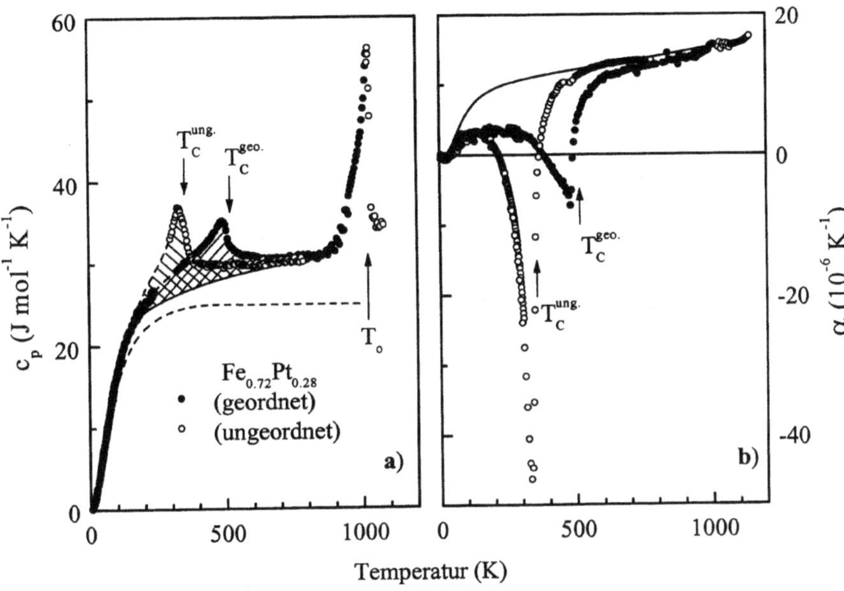

Bild 6.7. a) Wärmekapazität c_p und b) thermischer Ausdehnungskoeffizient α für geordnetes und ungeordnetes $Fe_{0.72}Pt_{0.28}$ (nach [10]).

(s. Bild 3.3). Ursache hierfür ist die Abnahme der magnetischen Momente durch Anregung des LS-Zustandes, die zu einer Entropiezunahme und damit zu einer erhöhten Wärmekapazität führt. Auch oberhalb T_C werden überhöhte magnetische Beiträge zur Wärmekapazität beobachtet, die auf die Anregung von Spinfluktuationen hinweisen. Die thermische Ausdehnung (Bild 6.6b) liefert dafür ergänzende Argumente. Aus dem steilen Kurvenverlauf von α(T) – deutlich oberhalb T_C – muß auf die Existenz starker mit den Spinfluktuationen gekoppelter Volumenfluktuationen geschlossen werden.

Gleiche invartypische Merkmale der Wärmekapazität weisen Fe-Pt-Legierungen auf, die sowohl atomar geordnet ($L1_2$-Struktur) als auch ungeordnet sein können, und deren strukturelles und magnetisches Phasendiagramm in Kap. 4.8.1 beschrieben ist. In Bild 6.7a ist die Temperaturabhängigkeit der Wärmekapazität c_p für geordnetes und ungeordnetes $Fe_{0.72}Pt_{0.28}$ mit den verrundeten Übergängen bei T_C und der Ordnungs-Unordnungs-Umwandlung mit der Umwandlungstemperatur $T_0 = 1022\,K$ dargestellt [10]. Die gestrichelte Kurve repräsentiert den Debye'schen Gitterschwingungsanteil bei konstantem Volumen und die durchgezogene Kurve die Wärmekapazität einer hypothetischen nichtmagnetischen Referenzlegierung ohne Invar-Anomalien und ohne Ordnungsumwandlung. Die magnetische Anomalie ist bei der ungeordneten Legierung gegenüber der geordneten schärfer ausgebildet. Verantwortlich dafür ist der anharmonische Beitrag $(c_p - c_v)$ zur Wärmekapazität, der aufgrund der thermischen Ausdehnung aufgebracht werden muß. Bild 6.7b zeigt die Temperaturabhängigkeit des Ausdehnungskoeffizienten α. Die durchgezogene Linie stellt eine Grüneisen-Kurve dar, die ein normal metallisches Ausdehnungsverhalten beschreibt. In einem schmalen Temperaturbereich bei T_C übertreffen die stark negativen α-Werte des ungeordneten Zustandes die des geordneten um eine Größenordnung.

Die experimentell ermittelte Wärmekapazität, ihre detaillierte Aufgliederung in ihre Einzelanteile (Debye-Anteil, Ausdehnungsbeitrag c_p-c_v, Elektronenwärme und magnetischer Beitrag) und die Konstruktion der Kurve eines entsprechenden nichtmagnetischen Referenzmaterials, dessen Eigenschaften bei hohen Temperaturen mit denen der Invar-Legierungen identisch sind, bilden die Grundlage thermodynamischer Betrachtungen zum Invar-Effekt der Fe-Pt-Legierungen mit folgenden Aussagen (s. hierzu auch Kap. 3.3) [10]:

Die magnetische Enthalpie H_{mag} – gegeben durch die schraffierten Flächen in Bild 6.7a – stellt nach dem Modell der Moment-Volumen-Instabilität den Energieaufwand dar, der notwendig ist, um die Legierungen aus ihrem HS-Grundzustand in den LS-Zustand zu überführen. Sie entspricht etwa dem Energieunterschied $\Delta E = E_{HS} - E_{LS}$ (s. Bild 4.20) und beträgt für die geordnete Legierung $\sim 2000\,\mathrm{J/mol}$ ($\sim 20\,\mathrm{meV/Atom}$), für die ungeordnete Phase $\sim 1800\,\mathrm{J/mol}$ ($\sim 18\,\mathrm{meV/Atom}$)in guter Übereinstimmung mit den aus Bandstrukturrechnungen ermittelten Werten [11].

Für die Stabilität der geordneten gegenüber der ungeordneten Phase ist mit guter Näherung allein die mit dem Ordnungs-Unordnungs-Phasenübergang verbundene Umwandlungswärme entscheidend: sie beträgt $H_0^{geo} - H_0^{ung} \approx 1600\,\mathrm{J/mol} \approx 16\,\mathrm{meV/Atom}$.

Bei der Zusammensetzung $Fe_{0.72}Pt_{0.28}$ bleibt die kfz. Struktur sowohl im geordneten als auch im ungeordneten Zustand bis $T = 0\,\mathrm{K}$ erhalten. Mit zunehmender Eisenkonzentration nimmt die Stabilität der kfz. Struktur gegenüber der krz. Struktur ab. So liegt für eine $Fe_{0.74}Pt_{0.26}$-Legierung zwar die geordnete Phase bis $T = 0\,\mathrm{K}$ in der kfz. Struktur vor, die ungeordnete wandelt jedoch bei Unterschreiten der Martensit-Starttemperatur $M_s^{ung} \approx 200\,\mathrm{K}$ in die krz. Struktur um (s. Bild 4.40). Dieser Sachverhalt und die Kenntniss des Stabilitätsunterschiedes zwischen geordneter und ungeordneter Phase $\Delta G_0^{geo-ung}$ ermöglichen eine Abschätzung der Differenz der freien Enthalpie zwischen der kfz. und der krz. Struktur $\Delta G_0^{kfz-krz}$. Es muß zwar gelten $\Delta G_0^{kfz-krz} < \Delta G_0^{geo-ung}$, doch zeigt sich, daß beide Werte sich nur unwesentlich unterscheiden. Sie sind – ebenso wie der für

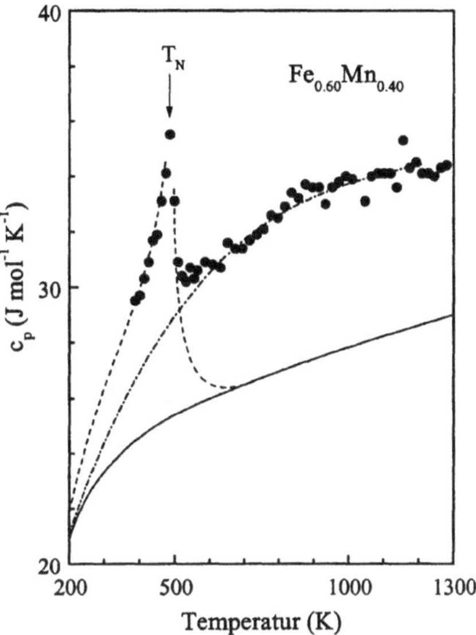

Bild 6.8. Wärmekapazität c_p von $Fe_{0.60}Mn_{0.40}$ mit antiferromagnetischem Invar-Effekt und Antiinvar-Effekt

den Invar-Effekt verantwortliche Energieunterschied zwischen dem HS- und LS-Zustand $\Delta E(HS - LS)$ – alle von gleicher Größenordnung mit etwa 1500 bis 2000 J/mol (15-20 meV/Atom). Somit ist auch aus thermodynamischer Sicht verständlich, daß ein Zusammenhang besteht zwischen dem Zusammenbruch des Ferromagnetismus im Konzentrationsbereich der Invar-Legierungen (E/A ≈ 8.6) und der kfz.-krz.-Instabilität [12, 13]. Mit zunehmendem Eisengehalt folgt dem starken Abfall der Curietemperaturen ein steiler Anstieg der Martensit-Starttemperaturen (s. Bilder 4.18, 4.40, 4.44).

In Legierungen mit antiferrromagnetischem Grundzustand treten nach Bild 6.4 sowohl ein antiferromagnetischer Invar-Effekt als auch ein Anti-invar-Effekt auf. Bild 4.34 demonstriert die Überlagerung beider Magneto-volumen-Effekte am Beispiel der thermischen Anregung einer $Fe_{0.70}Mn_{0.30}$-Legie-rung. Beide Effekte sind – wie Bild 6.8 zeigt – in der Temperaturabhängigkeit der Wärmekapazität deutlich zu beobachten: der mit der antiferromagnetischen Ordnung verbundene magnetische Anteil mit einem Maximum bei der Néel-temperatur T_N und im Bereich $T > T_N$ die Antiinvar-Exzeßwärme mit einem zur Abszisse konkaven Verlauf. Die spärlichen bisherigen Meßergebnisse reichen nicht aus, um die Einzelbeiträge zur Wärmekapazität quantitativ zu analysieren.

Die Festlegung einer verläßlichen Referenzkurve bereitet Schwierigkeiten, da der Magnetismus der Fe-Mn-Legierungen noch manches Rätsel aufgibt, und noch keine hinreichend gesicherten Aussagen über die auftretenden Spin- und Volumenzustände und deren thermische Anregbarkeit möglich sind (s. Kap. 4.6).

6.3. Elastizität

Mit zunehmender thermischer Energie durch die im vorigen Kap. 6.2 (und für reines Eisen in Kap. 3.1) beschriebenen Anregungsmechanismen nimmt die Bindungsenergie zwischen den Atomen ab. Als Maß für die Stärke der interatomaren Bindungen können die Kenngrößen angesehen werden, die das elastische Verhalten beschreiben [14].

Die Änderung des Volumens durch allseitigen Druck p genügt der Beziehung

$$\Delta V/V = -\kappa p = -p/B, \qquad (6.1)$$

wobei κ als "Kompressibilität" und sein Kehrwert $B = 1/\kappa$ als "Kompressibilitätsmodul" (bulk modulus) bezeichnet wird.

Bei einsinniger (Zug-) Beanspruchung sind die Dehnung ε als Maß für die elastische Verformung und die aus der äußeren Kraft sich ergebende Spannung σ durch das Hook'sche Gesetz verknüpft:

$$\sigma = E\varepsilon \qquad (6.2)$$

mit der als Elastizitätsmodul E bezeichneten Proportionalitätskonstante.

Bei Scherbeanspruchung gilt für die Schubspannung τ und die Scherung γ

$$\tau = G\gamma \qquad (6.3)$$

(G: Schermodul). Elastizitätsmodul und Schermodul sind durch die Beziehung

$$G = \frac{E}{2(1+\mu)} \qquad (6.4)$$

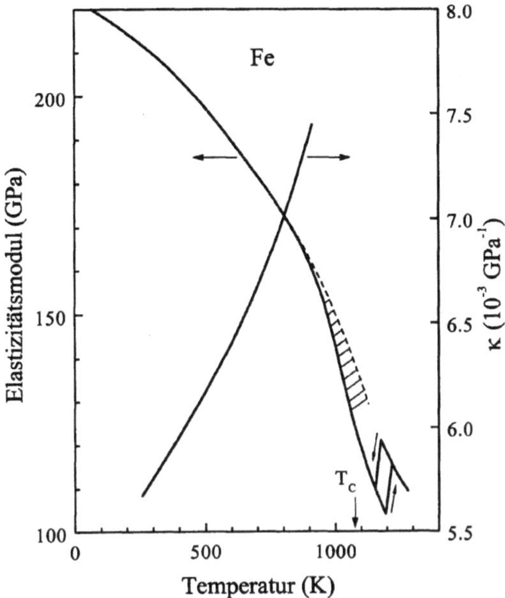

Bild 6.9. Temperaturabhängigkeit des Elastizitätsmoduls und der Kompressibilität von polykristallinem Eisen [14].

verbunden. Die hier auftretende, als Querkontraktionszahl bezeichnete Größe μ, besitzt für Eisen den Wert 0.30.

Bild 6.9 zeigt die Temperaturabhängigkeit der Kompressibilität und des Elastizitätsmoduls von polykristallinem Eisen: mit steigender Temperatur nimmt κ zu, der E-Modul fällt ab. Die $\alpha \rightarrow \gamma$-Umwandlung ist mit einer Zunahme des E-Moduls verbunden. Dagegen besitzen die Austenite bei Raumtemperatur einen um etwa 5 % geringeren Wert als die α-Phase [15]. Ursache dieses gegensätzlichen Verhaltens ist eine unterschiedliche Temperatuabhängigkeit der beiden Phasen, vornehmlich bedingt durch den Ferromagnetismus der α-Phase. Um und bei der Curietemperatur tritt eine deutliche, durch Schraffur kenntlich gemachte Absenkung des E-Moduls auf. Ursprung dieser eleastischen Anomalie ist die spontane Magnetostriktion, d. h. die durch die ferromagnetische Ordnung verursachte Volumenexpansion. Eine Vergrößerung der Atomabstände schwächt die interatomaren Bindungen und führt zu einer Abnahme des E-Moduls.

Von der spontanen Magntostriktion zu unterscheiden ist die erzwungene (makroskopische) Magnetostriktion, die die Längenänderungen beschreibt, die durch äußere Felder verursacht werden (s. Anmerkung S. 74). Auch unter

Zugspannung gehen die Magnetisierungsvektoren der magnetischen Domänen durch Wandverschiebungen und Drehprozesse in solche leichten Richtungen, daß eine zusätzliche Dehnung in Zugrichtung erfolgt. Diese Zusatzdehnung, die nur im magnetisch ungesättigten Zustand auftreten kann, ist gleichbedeutend mit einer Verminderung des E-Moduls. Ohne Unterscheidung werden beide magnetostriktiv bedingten elastischen Anomalien gewöhnlich als "ΔE-Effekt" bezeichnet, obwohl sie auf verschiedene Weise zustande kommen: der auf der erzwungenen Magnetostriktion beruhende ΔE-Effekt aufgrund einer äußeren Spannung, während der durch die spontane Magnetostriktion verursachte ΔE-Effekt in der Temperaturabhängigkeit des E-Moduls beobachtet wird.

Besonders ausgeprägte und charakteristische elastische Anomalien treten in Invar-Systemen auf [4]. Das den Volumen- und Ausdehnungsanomalien der Invare zugrunde liegende physikalische Prinzip – die Moment-Volumen-Instabilität – ist in Kap. 4.4 ausführlich erörtert worden. Der Invar-Effekt bewirkt eine teilweise oder nahezu vollständige Kompensation der normalen thermischen Gitterdehnung. Aufgrund der Volumenabhängigkeit der elastischen Eigenschaften gibt es somit unter den Invarsystemen auch Legierungen mit temperaturunabhängigem Elastizitätsmodul, die als *Elinvare* bezeichnet werden, und die als Federlegierungen (Federwaagen, Uhrenspiralfedern) von praktischer Bedeutung

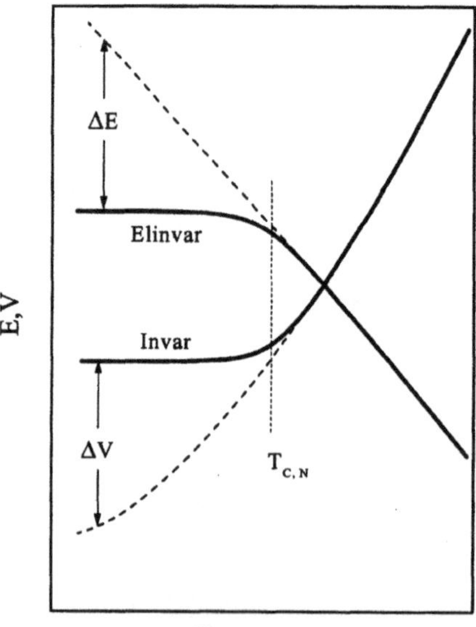

Bild 6.10. Schematische Darstellung des Invar- und Elinvar-Verhaltens. ΔV bzw. ΔE sind die magnetischen Beiträge zum Volumen bzw. E-Modul

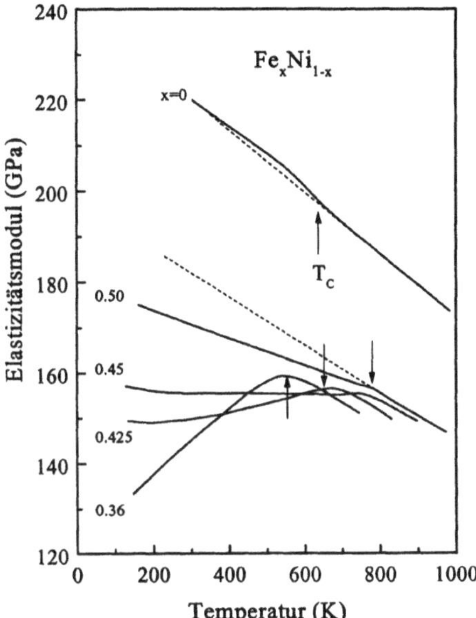

Bild 6.11. Temperaturabhängigkeit des Elastizitätsmoduls von Eisen-Nickel-Legierungen im magnetisch gesättigten Zustand [17].

sind. Die Verwandtschaft zwischen Ausdehnungs- und E-Modulanomalie kommt in der schematischen Darstellung in Bild 6.10 zum Ausdruck. Im ferro- oder antiferromagnetischen Zustand treten unterhalb T_C bzw. T_N magnetische Beiträge ΔV bzw. ΔE zum Volumen bzw. zum E-Modul auf, deren Größe ausreicht, um die normale Temperaturabhängigkeit (gestrichelt gezeichneter Verlauf) weitgehend zu kompensieren.

Eisen-Nickel-Legierungen sind prototypisch für Invar- und Elinvar-Legierungen [16, 17]. Die Temperaturabhängigkeit des E-Moduls dieses Legierungssystems ist in Bild 6.11 dargestellt. Bei etwa 45 % Ni tritt ein nahezu idealer Elinvar-Effekt auf. Mit zunehmendem Eisengehalt wird die Absenkung des E-Moduls größer, so daß bei der klassischen Invar-Legierung mit dem größten Magnetovolumen-Effekt die "normale" Temperaturabhängigkeit des E-Moduls überkompensiert wird. Mit steigendem Nickelgehalt wird der Elinvar-Effekt kleiner, da die Grenzkonzentration für das Auftreten von Moment-Volumen-Instabilitäten erreicht wird. Diese üben zwar den überwiegenden Einfluß auf das elastische Verhalten aus, doch werden durch äußere Spannungen – wie weiter oben beschrieben wurde – Zusatzdehnungen magnetostriktiven Ursprungs

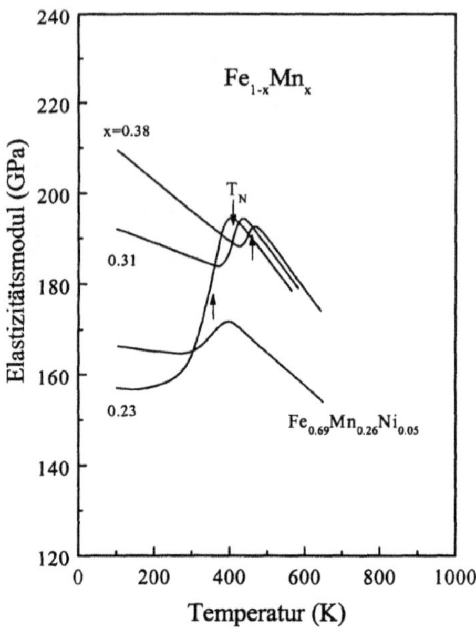

Bild 6.12. E-Modulanomalie einiger antiferromagnetischer Legierungen [17]

erzeugt. Aus diesem Grund sind die elastischen Eigenschaften ferromagnetischer Elinvar-Legierungen empfindlich abhängig von äußeren Magnetfeldern. Eine gewisse Reduzierung dieser nachteiligen Magnetfeldabhängigkeit gelingt durch den Zusatz von Drittelementen [18].

Eine physikalische Lösung, einen Magnetfeldeinfluß auszuschließen, bietet sich an durch die Verwendung antiferromagnetischer Elinvarlegierungen, da diese wegen der antiparallelen Spinkopplung kein nach außen wirksames magnetisches Moment besitzen. Bild 6.12 zeigt die E-Modulanomalie einiger antiferromagnetischer Eisenlegierungen. In den Fe-Mn- und Fe-Mn-Ni-Legierungen tritt unterhalb der Néeltemperatur T_N ein magnetischer Beitrag zum E-Modul auf, der die normale Temperaturabhängigkeit des E-Moduls kompensiert [19, 21].

Die Legierungen mit antiferromagnetischem Grunszustand sind bei hohen Temperaturen Antiinvare (s. Bild 6.4). Bisher ist aber die Frage nicht zu beantworten, ob und in welchem Ausmaß in Verbindung mit der überhöhten thermischen Ausdehnung durch den Antiinvar-Effekt ein antiinvartypischer Abfall des E-Moduls mit steigender Temperatur zu beobachten ist.

6.4 Leitungseigenschaften

Eine hohe elektrische und thermische Leitfähigkeit ist kennzeichnend für den metallischen Zustand. Sie beruht auf den in einem Metall vorhandenen "quasifreien", nicht an einzelne Atome gebundenen Elektronen, deren Bewegung unter der Einwirkung eines elektrischen Feldes einen elektrischen Stromfluß verursachen. Die Leitfähigkeit ist dabei abhängig von der Konzentration dieser Leitungselektronen und deren mittlerer freier Weglänge, die sie zurücklegen, bevor sie an einer "Störung" im Kristallverband gestreut werden. Während in einem idealen Metallkristall die Leitfähigkeit am absoluten Nullpunkt unendlich würde, führen alle Abweichungen vom streng periodischen Gitterpotential zu einer Beeinträchtigung der Elektronenbewegung und bewirken somit einen Widerstand. Für die Abnahme der Leitfähigkeit mit steigender Temperatur ist die Streuung der Elektronen durch Gitterschwingungen verantwortlich. Daneben wirken alle Kristallbaufehler, wie Leerstellen, Versetzungen, Stapelfehler, Fremdatome usw. als temperaturunabhängige Streuzentren, die zu Energieverlusten der Leitungselektronen führen. Der spezifische elektrische Widerstand ρ, dessen reziproker Wert die elektrische Leitfähigkeit σ ist ($\rho = 1/\sigma$), geht folglich bei Annäherung an den absoluten Nullpunkt nicht gegen Null, sondern hat einen endlichen Wert, den sogenannten Restwiderstand. Gemäß der Mathiessen-Regel setzt sich der Widerstand additiv aus zwei Anteilen zusammen: aus einem temperaturabhängigen, durch die Gitterschwingungen (Phononen) verursachten Anteil ρ_{Ph} und dem temperaturunabhängigen Restwiderstand ρ_0. Im Fall magnetischer Metalle tritt eine zusätzliche Streuung der Leitungselektronen an den ungepaarten Elektronen des d-Bandes auf, die die Träger der magnetischen Momente sind. Der magnetische Widerstand ρ_{mag} ist im paramagnetischen Zustand bei regelloser Verteilung der Spinrichtungen maximal [22].

In der Temperaturabhängigkeit des elektrischen Widerstandes des Eisens (Bild 6.13) kommt der Einfluß der ferromagnetischen Ordnung der α-Phase deutlich zum Ausdruck [23]. Unterhalb der Curietemperatur wird der Widerstand durch die Ausrichtung der Spins mehr und mehr abgesenkt. Die Temperaturableitung des elektrischen Widerstandes zeigt – wie der Verlauf der Wärmekapazität – das typische Merkmal einer Umwandlung 2. Art: eine ausgeprägte Spitze am Curiepunkt. Die $\alpha \leftrightarrow \gamma$-Umwandlung ist – wie das in Bild 6.13 enthaltene Teilbild zeigt – mit einer sprunghaften Änderung des elektrischen Widerstandes verbunden: die γ-Phase weist bei der Umwandlungstemperatur einen um etwa 0.5 % geringeren spezifischen elektrischen Widerstand auf.

Es darf angenommen werden, daß der Gesamtwiderstand $\rho_{ges}(T)$ gleich der Summe aus dem Gitterschwingungsanteil $\rho_{Ph}(T)$, dem magnetischen Widerstand $\rho_{mag}(T)$ und dem Restwiderstand ρ_0 ist:

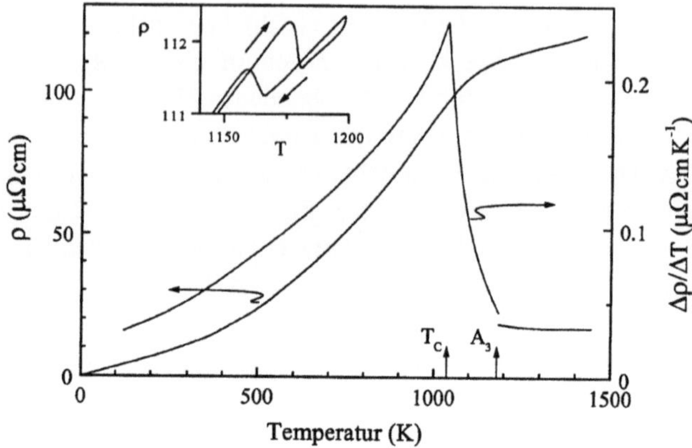

Bild 6.13. Spezifischer elektrischer Widerstand und dessen Temperaturableitung von Fe

$$\rho_{ges}(T) = \rho_{Ph}(T) + \rho_{mag}(T) + \rho_0. \tag{6.5}$$

Für $\rho_{Ph}(T)$ gilt die Grüneisen-Regel, nach der das Verhältnis von Widerstand zu absoluter Temperatur im Bereich tiefer Temperaturen $T < \theta$ (θ: Debye-Temperatur) nahezu proportional der Atomwärme ist ($\rho_{Ph}/T \propto c_v$), d.h. ρ_{Ph} steigt bei tiefen Temperaturen mit einer hohen Potenz von T an. Für höhere Temperaturen $T > \theta$ ist der elektrische Widerstand der Temperatur proportional. Es läßt sich theoretisch begründen, daß der magnetische Widerstandsanteil, der auf der Austauschwechselwirkung zwischen dem Spin der Leitungselektronen und den regellos orientierten atomaren Spins beruht, oberhalb der Curietemperatur nach Erreichen eines maximalen Wertes temperaturunabhängig wird [24]. Wegen dieser Konstanz von ρ_{mag} und der des Restwiderstandes ρ_0 kann aus der Neigung $d\rho_{ges}/dT$ bei hohen Temperaturen die Steigung des linearen Verlaufs von ρ_{Ph} bestimmt werden. Die Temperaturabhängigkeit von ρ_{mag} erhält man dann aus der Differenz $\rho_{mag}(T) = \rho_{ges}(T) - (\rho_{Ph} + \rho_0)$. Die auf diese Weise ermittelte Aufteilung des elektrischen Widerstandes von α-Eisen in die beschriebenen Einzelanteile führt zu dem in Bild 6.14 dargestellten Ergebnis [25]. Der bei hohen Temperaturen konstante magnetische Widerstand übertrifft mit $80\,\mu\Omega\,cm$ deutlich den durch Gitterschwingungen verursachten Beitrag. Dagegen ist der Restwiderstand des reinen Eisens mit $\rho_0 < 0.1\,\mu\Omega\,cm$ vernachlässigbar gering. Er

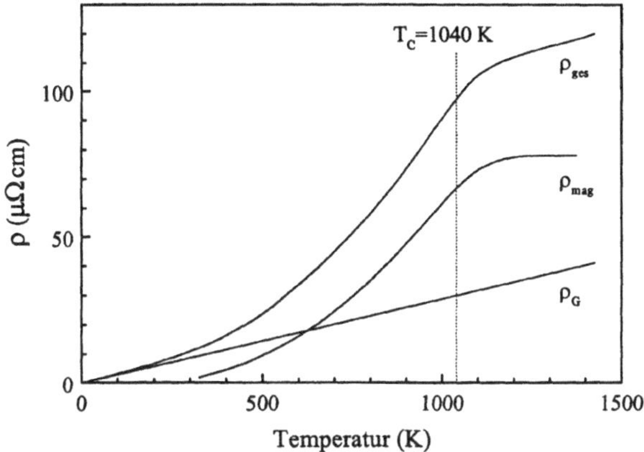

Bild 6.14 Beiträge zum Widerstand des α-Eisens nach [25]

entspricht dem Widerstand im Tieftemperaturbereich, in dem magnetischer und Gitterwiderstand sich dem Wert Null annähern. Der magnetische Widerstand, der auch in antiferromagnetischen Systemen auftritt [26], ist momentabhängig, wie ein Vergleich der Werte für Fe, Co und Ni zeigt: je höher das Moment, desto größer ρ_{mag} [25].

Die Temperaturabhängigkeit des Widerstandes eisenreicher α-Eisenlegierungen ist der des reinen α-Eisens ähnlich. Über den widerstandserhöhenden Einfluß der Legierungselemente unterrichten die umfangreichen Angaben in [6].

Mit der großen elektrischen Leitfähigkeit der Metalle ist eine hohe Wärmeleitfähigkeit verbunden: Elektrizität und Wärme, beide werden durch die Elektronen im Metall transportiert. Da elektrische Isolatoren zwar schlechte Wärmeleiter, aber niemals Wärmeisolatoren sind, muß es einen weiteren Mechanismus geben, Wärme durch das Metall zu transportieren. Dieser Vorgang beruht auf den miteinander wechselwirkenden (anharmonischen) thermischen Schwingungen der Metallatome.

Unter der Annahme, daß beide Transportmechanismen in erster Näherung unabhängig voneinander sind, läßt sich die Gesamtwärmeleitfähigkeit λ als Summe der beiden Anteile, der elektronischen λ_{el} und der Gitterleitfähigkeit λ_G darstellen:

$$\lambda = \lambda_{el} + \lambda_G. \tag{6.6}$$

Bei höheren Temperaturen $(T > \Theta)$ ist λ_G vernachlässigbar gering gegenüber λ_{el}. Für die Verknüpfung von elektrischer und thermischer Leitung gilt das Wiedemann-Franz-Lorenz'sche Gesetz, nach dem das Verhältnis von elektronischer Wärmeleitfähigkeit λ_{el} und elektrischer Leitfähigkeit σ sich proportional zur Temperatur ändert:

$$\lambda_{el}/\sigma = LT. \tag{6.7}$$

Die Lorenz-Konstante L beträgt für reines Eisen oberhalb Raumtemperatur $3.03 \times 10^{-8} V^2 K^{-1}$ [28]. Diesem Zusammenhang kommt deshalb eine praktische Bedeutung zu, weil besonders bei hohen Temperaturen die experimentelle Bestimmung der Wärmeleitfähigkeit schwierig und mit großen Fehlern behaftet ist, so daß sich eine rechnerische Ermittlung aus der elektrischen Leitfähigkeit anbietet. Bei tiefen Temperaturen $(T < \Theta)$ ist das Wiedemann-Franz-Lorenz'sche Gesetz nicht mehr gültig; die Lorenz-Konstante selbst wird temperaturabhängig. Der Anteil der durch Gitterschwingungen transportierten Wärme wird mit abnehmender Temperatur immer bedeutsamer. Aus dem verwickelten Zusammenwirken der beiden Transportmechanismen und den Einzelbeiträgen zum Wärmewiderstand resultiert die in Bild 6.15 dargestellte Temperaturabhängigkeit der Wärmeleitfähigkeit des Eisens. In ihr spiegelt sich, wie bei der elektrischen Leitung, der Einfluß des Ferromagnetismus wider. Mit abnehmendem magnetischen Ordnungsgrad wächst der Wärmewiderstand. Bei tiefen Temperaturen tritt – wie das Teilbild in Bild 6.15 zeigt – ein Maximum der Wärmeleitfähigkeit auf, dessen Zustandekommen einer eingehenden Erörterung der einzelnen Streueinflüsse bedarf [23]. Das Maximum ist um so höher, je reiner der Kristall, d.h. je kleiner der Restwiderstand ist. Alle Kristallbaufehler und ebenso Legierungsatome hemmen den Wärmefluß und vergrößern den Wärmewiderstand [27].

Da Zustandsänderungen fester Phasen mit Änderungen des elektrischen Widerstandes verbunden sind, bilden Widerstandsmessungen eine häufig mit Erfolg benutzte Methode, um Aussagen über die Art und Weise und den Ablauf von strukturellen und magnetischen Zustandsänderungen in Metallen und Legierungen zu gewinnen. So liefern Widerstandsmessungen ergänzende und nützliche Informationen über die Moment-Volumen-Instabilitäten in den ferro- und antiferromagnetischen Legierungen des γ-Eisens. Die thermische Anregung eines vom Grundzustand abweichenden höherenergetischen elektronischen Zustandes führt zu einer durch Moment- und Volumenfluktuationen verursachten zusätzlichen Streuung der Leitungselektronen, d.h. zu einem Zusatzwiderstand. Dieser korrespondiert mit den Anomalien, die in der Temperaturabhängigkeit der

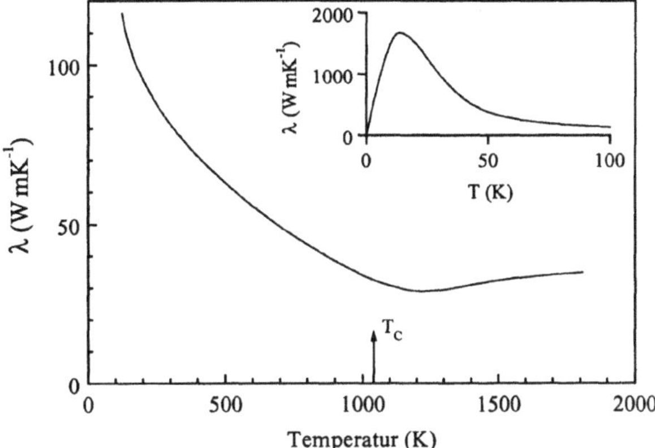

Bild 6.15. Wärmeleitfähigkeit des Eisens in Abhängigkeit von der Temperatur

Wärmekapazität (Schottky-Anomalien) und in der thermischen Ausdehnung (Invar- und Antiinvar-Effekt) auftreten [29].

Ein dem γ-Eisen ähnliches Verhalten zeigen Fe-Mn-Ni-Legierungen, deren kfz. Struktur bis zu tiefen Temperaturen stabil ist (s. Bild 4.36 und 4.37). Sie besitzen – wie das γ-Eisen – einen antiferromagnetischen Grundzustand, der mit steigender Temperatur instabil wird und in einen HS-Zustand mit ferro-magnetischen Korrelationen übergeht. Bild 6.16 gibt das Widerstandsverhalten einer solchen Legierung ($Fe_{0.5}Ni_{0.27}Mn_{0.23}$ mit $T_N = 160\,K$) wieder. Abweichend von der üblichen linearen Temperaturabhängigkeit in Übergangsmetallen und -legierungen bei hohen Temperaturen weist diese Legierung im gesamten paramagnetischen Temperaturbereich einen nichtlinearen Verlauf auf. Dessen Charakteristik tritt in der Temperaturableitung des Widerstandes – angenähert durch den Differenzenquotienten $\Delta\rho/\Delta T$ der Meßwerte – deutlich hervor. Der durch ein Maximum geprägte Verlauf ist dem des Antiinvar-Effektes und der Schottky-Anomalie sehr ähnlich (s. Bild 6.5). Entsprechend der Beschreibung dieser Anomalien durch ein einfaches 2-Niveau-Modell gilt für den durch den LS-HS-Übergang verursachten Zusatzwiderstand

$$\rho_{Ex} = \rho_c\, y\,(1-y), \qquad (6.8)$$

(ρ_c: Kalibrierungsfaktor), y bzw. 1−y geben den Bruchteil der Besetzung des

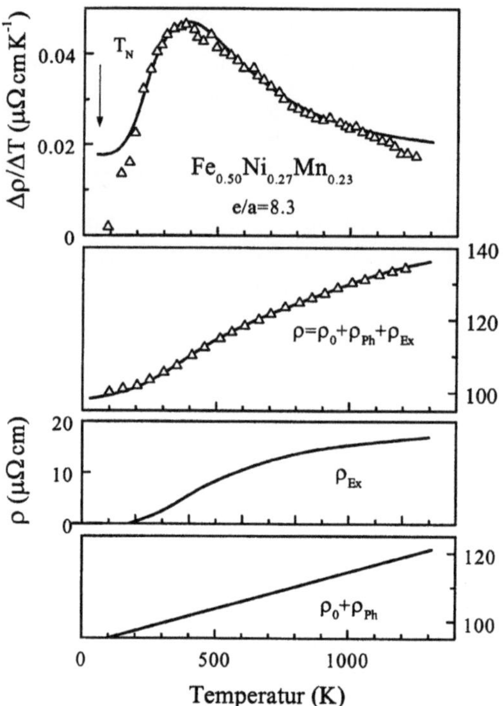

Bild 6.16 Elektrischer Widerstand von $Fe_{0.50}Ni_{0.27}Mn_{0.23}$ (E/A = 8.3)

angeregten bzw. des Grundzustandes an. Sie entsprechen formal den atomaren Konzentrationen bei der Berechnung des Zusatzwiderstandes in einem regellosen binären Mischkristall.

Der Gesamtwiderstand ρ der Legierung setzt sich aus Phononenanteil ρ_{Ph}, Restwiderstand ρ_0 und Zusatzwiderstand ρ_{Ex} zusammen (s. Bild 6.16). Der Phononenantel ρ_{Ph} läßt sich durch eine Gerade mit der Steigung $1.75\times10^{-2}\,\mu\Omega\,cm\,K^{-1}$ und einem Achsenabschnitt $\rho_0=97\,\mu\Omega\,cm$ beschreiben. Beide Werte sind dem Verlauf der Meßkurven zu entnehmen: ρ_0 folgt aus einer Extrapolation des Widerstandes bis T=0, und zur Bestimmung des Steigungsmaßes wird der Verlauf von $\Delta\rho/\Delta T$ zu hohen Temperaturen hin extrapoliert. Nach Gleichung 6.8 wird der Verlauf von ρ_{Ex} allein von der Besetzung y bestimmt, die nach Gleichung 3.8 mit den gleichen Parametern berechnet wird, die auch zur Berechnung des Antiinvar-Effektes und der Schottky-Anomalien verwendet werden. Die auf diese Weise berechnete Widerstandskurve und die berechnete Temperaturableitung stimmen mit den experimentellen Werten recht gut überein – eine Bestätigung, daß das 2-Niveau-Modell eine brauchbare Näherung darstellt zur Beschreibung der physikalischen Eigenschaften der Legierungen mit Antiinvar-Charakter.

Während der Antiinvar-Effekt in einem Temperaturbereich abläuft, in dem die Legierungen keine langreichweitige magnetische Ordnung besitzen, wird in Invar-Legierungen mit einem magnetisch geordneten HS-Grundzustand ein LS-Zustand thermisch angeregt. Die Überlagerung und wechselseitige Beeinflussung von Moment- und Volumenfluktuationen und magnetischem Ordnungsgrad bzw. magnetischer Ordnungstemperatur führt zu verwickelten Temperaturabhängigkeiten der physikalischen Eigenschaften.

Bild 6.17 zeigt die Temperaturableitung des elektrischen Widerstandes einiger Invar-Legierungen, die alle einen ähnlichen Verlauf mit einem Maximum etwa 300 K unterhalb der Curietemperatur aufweisen. Die Änderungen bei T_C sind in den verschiedenen Systemen unterschiedlich und werden mit zunehmendem T_C ausgeprägter. Während im Kurvenverlauf für Fe-Ni-Legierungen mit geringeren Ni-Gehalten T_C sich lediglich in einer Ausbeulung der Kurve äußert, erfolgt im

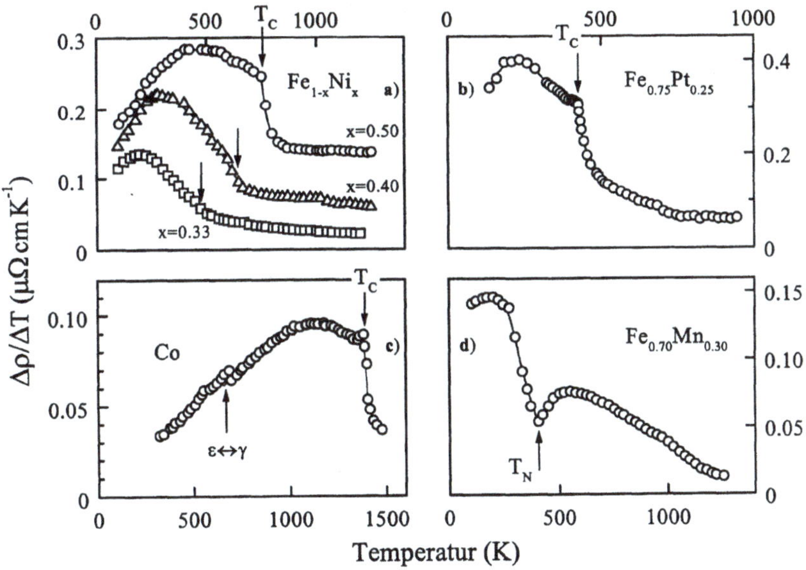

Bild 6.17. Temperaturableitung des elektrischen Widerstandes von a) Fe$_{1-x}$Ni$_x$ b) Fe$_{0.75}$Pt$_{0.25}$ (geordnet) c) Co d) Fe$_{0.70}$Mn$_{0.30}$. Im Bild a) sind die Kurven für x = 0.40 und x = 0.50 um + 0.04 bzw. + 0.12 längs der Ordinate verschoben.

Fall der $Fe_{0.5}Ni_{0.5}$-Legierung ein Steilabfall bei T_C. Ähnlich verhält sich die Temperaturableitung der $Fe_{0.75}$-$Pt_{0.25}$-Invarlegierung. In der Kurve für reines Kobalt, das als "Hochtemperatur-Invar" auszusehen ist (s. Kap. 4.5), tritt oberhalb des breiten Maximums bei T_C eine kleine Spitze auf, das charakteristische Merkmal einer Umwandlung 2. Art [30]. Auch antiferromagnetische Invarlegierungen weisen unterhalb ihrer Néeltemperatur das typische Invar-Maximum auf, wie Bild 6.17d am Beispiel einer Fe-Mn-Legierung zeigt. In diesen Legierungen treten, wie in Kap. 4.6 beschrieben, beide Magnetovolumeneffekte – Invar und Antiinvar – aufeinanderfolgend auf. Der Antiinvar-Effekt verursacht in der Temperaturableitung des elektrischen Widerstandes ein entsprechendes zweites Maximum oberhalb der Néeltemperatur.

Die vorgestellten Beispiele belegen, daß Widerstandsmessungen die Möglichkeit bieten, mit relativ geringem experimentellen Aufwand Aussagen über das "anomale" physikalische Verhalten der kfz. Übergangsmetall-Legierungen zu gewinnen.

6.5 Optische Eigenschaften

In den optischen Spektren spiegeln sich die Energiezustände der Materie wider, in denen sich die äußeren Elektronen befinden. Während die freien Atome und Moleküle einzelne diskrete Wellenlängen der Strahlung absorbieren, die unmittelbare Rückschlüsse auf die Energieniveaus erlauben, erstreckt sich die Absorption der kondensierten Materie mehr oder weniger kontinuierlich vom langwelligen Ultrarot bis zum kurzwelligen Ultraviolett. Trotz der dadurch erschwerten Deutungsmöglichkeiten liefern die Spektren wertvolle Aussagen über die elektronische Struktur.

Die Metalle zeichnen sich durch ein hohes Reflexionsvermögen aus, eine Folge der sehr geringen Eindringtiefe des Lichtes in das Metall. Sie beträgt nur Bruchteile der Lichtwellenlänge. Die mathematische Beschreibung der Wechselwirkung der Lichtwellen mit den Metallen liefert infolge der starken Dämpfung der Lichtwellen komplexe Ausdrücke [31]. Außer der Brechzahl n muß eine zweite optische Konstante berücksichtigt werden, die Absorptionskonstante k, die die auf die Wellenlänge λ als Vergleichslänge bezogene Absorption angibt. Bei senkrechtem Lichteinfall gilt für das Reflexionsvermögen ein einfacher Zusammenhang: die Fresnel'sche Formel

$$R = \frac{(n - n_0)^2 + k^2}{(n + n_0)^2 + k^2}, \tag{6.9}$$

in der n_0 die Brechzahl des angrenzenden Mediums (im Falle der Luft $n_0 = 1$) bedeutet. Da die Summe der reflektierten und absorbierten Strahlungsleistung gleich der eingestrahlten Strahlungsleistung sein muß, gilt $R = 1 - A$, wobei A das Absorptionsvermögen ist, das, wie R, als Bruchteil von 1 oder in % der einfallenden Strahlungsleistung ausgedrückt wird. In Eisen beträgt die Eindringtiefe (Skintiefe) δ des sichtbaren Lichtes, d. h. die Wegstrecke, nach der die Intensität auf den e-ten Teil ($\sim 37\%$) abgefallen ist:

$$\delta = \frac{\lambda}{2\pi k} \approx 1.2 \times 10^{-6}, \tag{6.10}$$

so daß der oberflächennahe Bereich, in dem die metalloptischen Vorgänge sich ereignen, einige 10^{-6} cm umfaßt. Die Ergebnisse optischer Untersuchungen werden aus diesem Grund sehr stark vom Oberflächenzustand (Fremdschichten, mechanische oder sonstige Vorbehandlung usw.) beeinflußt, und zwar in dem Sinne, daß adsorbierte Schichten sowohl die Absorptionskonstante als auch die Brechzahl erniedrigen und somit das Reflexionsvermögen mindern. So treten auch in älteren Arbeiten zum Teil erhebliche Streuungen der Meßergebnisse auf, während in neuen Untersuchungen eine gute Annäherung an einen nahezu "idealen" Oberflächenzustand erreicht sein mag [32]. Das in Bild 6.18 dargestellte, bei Raumtemperatur gemessene spektrale Reflexionsvermögen des α-Eisens [33] und das für eine vergleichende Betrachtung eingezeichnete Reflexionsvermögen des Kupfers dürfen als repräsentativ angesehen werden.

Im längerwelligen ultraroten Spektralbereich ($\lambda > 10\,\mu$m) sind die optischen Eigenschaften der Metalle allein durch deren Gleichstromleitfähigkeit σ bestimmt, und zwar ist die Reflexion eines Metalls um so höher, je besser es den elektrischen Strom leitet. Für das Absorptionsvermögen $A = 1 - R$ gilt die Hagen-Rubens-Beziehung:

$$A = 1 - R \propto \sqrt{\frac{1}{\sigma\lambda}}. \tag{6.11}$$

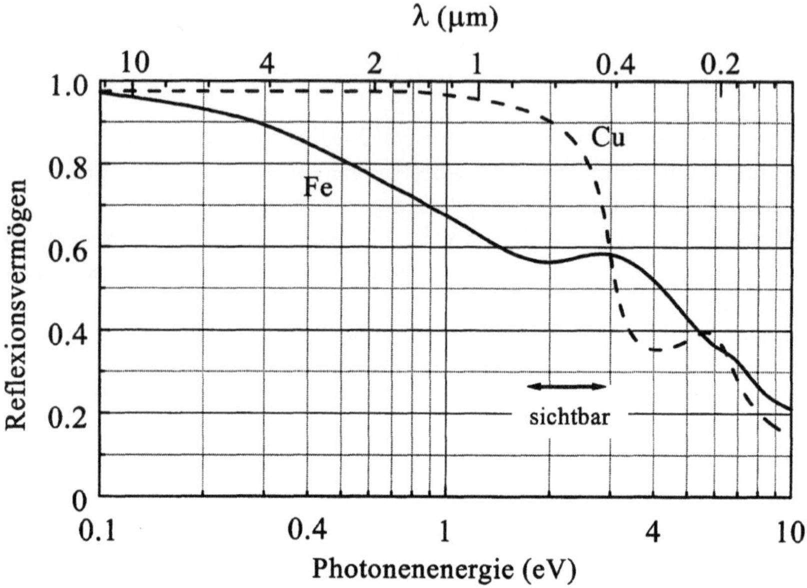

Bild 6.18. Reflexionsvermögen des Eisens und des Kupfers

Dieses Gesetz ist auf so große Wellenlängen beschränkt, daß die atomistische Struktur vernachlässigt werden kann. Kommen die den Wellenlängen entsprechenden Frequenzen $\nu = c/\lambda$ (c: Lichtgeschwindigkeit) in die Größenordnung der mittleren Stoßzeiten zwischen den Leitungselektronen und den Atomrümpfen, so weisen die optischen Konstanten eine Dispersion auf, da an Stelle der Gleichstromleitfähigkeit eine frequenzabhängige Wechselstromleitfähigkeit tritt. Ihre Beschreibung beruht auf der Annahme "freier" Elektronen im Metall (Drude'sche Theorie). Sie gilt somit nur in einem Spektralbereich, in dem die Frequenzen bzw. Photonenenergien so gering sind, daß die Elektronen durch die Energiezufuhr lediglich höherenergetische Zustände innerhalb eines Bandes einnehmen (Intraband-Übergänge). Beim Kupfer reicht dieser Gültigkeitsbereich vom Ultrarot bis über den roten Bereich des sichtbaren Spektrums und verantwortet die "kupferrote" Farbe. Bei höheren Photonenenergien erfolgen Übergänge der s-Elektronen in das nächsthöhere Band und Übergänge vom tieferliegenden d-Band in das s-Band. Diese Interband-Übergänge verursachen starke Absorptionsbanden, die sich in einer drastischen Abnahme des Reflexionsvermögens im Bereich $\lambda < 600\,\text{nm}$ bemerkbar machen.

Das Spektrum des Eisens zeigt im Ultraroten – wie alle Übergangsmetalle – einen charakteristisch anderen Verlauf. Schon unterhalb $10\,\mu m$ ($E>0.1\,eV$) erfolgt eine mit abnehmender Wellenlänge immer stärkere Absorption. Im sichtbaren Spektrumsbereich ist das Reflexionsvermögen nahezu wellenlängenunabhängig ($R \approx 0.55$) und fällt im ultravioletten Bereich stark ab. Die für Übergangsmetalle typische Absorption im Ultraroten beruht auf der Überlappung von s-Band und d-Band mit der Folge einer hohen Zustandsdichte an der Fermikante (s. Bild 2.8). Schon durch sehr kleine Energien werden Interbandübergänge angeregt, die das Reflexionsvermögen erniedrigen. Die Überlagerung von s↔d- und d↔d-Übergängen und gleichzeitig auftretende Intraband-Übergänge verschmieren die Absorptionsbanden so stark, daß zwischen den Übergängen der einzelnen Bänder nicht unterschieden werden kann. Trotz dieser Einschränkungen können aber aus der spektralen Absorption im ultraroten Bereich ($E<1\,eV$) ergänzende Informationen über das elektronische Geschehen in der Nähe der Fermienergie und ihre Beeinflussung durch Temperaturänderungen und Legierungselemente gewonnen werden, wie die nachfolgenden Betrachtungen zur Optik der γ-Eisen-Legierungen belegen.

Bild 6.19 zeigt eine Isochromatendarstellung der Ultrarot-Absorption zweier Fe-Ni-Invar- und einer Fe-Ni-Antiinvarlegierung und zum Vergleich die des reinen Nickels [34]. Während die Absorption des Nickels im kürzerwelligen Bereich nahezu temperaturunabhängig ist, nimmt sie bei größeren Wellenlängen mit steigender Temperatur zu. In diesem Wellenlängenbereich ($\lambda = 8\,\text{-}\,10\,\mu m$) gehorcht das Absorptionsvermögen der Hagen-Rubens-Beziehung (Gl. 6.z), wird also allein von der Gleichstromleitfähigkeit bestimmt. Über den Einfluß der magnetischen Ordnung auf die Ultrarot-Absorption, der sich in einer Änderung der Temperaturabhängigkeit bei der Curietemperatur äußert, sei deshalb auf die Ausführungen über den magnetischen Widerstandsanteil in Kap. 6.4 (Bild 6.14) verwiesen.

Die Fe-Ni-Legierungen zeigen ein gegensätzliches Verhalten zum Nickel: bei großen Wellenlängen, $\lambda = 8\,\text{-}\,10\,\mu m$ ($E \approx 0.1\,eV$), ist die Absorption fast temperaturunabhängig, bei kürzeren Wellenlängen, $\lambda = 2\,\text{-}\,4\,\mu m$ ($E \approx 0.3\,\text{-}\,0.5\,eV$), nimmt dagegen die Absorption der Invarlegierung in einem weiten Temperaturbereich um T_C sehr stark (um nahezu ein Drittel) ab. Da eine ungeordnete $Fe_{0.73}Pt_{0.27}$-Invarlegierung eine gleiche Charakteristik aufweist [34], aber auch die Antiinvarlegierung in diesem Temperaturbereich sich ähnlich verhält [35], darf ein Zusammenhang zwischen dieser anomalen Absorption und den – für den Invar- und Antiinvar-Effekt verantwortlichen – HS↔LS-Übergängen angenommen werden. Bei der thermischen Anregung dieser Übergänge erfolgt eine Umverteilung der Elektronen in der Nähe der Fermienergie in einem Energiebereich, der den Photonenenergien des Spektralbereichs entspricht, in dem die Anomalien

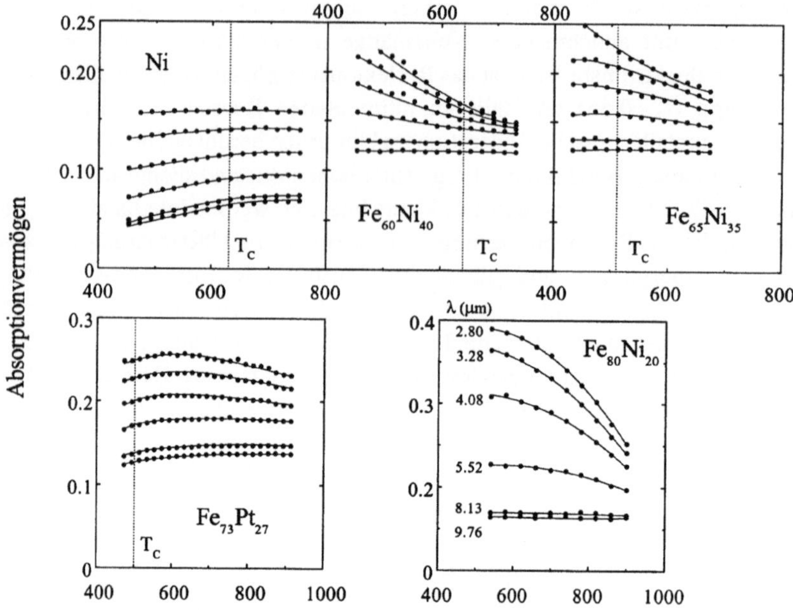

Bild 6.19. Temperaturabhängigkeit der Ultrarot-Absorption von a) Nickel, b) c) Fe-Ni-Invarlegierungen, d) Fe-Pt-Invarlegierung, e) Fe-Ni-Antiinvarlegierung. Die den Kurven zugehörigen Wellenlängen gelten für alle Teilbilder in gleicher Reihenfolge wie in Bild e) angegeben

beobachtet werden (s. Bild 2.20). Es stellt sich die Frage: Kann mit den sich ändernden Übergangswahrscheinlichkeiten für Interbandübergänge, die mit den Änderungen der Zustandsdichten einhergehen, die ungewöhliche Temperaturabhängigkeit des Absorptionvermögens erklärt werden? Nach Bild 2.20, in dem die LS- und HS-Zustandsdichten des γ-Eisens dargestellt sind, besitzt der ferromagnetische HS-Grundzustand etwa 0.4 eV unterhalb der Fermienergie ein ausgeprägtes Maximum der Majoritätsspins und gleichzeitig eine relativ hohe Zustandsdichte der Minoritätsspins oberhalb der Fermienergie. Die Zustandsdichte des antiferromagnetischen LS-Zustandes durchläuft dagegen in dem in Frage stehenden Energiefenster ein Minimum. Wenn auch die optischen Messungen nicht spinaufgelöst sind und Majoritäts- und Minoritätsbänder zur Gesamtzustandsdichte aufsummiert werden müssen, so ist aber doch deutlich zu erkennen, daß die durch Interbandübergänge verursachte Absorption des AF-Zustandes geringer sein muß als die des ferromagnetischen HS-Zustandes. Mit einem Zustandswechsel vom antiferromagnetischen Grundzustand zum ferromagnetischen HS-Zustand sollte folglich auch ein Wechsel von einem Anstieg der Absorption mit steigender Temperatur zu einer Abnahme der Absorption in dem betrachteten Spektralbereich einhergehen. Dieser Forderung stehen aber die überraschenden Beobachtungsergebnisse entgegen: Invar und Antiinvarlegierungen zeigen im wesentlichen ein gleiches Verhalten, so daß direkte Interbandübergänge nur eine untergeordnete Rolle bei der Erklärung der optischen Anomalien spielen können. Intrabandübergänge mögen zwar einen sehr wichtigen Beitrag zur Absorption liefern, doch kommt vermutlich indirekten Bandübergängen, d.h. Übergängen mit Phononenbeteiligung, eine entscheidende Bedeutung zu. LS ↔ HS- Übergänge erfolgen – so wurde in Kap. 2.5.2 ausführlich beschrieben – durch die thermische Anregung vom *Moment- und Volumenfluktuationen*, d.h. es besteht eine sehr starke Elektron-Phonon-Kopplung mit der Folge vermehrter indirekter Bandübergänge. Eine Erweiterung der Absorptionsmessungen bis zu tiefen Temperaturen liefert dafür einen wichtigen Hinweis. In der Temperaturabhängigkeit der Absorption tritt – wie die an der $Fe_{0.6}Ni_{0.4}$-Invarlegierung gewonnenen Ergebnisse in Bild 6.20 zeigen – ein Maximum auf. Der Verlauf erinnert an die Temperaturabhängigkeit der Wärmekapazität (Schottky-Anomalie) und der thermischen Ausdehnung (s. Bild 6.5) und an die Temperaturableitung des elektrischen Widerstandes (s. Bild 17a). In dem Kurvenverlauf spiegelt sich die Anregung des höherenergetischen LS-Zustandes wider und – aufgrund der Elektron-Phonon-Kopplung – die davon abhängige Wahrscheinlichkeit für indirekte Bandübergänge. Die wenigen bisherigen Ergebnisse reichen aber nicht aus, um gesicherte Aussagen über die Verantwortlichkeit indirekter Bandübergänge für die beobachteten optischen

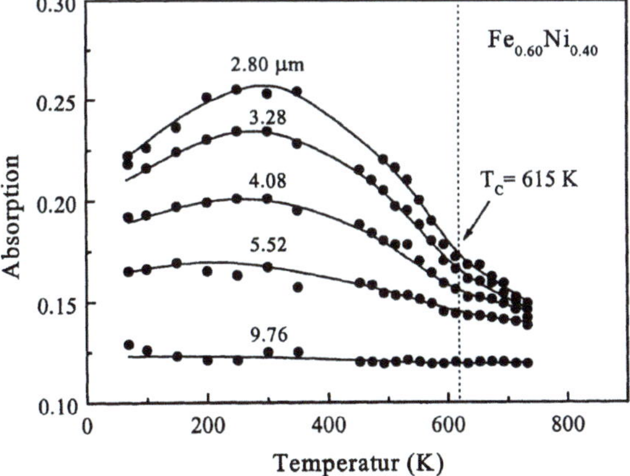

Bild 6.20. Ultrarot-Absorption von $Fe_{0.60}Ni_{0.40}$

Anomalien oder darüber hinaus über die Natur der Elektron-Phonon-Kopplungs-mechanismen zu machen.

Die optischen Eigenschaften kubischer Kristalle sind von der Kristallrichtung unabhängig. Sie besitzen die volle kubische Symmetrie allerdings nur im einem magnetisch ungeordneten Zustand, da magnetische Ordnungen grundsätzlich eine Symmetrieerniedrigung verursachen [6]. Aufgrund der Symmetrieerniedrigung treten optische Anisotropien auf, die – als "magnetooptische Effekte" bezeichnet – im paramagnetischen Zustand nicht existieren. Eine Bedeutung dieser Effekte liegt darin, magnetische Bereiche, aus denen der magnetisch geordnete Kristall aufgebaut ist, polarisationsoptisch beobachten zu können [37]. Es treten zwei experimentell häufig untersuchte und genutzte magnetooptische Effekte auf: 1) die "gewöhnliche" Doppelbrechung und 2) die magnetische Rotationsdoppel-brechung.

Die "gewöhnliche" Doppelbrechung ist eine Folge ferro- oder antiferro-magnetostriktiver Gitterverzerrungen, die die Gittersymmetrie kubischer Kristalle brechen. Durch die bevorzugte Spinausrichtung in einer bestimmten Kristallrichtung ist diese gegenüber den anderen Kristallachsen ausgezeichnet. In ferromagnetischen Kristallen sind die magnetostriktiven Gitterverzerrungen im allgemeinen zu gering, um eine beobachtbare Doppelbrechung zu verursachen. So beträgt das Achsenverhältnis im ferromagnetischen, tetragonal verzerrten α-Eisen lediglich $\sim 10^{-5}$. Im antiferromagnetischem γ-Eisen, das unterhalb seiner Néeltemperatur ebenfalls eine Gitterverzerrung aufweist, ist der Achsenunter-schied zwar größer ($\sim 5 \times 10^{-3}$), dürfte jedoch kaum eine beobachtbare optische Anisotropie verursachen. Das antiferromagnetische γ-Mangan (s. Bild 2.15) mit einem Achsenverhältnis $c/a = 0.95$ ist hingegen stark doppelbrechend; seine optische Anisotropie kann mühelos polarisationsoptisch beobachtet werden [37].

Die magnetische Rotationsdoppelbrechung – bekannter unter der Bezeich-nung "magnetooptischer Kerr-Effekt" und "Faraday-Effekt" – tritt nur in Kristallen mit spontaner Magnetisierung auf. Sie beschreibt die Drehung der Polarisationsebene des Lichtes, das durch dünne lichtdurchlässige, ferromagne-tische Schichten hindurchgeht (Faraday-Effekt) oder an der Oberfläche ferroma-gnetischer Stoffe reflektiert wird (Kerr-Effekt).

Der Kerr-Effekt beruht auf folgender Wirkungsweise: Fällt linear polarisiertes Licht unter beliebigen Einfallswinkeln auf eine Metalloberfläche, so ist das reflektierte Licht im allgemeinen elliptisch polarisiert. Nur in jenen Fällen, in denen die Polarisationsebene des einfallenden Lichtes parallel oder senkrecht zur Lichteinfallsebene orientiert ist, bleibt das reflektierte Licht ebenfalls linear polarisiert. Die Wirkung einer Magnetisierung besteht nun darin, daß infolge der Lorentz-Kraft in der reflektierten Welle eine Kerr-Komponente senkrecht zur "normal" reflektierten Amplitude auftritt. Das Verhältnis beider Amplituden liegt in der Größenordnung 10^{-3}, so daß die daraus folgenden Kerr-Drehungen sehr gering sind. Sie sind von der optischen Anordnung, d.h. von der Orientierung der Magnetisierungsrichtung der Probe zur Lichteinfallsrichtung abhängig und schwanken zwischen einigen Winkelminuten und in günstigen Fällen etwa 0.3 Grad.

Die kerroptische Beobachtung hat sich zur meistangewendeten Methode der lichtmikroskopischen Untersuchung ferromagnetischer Bereiche entwickelt. Sie ist trägheitslos und somit besonders für dynamische Untersuchungen geeignet, unterliegt keiner Beschränkung hinsichtlich der Untersuchungstemperaturen und der lichtmikroskopischen Auflösung und bildet die Weiss'schen Bereiche unmittelbar aufgrund der Wirkung ihrer spontanen Magnetisierung ab.

Der Faraday-Effekt beschreibt die dem magnetooptischen Kerr-Effekt analogen Erscheinungen bei Durchstrahlung des Ferromagnetikums mit polarisiertem Licht. Er ist somit auf dünne Schichten, die auf lichtdurchlässiger Unterlage aufgebracht werden, beschränkt. Die Drehung beträgt für Eisen bei Raumtemperatur $380000°/cm$, so daß in Schichten mit einer Dicke von einigen 10^{-6} cm Drehungen von etwa einem Grad resultieren, wenn die Lichteinfallsrichtung mit der Richtung der Magnetisierung übereinstimmt. Im übrigen gelten die gleichen Abhängigkeiten der Drehung von der Orientierung der Lichteinfallsrichtung zur Magnetisierungsrichtung wie im Fall des Kerr-Effektes.

Literaturverzeichnis

Kapitel 1

1. H. M. Strong, R. E. Tuft, R. E. Hanneman: Metall, Trans. **4**, (1973) 2657
2. L. Lin-Gun, W. A. Bassett: J. Geophys. Res. **80**, (1975) 3777
3. L. K. Kaufman, E. V. Clougherty, R. J. Weiss: Acta Met. **11**, (1963) 223
4. F. P. Bundy: J. Appl. Phys. **36**, (1965) 616
5. P. M. Giles, M. H. Langenbach, A. R. Marder: J. Appl. Phys. **42**, (1971) 4290
6. J. M. Leger, C. Susse, B. Vodar: Solid State Commun. **4**, (1966) 503
7. G. Cort, R. D. Taylor, J. O. Willis: J. Appl. Phys **53**, (1982) 2064
8. G. P. Görler: DFVLR, I. B. 333-86/4, 9
9. H. Micklitz: DFVLR, I. B. 333-86/4, 10
10. W. B. Pearson: *A Handbook of Lattice Spacings of Metals and Alloys*, (Pergamon, New York, 1958)
11. K. H. Jack: Proc. Roy. Soc. (A) **208**, (1951) 200
12. R. C. Ruhl, M. Cohen: Trans. AIME **245**, (1969) 241
13. N. Ridley, H. Stuart, L. Zwell: Trans. AIME **245**, (1969) 1834
14. S. V. Radcliffe, M. Schatz: Acta Met. **10**, (1962) 201
15. M Acet, H. Zähres, E. F. Wassermann, W. Pepperhoff: Phys. Rev. B **49**, (1994) 6012
16. H. R. Mao, W. A. Basset, T. Takahashi: J. Apl. Phys. **38**, (1967) 272

Kapitel 2

1. Ausführliche Darstellungen des Magnetismus:
    a) B. D. Cullity: *Introduction to Magnetic Materials* (Addison Wesley, New York, 1972)
    b) K. Yosida: *Theory of Magnetism* (Springer, Berlin, 1991)
    c) J. Crangle: *Solid State Magnetism* (Edward Arnold, London, 1991)
    d) D. Craik: *Magnetism* (Wiley, New York, 1995)
2. M. B. Stearns: In *Magnetic Properties of Metals*, Landolt-Börnstein New Series III/19a, Ed. H. P. J. Wijn (Springer, Berlin, 1986) S. 24
3. E. Kneller: *Ferromagnetismus* (Springer, Berlin, 1962)
4. E. P. Wohlfarth: In *Ferromagnetic Materials*, Ed. E. P. Wohlfarth (North Holland, Amsterdam, 1980), Vol. 1, S 1
5. V. L. Moruzzi, P. M. Marcus in: *Ferromagnetic Materials*, Ed. K. H. J. Buschow (North Holland, Amsterdam, 1993) Vol. 7, S. 97
6. V. L. Moruzzi, J. F. Janak, A. R. Williams: *Calculated Electronic Properties of Metals* (Pergamon, New York, 1978)
7. V. L. Moruzzi, P. M. Marcus: Phys. Rev. B **38**, (1988) 1613
8. V. L. Moruzzi, P. M. Marcus, P. C. Pattnaik: Phys. Rev. B **37**, (1988) 8003

9. M. Isabelle, L. Billas, J. A. Becker, A. Châtelain, W. A. de Heer: Phys. Rev. Lett. **71**, (1993) 4067

10. H. Capellmann: J. Magn. Magn. Mater. **28**, (1982) 250

11. R. J. Jelitto: Phys. Bl. **39**, (1983) 95

12. E. Kisker, K. Schröder, W. Gudat, M. Campagna: Phys. Rev. B **31**, (1985) 329

13. P. J. Brown, H. Capellmann, J. Deportes, D. Givord, K. R. A. Ziebeck: J. Magn. Magn. Mater. **30**, (1983) 335

14. R. Lipowski: Phys. Bl. **39**, (1983) 387

15. W. Gebhard, U. Krey: *Phasenübergänge und kritische Phänomene* (Vieweg, Braunschweig, 1980)

16. S. Großmann: Phys. Bl. **45**, (1989) 172

17. J. B. Newkirk: Trans. Am. Inst. Min. **209**, (1957) 1214

18. K. E. Easterling, H. M. Miekk-oja: Acta Met. **15**, (1967) 1133

19. W. A. Jesser, J. W. Matthews: Phil. Mag. **15**, (1967) 1097; Phil.Mag. **17**, (1968) 595

20. R. Rochow: Ber. d. Kernforschungsanlage Jülich, Ber. Nr. 2150 (1987)

21. W. Keune, T. Ezawa, W. A. A. Macedo, U. Glos, K. P. Schletz, U. Kirschbaum: Physica B **161**, (1989) 269, (dort weitere Literaturangaben)

22. U. Gonser, C. J. Meccham, A. H. Muir, H. Wiedersich: J. Appl. Phys. **34**, (1963) 2373

23. G J. Johanson, M. B. McGirr, D. A. Wheeler: Phys. Rev. B **1**, (1970) 3208

24. S. C. Abrahams, L. Guttman, J. S. Kasper: Phys. Rev. **127**, (1962) 2052

25. P. Ehrhart, B. Schönfeld, H. H. Ettwig, W. Pepperhoff: J. Magn. Magn. Mater. **22**, (1980) 79

26. Y. Tsunoda, N. Kunitomi, R. M. Nicklow: J. Phys. F **17**, (1987) 2447

27. Y. Tsunoda, N. Kunitomi : J. Phys. F **18**, (1988) 1405

28. Y. Tsunoda, R. M. Nicklow: J. Phys. Condens. Matter **5**, (1993) 8999

29. Y. Tsunoda: J. Phys. Condens. Matter **1**, (1989) 10427

30. M. Uhl, L. M. Sandratskii, J. Kübler: J. Magn. Magn. Mater. **103**, (1992) 314

31. L. Kaufman, E. V. Clougherty, R. J. Weiss: Acta Met. **11**, (1963) 323

32. H. C. Herper, E. Hoffmann, P. Entel, Phys. Rev. B **60**, (1999) 3839;
    P. Entel: In *The Invar Effect: A Centenial Symposium,* Ed. J. Wittenauer (The Minerals Metals and Materials Sosciety, 1997) S. 319

33. S. Mitani., A. Kida, M. Matsui: J. Magn. Magn. Mat. **126**, (1993) 76;
    H. Mühlbauer, Ch. Müller, G. Dumpich: J. Magn. Magn. Mater. **192**, (1999) 423

34. P. J. Brown, J. K. Jassim, K. -U. Neumann, K. R. A. Ziebeck: Physica B **161**, (1989) 9

35. M. Acet, E. F. Wassermann, K. Andersen, A. Murani, O. Schärpf: Europhys. Lett. **40**, (1997) 93

36. H. R. Mao, W. A. Basset, T. Takahashi, J. Appl. Phys. **38**, (1967) 272

37. J. Kübler, Solid State Commun. **72**, (1989) 631

38. J. Goniakowski, M. Podgorny: Phys. Rev. B **44**, (1991) 12348

39. G. Cort, R. D. Taylor, J. O. Willis: J. Appl. Phys. **53**, (1982) 2064

40. L. D. Blackburn, L. Kaufmann, M. Cohen: Acta Met. **13**, (1965) 533

41. H. Schumann: Z. Metallkde. **58**, (1967) 207

42. M. Miyagi, C. M. Wayman, Trans. Metallurg. Soc. AIME **236**, (1966) 806

43. G. Benkissen, L. J. Lyssak, B. J. Nikolin, H. Schumann: Neue Hütte **25**, (1980) 326

44. P. M. Kelly: Acta Met. **13**, (1965) 635

45. H. Schumann: Technik **23**, (1968) 242

46. H. Ohno, M. Mekata: J. Phys. Soc. Japan **11**, (1971) 102

47. D. J. C. Pearson, J. M. Williams: J. Phys. F **9**, (1979) 1797

48.   M. Maurer, J. C. Ousset, M. F. Ravet, M. Piecuch: Europhysics Letters **9**, (1989) 803

Kapitel 3

1.   Y. S. Toloukian, E. H. Buyco: *Thermophysical Properties of Matter* (IFI/Plenum, New York, 1970) Vol. 4
2.   D. C. Wallace, P. H. Sidles, G. C. Danielson: J. Appl. Phys. **31**, (1960) 168
3.   M. Braun, K. Kohlhaas: Phys. Stat. Sol. **12**, (1965) 429
4.   W. Bendick, W. Pepperhoff: Acta Met. **30**, (1982) 679
5.   C. Kittel: *Introduction to Solid State Physics*, (Wiley, New York, 1986)
6.   M. Dixon, F. E. Hoare, T. M. Holden, D. E. Moody: Proc. Roy. Soc. London **A285**, (1965) 561
7.   W. L. McMillan: Phys. Rev. **167**, (1968) 331
8.   G. Grimvall: Phys. kond. Mat. **9**, (1969) 283
9.   W. Bendick, H. H. Ettwig, W. Pepperhoff: J. Phys. F **8**, (1978) 2525
10.   W. Bendick, W. Pepperhoff: J. Phys. F **11**, (1981) 57
11.   R. J. Weiss, Proc. Roy. Soc. **82**, (1963) 281
12.   L. Kaufman, E. V. Clougherty, R. J. Weiss, Acta Met. **11**, (1963) 323
13.   M. Acet, H. Zähres, E. F. Wassermann, W. Pepperhoff, Phys. Rev. B **49**, (1994) 6012
14.   P. D. Anderson, R. Hultgren, Trans. AIME **224**, (1962) 842
15.   W. A. Dench, O. Kubaschewski, J. Iron Steel Inst. **201**, (1963) 140
16.   A. Ferrier, M. Olette, Compt. Rend. **254**, (1962) 2322
17.   O. Vollmer, R. Kohlhaas, M. Braun, Z. Naturforsch. **21**, (1966) 181
18.   J. P. Morris, E. F. Foerster, C. W. Schultz, G. R. Zellars, U. S. Bur. Mines, Rep. Nr. 6723 (1960)
19.   J. P. Morris, G. R. Zellars, S. L. Payne, R. L. Kipp, U. S. Bur. Mines, Rep. Nr. 5364 (1957)
20.   K. M. Myles, A. T. Aldred: J. Phys. Chem **68**, (1964) 64
21.   Y. S. Toloukian, R. K. Kirby, R. E. Taylor, P. D. Desai: *Thermophysical Properties of Matter* (IFI/Plenum, New York, 1977) Vol. 12
22.   F. Richter, Z. angew. Phys. **6**, (1979) 367
23.   Y. Tanji: J. Phys. Soc. Japan **31**, (1971) 1366
24.   B. Gehrmann, Krupp VDM GmbH, Werdohl (1995), unveröffentlicht
25.   W. Bendick, H. -H. Ettwig, F. Richter, W. Pepperhoff, Z. Metallkde. **68**, (1977) 103
26.   H. L. Skriver: Phys. Rev B **31**, (1985) 1909
27.   H. C. Herper, E. Hoffmann, P. Entel, Phys. Rev. B **60**, (1999) 3839
28.   L. Kaufmann, H. Bernstein: *Computer Calculations of Phase Diagrams* (Academic Press, New York, 1970) S 18 ff
29.   E. F. Wassermann, M. Acet, P. Entel, W. Pepperhoff: J. Magn. Soc. Japan **23**, (1999) 385
30.   L. D. Blackburn, Kaufman, L., M. Cohen: Acta Met. **13**, (1965) 533
31.   G. L. Stepakoff, Kaufmann L.: Acta Met. **16**, (1968) 13

Kapitel 4

1.   T. B. Massalski: In *Physical Metallurgy*, Ed. R. W. Cahn (North Holland, Amsterdam, 1970) Vol. 2, Kap. 4
2.   A. P. Malozemoff, A. R. Williams, V. L. Moruzzi: Phys. Rev. B **29**, (1984) 1620

3. V. L. Moruzzi, P. M. Marcus, J. Kübler: Phys. Rev. B **39**, (1989) 6957
4. B. Drittler, N. Stefanou, S. Blügel, R. Zeller, P. H. Dederichs: Phys. Rev. B **40**, (1989) 8203
5. S. Shinozaki, A. Arrott: Phys. Rev. **152**, (1966) 611
6. G. Schütz: Phys. Bl. **46**, (1990) 475
7. S. M. Dubiel, G. Inden: Z. Metallkde. **78**, (1987) 544
8. A. W. Overhauser: Phys. Rev. **128**, (1962) 1437
9. Y. Ishikawa, S. Hoshino, Y. Endoh: J. Phys. Soc. Japan **22**, (1967) 1221
10. E. Fawcett: Rev. Mod. Phys. **60**, (1988) 209
11. G. Hausch, E. Török: phys. stat. sol. (a) **140**, (1977) 55
12. S. K. Burke, Rainford: J. Phys. F **13**, (1983) 441
13. S. K. Burke, R. Cywinski, J. R. Davis, B. D. Rainford: J. Phys. F **13** (1983) 451
14. S. K. Burke, B. D. Rainford: J. Phys. F **13**, (1983) 471
15. T. Schneider, M. Acet, E. F. Wassermann, W. Pepperhoff: J. Appl. Phys. **70**, (1991) 6559
16. J. F. Smith: Bull. Alloy Phase Diagrams **5**, (1984) 184
17. M. V. Nevitt, A. T. Aldred: J. Appl. Phys. **34**, (1963) 463
18. A. Z. Maksymowicz: Physica B **148**, (1988) 240
19. H. Claus: Solid State Comm. **27**, (1978) 423
20. W. B. Pearson: *A Handbok of Lattice Constants and Structures of Metals and Alloys*, (Pergamon, New York, 1958)
21. R. E. Hannemann, A. N. Mariano: Trans. AIME **230**, (1964) 937
22. O Kubaschewski: *Iron Binary Phase Diagrams* (Springer, Berlin, 1982)
23. J. Crangle, G. C. Hallam: Proc. Roy. Soc. London **A272**, (1963) 119
24. T. Miyazaki, Y. Ando, M. Takahashi: J. Appl. Phys. **57**, (1985 3456
25. Ch. E. Guillaume: C. R. Acad. Sci. **125**, (1897) 235
26. E. F. Wassermann: In *Ferromagnetic Materials*, Ed. K. H. J. Buschow und E. P. Wohlfarth (North Holland, Amsterdam, 1990) Vol. 5, S. 238
27. E. F. Wassermann: J. Magn. Magn. Mat. **100**, (1991) 346
28. E. F. Wassermann, M. Acet, P. Entel, W. Pepperhoff: J. Magn. Soc. Japan **23**, (1999) 385
29. L. Kaufman, E. Clougherty, R. J. Weiss: Acta Met. **11**, (1963) 323
30. V. L. Moruzzi, P. M. Marcus, J. Kübler: Phys. Rev. B **39**, (1989) 6957
31. M. M. Abd-Elmeguid, H. Micklitz: Physica B **161**, (1989) 17
32. M. Acet, T. Schneider, H. Zähres, E. F. Wassermann, W. Pepperhoff: J. Appl. Phys. **75**, (1994) 7015;
    T. Schneider, M. Acet, B. Rellinghaus, E. F. Wassermann, W. Pepperhoff: Phys. Rev. B **51**, (1995) 8917
33. M. Acet, E. F. Wassermann, K. Andersen, A. Murani, O. Schärpf: Europhys. Lett. **40**, (1997) 93
34. P. J. Brown, H. Capellman, J. Déportes, D. Givord, K. R. A. Ziebeck: J. Magn. Magn. Mater. **30**, (1983) 335;
    P. J. Brown, H. Capellman, J. Déportes, D. Givord, S. M. Johnson, K. R. A. Ziebeck: J. Physique **47**, (1986) 491
35. G. Inden, W. O. Meyer: Z. Metallkde. **68**, (1995) 725
36. D. I. Bardos: J. Appl. Phys. **40**, (1969) 1371
37. K. Schwarz, P. Mohn, P. Blaha, J. Kübler: J. Phys. F **14**, (1984) 2659
38. M. F. Collins, J. B. Forsyth: Phil. Mag. **8**, (1963) 401
39. Y. Nakamura, M. Shiga, S. Santa: J. Phys. Soc. Japan **26**, (1969) 210

40. B. Gehrmann, M. Acet, H. C. Herper, E. F. Wassermann, W. Pepperhoff: physica status solidi (b) **214**, (1999) 175

41. M. Acet, T. Schneider, B. Gehrmann, E. F. Wassermann: J. Phys (France), suppl. **5**, (1995) C8-379

42. R. J. Weiss, K. J. Tauer: J. Phys. Chem. Solids **4**, (1958) 135

43. G. E. Bacon, I. W. Dunmuir, J. H. Smith, R. Street: Proc. Roy. Soc. A **241**, (1957) 223

44. M. Acet, H. Zähres, W. Stamm, E. F. Wassermann, W. Pepperhoff: Physica B **161**, (1989) 67

45. Z. S. Basinski, G. W. Christian: J. Inst. Metals **80**, (1951-52) 659

46. Z. S. Basinski, G. W. Christian: Proc. Roy. Soc. **A223**, (1954) 544

47. V. L. Moruzzi, P. M. Marcus, J. Kübler: Phys. Rev. B **39**, (1989) 6957

48. H. Duschanek, P. Mohn, K. Schwarz: Phys. Rev. B **37**, (1988) 790

49. A. Z. Menshikov, G. P. Gasnikova: J. Phys. Condens. Matter **6**, (1994) 791

50. E. Krén, L. Pál, J. Szabó, T. Tarnóczi: Phys. Rev. **171**, (1968) 574

51. J. S. Kouvel, J. S. Kasper: J. Phys. Chem. Solids **24**, (1963) 529

52. S. J. Kennedy, T. J. Hicks: J. Magn. Magn. Mat. **81**, (1989) 56

53. M. Yamaguchi, Y. Umakoshi, G. Mima: Proc. Int. Conf. Sci. Techn., Suppl. Trans. **11**, (1971) 1015

54. E. Wachtel, C. Bartelt: Z. Metallkde. **55**, (1964) 29

55. W. Pepperhoff, H. H. Ettwig: Z. angew. Phys. **24**, (1968) 88

56. P. Schafmeister, R. Ergang: Arch. Eisenhüttenwes. **12**, (1939) 507

57. B. Poduček: Hutnickélisty Roč. **XIII**, (1959) 1070

58. W. Köster: Arch. Eisenhüttenwes. **7**, (1934) 687

59. F. Richter, W. Pepperhoff: Arch. Eisenhüttenwes. **47**, (1976) 45

60. R. M. Bozorth: *Ferromagnetism* (Van Nostrand, Princeton, 1950)

61. D. Chowdhury: *Spin Glasses and Other Frustrated Systems* (World Scientific, Singapore 1986)

62. H. Horner: Phys. Bl. **44**, (1988) 29

63. J. Mydosh: *Spin Glasses: An Experimental Introduction* (Taylor and Francis, London 1993)

64. M. Matsui, K. Sato, K. Adachi: J. Phys. Soc. Jap. **35**, (1973) 419

65. A. Z. Menshikov, Y. A. Dorofeev: Sov. Phys. JETP Lett **40**, (1984) 791

66. M. Acet, C. John, E. F. Wassermann: J. Appl. Phys. **70**, (1991) 6556

67. M. Shiga: J. Phys. Soc. Jap. **22**, (1967) 539

68. A. Z. Menshikov, P. Burlet, A. Chamberod, J. L. Tholence: Solid State Commun. **39**, (1981) 1093

69. H. H. Ettwig, W. Pepperhoff: Phys. Stat. Sol. (a) **23**, (1974) 105

70. J. Hesse: Phys. Bl. **44**, (1988) 331

71. A. Z. Menshikov, A. Y. Teplykh: Phys. Met. Metalloved **44**, (1979) 78

72. A. K. Majumdar, P. v. Blanckenhagen: Phys. Rev. B **29**, (1984) 4079

73. E. I. Kondorskii, V. L. Sedov: J. Appl. Phys. **31**, (1960) 331

74. R. Kohlhaas, A. A. Raible, W. D. Weiss: Arch. Eisenhüttenwes. **41**, (1970) 769

75. W. Bendick, W. Pepperhoff: J. Phys. F **11**, (1981) 57

76. K. Sumiyama, M. Shiga, Y. Nakamura: Phys. Stat. Sol. **A76**, (1983) 747

77. M. Schröter, H. Ebert, H. Akai, P. Entel, E. Hoffmann, G. G. Reddy: Phys. Rev. B **52**, 188 (1995)

78. S. Muto, R. Oshima, F. E. Fujita: Met. Trans. **19A**, (1988) 2723

79. D. P. Dunne, C. M. Wayman: Met. Trans. **4**, (1972) 137

80. K. Sumiyama, M. Shiga, Y. Nakamura: J. Phys. Soc. Japan **31-34**, (1983) 111
81. B. Rellinghaus, Dissertation (Gerhard-Mercator Universität Duisburg, 1995)
82. M. Podgorny, Phys. Rev. B **43**, (1991) 11300
83. K. Sumiyama, M. Shiga, M. Morioka, Y. Nakamura: J. Phys. F **9**, (1979) 1665
84. C. A. Kuhnen, E. Z. da Silva: Phys. Rev. B **46**, (1992) 8915
85. P. Mohn, E. Supanetz, K. Schwarz: Aust. J. Phys. **46**, (1993) 651
86. M. Matsui, K. Adachi: Physica B **161**, (1989) 53
87. M. Fallot, R. Hocart: Rev. Sci. **77**, (1939) 498
88. D. Bergevin, L. Muldawer: C. R. Acad. Sci. **252**, (1961) 1347
89. J. S. Kouvel, C. C. Hartelius: J. Appl. Phys. Suppl. **33**, (1962) 1343
90. L. Zsaldos: phys. stat. sol. **20**, (1967) K25
91. Y. Khawja, M. Nauciel-Bloch: phys. stat. sol. (b) **83**, (1977) 413
92. L. I. Vinokurova, A. V. Vlasov, M. Pardavi-Horvath: phys. stat. sol. (b) **78**, (1976) 553
93. N. I. Kulikov, E. T. Kulatov, ,L. I. Vinokurova, M. Pardavi-Horvath: J. Phys F **12**, (1992) 91
94. G. Shirane, R. Nathans, C. W. Chen: Phys. R. **134A**, (1964) 1547
95. V. L. Moruzzi, P. M. Marcus, Phys. Rev. B **48**, (1993) 16106

Kapitel 5

1. W. Pitsch, G. Sauthoff, H. P. Hougardy: In *Werkstoffkunde Stahl*, Ed. W. Jäniche (Springer, Berlin, 1984) Vol. 1
2. A. Rose: Stahl und Eisen **85**, (1965) 1229
3. K. H. Jack: Acta Cryst. **5**, (1952) 404
4. K. H. Jack: Proc. Roy. Soc. (London) **A208**, (1951) 200
5. C. S. Roberts: Trans. AIME **197**, (1952) 203
6. K. Mitsuoka, H. Miyajima, H. Ono, S. Chikazumi: J. Phys. Soc. Japan **53**, (1984) 2381
7. K. H. Jack: Proc. Roy. Soc. (London) **A195**, (1948) 34
8. W. Wiener, J. A. Berger: J. Metals **7**, (1955) 360
9. S. F. Matar, P. Mohn, G. Demazeau, B. Silberchicot: J. Phys. France **49**, (1988) 1761
10. A. Sakuma: J. Magn. Magn. Mater. **102**, (1991) 127
11. R. Coehoorn, G. H. O. Daalderop: Phys. Rev. **B48**, (1993) 3830
12. P. Mohn, K. Schwarz, S. F. Matar, G. Demazeau: Phys. Rev. **B45**, (1992) 4000
13. S. F. Matar, P. Mohn, J. Kübler: J. Magn. Magn. Mater. **104-107**, (1992) 1927
14. S. F. Matar, G. Demazeau, P. Hagenmüller, J. G. M. Armitage, P. C. Riedi: Eur. J. Solid State Inorg. Chem **26**, (1989) 517
15. J. G. M. Armitage, R. G. Graham, J. S. Lord, P. C. Riedi: J. Magn. Magn. Mater. **104-107**, (1992) 1935
16. P. Mohn: unveröffentlicht
17. H. J. Neuhäuser, W. Pitsch: Z. Metallkde. **62**, (1971) 792
18. G. Sauthoff: Z. Metallkde. **68**, (1977) 22
19. J. M. D. Coey, K. O'Donnel, Qi Qinian, E. Touchais, K. H. Jack: J. Phys. Condens. Matter **6**, (1994) L23
20. T. K. Kim, M. Takahashi: Appl. Phys. Lett. **20**, (1972) 492
21. Y. Sugita, K. Mitsuoka, M. Komuro, H. Hoshiya, Y. Kozono, M. Hassozono: J. Appl. Phys. **70**, (1991) 5977
22. S. F. Matar: Z. Phys. **B87**, (1992) 91

23.   E. J. Fasika, G. A. Jeffrey: Acta Cryst. **19**, (1965) 463
24.   T. Shigematsu: J. Phys. Soc. Japan **37**, (1974) 940
25.   W. Koch, W. Jellinghaus: Arch. Eisenhüttenwes. **31**, (1960) 183
26.   H. Kudielka: Arch. Eisenhüttenwes. **37**, (1960) 183
27.   M. Acet, B. Gehrmann, E. F. Wassermann, H. Bach, W. Pepperhoff: unveröffentlicht
28.   W. Jellinghaus: Arch. Eisenhüttenwes. **37**, (1966) 181
29.   T. Shigematsu: J. Phys. Soc. Japan **39**, (1975) 915
30.   D. H. Jack, K. H. Jack: Mater. Sci. Engineer. **11**, (1973) 1
31.   M. Wittenberger, M. J. Pomey, P. Lesage, A. Diament: Compt. Rend. **251**, (1960) 1220
32.   M. J. Duggim, D. Cox, L. Zwell: Trans AIME **236**, (1966) 1342
33.   J. P. Sénateur, R. Fruchart, A. Michel: Compt. Rend. **255**, (1962) 1615
34.   K. H. Jack, S. Wild: Nature **212**, (1966) 248
35.   R. Kiessling: Acta Chem. Scan. **4**, (1950) 209
36.   N. Lundquist, H. P. Myers, R. Westin: Phil. Mag. **7**, (1962) 1187
37.   M. C. Cadeville, E. Daniel: J. Physique **27**, (1966) 449
38.   L. Vincze, M. C. Cadeville, R. Jesser, L. Takács: J. Physique **35**, (1974) C6-533
39.   B. Lemius, R. Kuentzler: J. Phys. F **10**, (1980) 155
40.   T. Shigematsu: J. Phys. Soc. Japan **39**, (1975) 1233
41.   W. B. Pearson: *A Handbook of Lattice Spacings of Metals and Alloys*, (Pergamon, New York, 1958)
42.   G. Alefeld, J. Völkl (Ed): *Hydrogen in Metals* (Springer, Berlin, 1978) Vol. 1; *ibid.* Vol. 2
43.   L. Schlapbach (Ed.): *Hydrogen in Intermetallic compounds* (Springer,Berlin, 1988) Vol. 1; *ibid.* (Springer,Berlin, 1992) Vol. 2
44.   J. P. Hirth: Metalurg. Trans. **11A**, (1980) 861
45.   E. Riecke: Arch. Eisenhüttenwes. **49**, (1976) 407
46.   J. R. G. da Silva, S. W. Stafford, R. B. McLellan: J. Less-Common Metals **49**, (1976) 407
47.   H. Baranowski, E. Wicke, H. Züchner: In *Hydrogen in Metals* (Springer, Berlin, 1978) Vol. 2, S. 73
48.   E. G. Ponyatovski, V. E. Antonov, J. T. Belash in: *Problems in Solisd State Physics*, ed. A. M. Prokhorov und A. S. Prokhorov (Mir, Moscow, 1984) S. 109
49.   Y. Fukai: *The Metal-Hydrogen System*, (Springer, Berlin, 1993) S. 101 ff
50.   V. E. Antonov, J. T. Belash, E. G. Ponyatovski: Script. Met. **16**, (1982) 203
51.   T. Suzuki, S. Akimoto, Y. Fukai: Phys. Earth Planet Inter. **36**, (1984) 135
52.   J. T. Belash, Antonov V. E.,, E. G. Ponyatovski: Phys. Met. Metall. **47**, (1980) 114
53.   M. Krukowski, B. Baranowski: J. Less-Common Met. **49**, (1976) 385
54.   V. E. Antonov, J. T. Belash, E. G. Ponyatovski, V. G. Thiessen, V. J. Shiryaev: Phys. Stat. Sol. (a) **65**, (1981) K43
55.   J. T. Belash, B. K. Ponomarev, V. G. Thiessen, N. S. Afonikova, V. Sh. Shekhtman, E. G. Ponyatovsky: Sov. Phys. Solid State **20**, (1978) 244
56.   V. E. Antonov, J. T. Belash, V. F. Degtyareva, B. K. Ponomarev, E. G. Ponyatovsky,, V. G. Thiessen: Sov. Phys. Solid State **20**, (1978) 1548
57.   V. E. Antonov, J. T. Belash, B. K. Ponomarev, E. G. Ponyatovsky, V. G. Thiessen: Phys. Stat. Sol. (a) **52**, (1979) 703
58.   T. Shomura, F. E. Fujita: J. Phys. F **10**, (1980) 743

Kapitel 6

1. R. J. Weiss: Proc. Phys. Soc. **82**, (1963) 281
2. L. K. Kaufman, E. V. Clougherty, R. J. Weiss: Acta Met. **11**, (1963) 223
3. T. Schneider: Dissertation (Gerhard-Mercator Universität Duisburg, 1996)
4. E. F. Wassermann: In *Ferromagnetic Materials*, Ed. K. H. J. Buschow und E. P. Wohlfarth (North Holland, Amsterdam, 1990) Vol. 5, S. 238
5. W. Bendick, H. H. Ettwig, W. Pepperhoff: J. Phys. F **8**, (1978) 2525
6. W. Bendick, W. Pepperhoff: J. Phys. F **11**, (1981) 57
7. Y. Tanji, H. Asano, H. Moriya: Sci. Rep. RITU **A24**, (1973) 205
8. G. Hausch: J. Magn. Magn. Mater. **92**, (1990) 87
9. B. Rellinghaus: Dissertation (Gerhard-Mercator Universität Duisburg, 1995)
10. B. Rellinghaus, J. Kästner, T. Schneider, E. F. Wassermann: Phys. Rev. B **51**, (1995) 2983
11. M. Schröter, P. Entel, S. G. Mishra: J. Magn. Magn. Mater. **87**, (1990) 163
12. E. F. Wassermann, M. Acet, W. Pepperhoff: J. Magn. Magn. Mater. **90-91**, (1990) 126
13. E. f: Wassermann: J. Magn. Magn. Mat. **100**, (1991) 346
14. H. M. Ledbetter, R. P. Reed: J. Phys. Chem. Reference Data **2**, (1974) 531und 618
15. F. Richter: *Die wichtigsten physikalischen Eogenschaften von 52 Eisenwerkstoffen*, Stahleisen-Sonderberichte H. 8 (Stahleisen, Düsseldorf, 1973)
16. G. Hausch, H. Warlimont: Z. Metallkde. **63**, (1972) 547
17. G. Hausch, H. Warlimont: Z. Metallkde. **64**, (1973) 152
18. *Controlled Expansions and Constant Modulus Alloys*, International Nickel Co., Inc. Veröffentlichung 2934
19. I. N. Bogachev, V. F. Egolaev, T. L. Frolova: Fiz. Metal. Metalloved **29**, (1990) 134
20. S. Steinemann, M. Peter: Bull. Soc. Suisse Chronometer **V**, (1967) 489
21. U. Kawald, O. Mitze, H. Bach, J. Pelzl, G. A. Saunders: J. Phys. **6**, (1994) 9697
22. P. L. Rossiter: *The Electrical Resistivity of Metals and Alloys* (Cambridge, 1987)
23. R. Kohlhaas, F. Richter: Arch. Eisenhüttenwes. **33**, (1962) 291
24. J. Friedel, P. de Gennes: J. Phys. Chem. Solids **4**, (1958) 71
25. R. J. Weiss, A. S. Marotta: J. Phys. Chem. Solids **9**, (1959) 302
26. G. E. Bacon, I. W. Dunmuir, J. H. Smith, R. Street: Proc. Roy. Soc. **A241**, (1957) 223
27. R. Kohlhaas, E. Kohlhaas in: Landolt-Börnstein, Band IV/2a (Springer, Berlin, 1963).
28. F. Richter, R. Kohlhaas: Arch. Eisenhüttenwes. **36**, (1965) 827
29. W. Bendick, W. Pepperhoff: J. Phys. F **8**, (1978) 2535
30. W. Bendick, W. Pepperhoff: J. Phys. F **9**, (1979) 2185
31. R. E. Hummel: *Optische Eigenschaften von Metallen und Legierungen* (Springer, Berlin, 1971)
32. J. H. Weaver, G. Kafka, D. W. Lynch, E. E. Koch: *Physik. Daten. Optical properties of Metals* (Fachinformationszentrum, Karlsruhe, 1981) Pt. 1
33. J. H. Weaver, E. Colavita, D W. Lynch, R. Rosei: Phys. Rev. B **19**, (1979) 3850
34. B. Buchholz, E. F. Wassermann, W. Pepperhoff, M. Acet: J. Apl. Phys. **75**, (1994) 7012
35. M. Leineweber: Diplomarbeit, Univ. Duisburg 1995
36. H. Thomas: Z. angew. Phys. **18**, (1965) 404
37. W. Pepperhoff, H. H. Ettwig: *Interferenzschichten-Mikroskopie* (Steinkopff, Darmstadt, 1970)

Sachverzeichnis

Absorption, optische 213
Anisotropie der Magnetisierung 24
Antiferromagnetismus
    ε-Fe 55
    γ-Fe 42
    γ-Mn 127
    Fe-Legierungen 189, 190
    3d-Metalle 90
Antiinvar-Effekt 77, 113, 124, 193
Atomgitter des Eisens 4
Atompolyeder 8
Atomvolumen 6, 12, 76
Ausdehnung, thermische 72
Ausdehnungsexzess 77
Ausdehnungskoeffizient 72
Austauschkraft 17
Austenit 1

Bandbreite 33
Bandelektronen-Modell 27
Bandübergänge 214
Bloch'sches $T^{3/2}$ Gesetz 22
Bohr'sches Magneton 18
Boride 173
Bulk-Modul 200

Chrom 103
Chrom-Mangan-Legierungen 133
Clausius-Clapeyron'sche Gleichung 70
Cluster 9
Cluster, magnetisches Moment 36
Curie'sches Gesetz 20
Curietemperatur 21
Curie-Weiss-Gesetz 22

δ-Eisen 1
ΔE-Effekt 202
Debye-Temperatur 61
Debye'sche Theorie 61
Domänen, magnetische 23

Doppelbrechung 218

ε-Eisen 53
Eindringtiefe, optische 213
Einheitszelle 5

Eisenlegierungen, binäre
    Fe-C 155
    Fe-Co 120
    Fe-Cr 99
    Fe-Mn 126
    Fe-N 158
    Fe-Ni 109
    Fe-Pd 147
    Fe-Pt 142
    Fe-Rh 149
    Fe-V 105
Eisenlegierungen, ternäre
    Fe-Cr-Mn 133
    Fe-Cr-Ni 139
    Fe-Co-Mn 136
    Fe-Co-Ni 135
    Fe-Mn-Ni 137
Eisenlegierungen, verdünnte 93
Elastizität 200
Elastizitätsmodul 200
Elektronenspin 17
Elektronenwärme 63
Elinvar-Effekt 202
Elinvare, ferromagnetische 203
Elinvare, antiferromagnetische 204
Enthalpie, freie 80
Enthalpie, thermische 71
Entropie 81

Faraday-Effekt 219
Federlegierungen 202
Fermieenergie 28
Ferrit 1
Ferromagnetismus

α-Fe   31
γ-Fe   49
ε-Fe   55
schwacher   92
starker   92
Freies Atom   16

γ_1-γ_2-Hypothese   48, 66
Gesamtenergie
α-Fe   35
γ-Fe   49
ε-Fe   55
Gitterkonstante   12
Gitterkonstante, Fe-Legierungen   192
Gitterschwingungen   61
Gitterschwingungen, anharmonische   62
Grüneisen-Regel   72

Hagen-Rubens-Beziehung   213
Hägg-Karbid   172
Heine-Beziehung   33
High-Spin-Zustand (HS)   49
Hund'sche Regel   17
Hydrierte Invarlegierungen   185

Ikosaedrische Struktur   11, 36
Interband-Übergänge   214
indirekte   217
Intraband Übergänge   214
Invar-Effekt   110, 124, 171
Itinerante Elektronen   27

Karbide
ε-Karbide   172
Hägg-Karbid   172
Zementit   168
Kerr-Effekt   218
Kobalt   89
Kobalt-Mangan-Legierungen   136
Koerzitivfeldstärke   23
Kohäsionsenergie   35
Kompressibilität   200
Kompressibilitätsmodul   200
Kontinuierliche Umwandlung   1, 37
Korrelationslänge
elektronische   38
thermodynamische   40
Kritisches Verhalten   39

Kritische Exponenten   39
Kuboktaeder   8

Lokalisierte Momente   25
Lorenz-Konstante   208
Low-Spin-Zustand (LS)   49
LS-HS-Übergang   50 ff.

Magische Zahlen   10
Magnetisierungskurve   23
Magnetisierung, spontane   20
Magnetische Ordnungsenergie   65
Magnetooptische Effekte   218
Magnetostriktion
spontane   201
erzwungene   201
Magnetovolumen Effekte (s. auch   Invar-
Effekt und Antiinvar-Effekt)   193
Mangan   89
γ-Mn   126
Martensit   142, 156
thermoelastischer   143
Mathiessen-Regel   205
Molvolumen   12
Momente, paramagnetische   118
Moment-Volumen-Kopplung   47
Moment-Volumen-Instabilität   51, 112
Monoboride   173

Néeltemperatur, γ-Fe   46
Nitride
γ'-Fe_4N 160
ε-Fe_xN 162
α''-Fe_8N 163

Oktaederlücken   154

Paramagnetismus   20
Paramagnetische Momente   117
Pauli-Prinzip   17
Phasenstabilität des Eisens   82
Phasenübergänge
ferromagnetisch-paramagnetisch   37
strukturelle   14
Polymorphismus   1

Quantenfluktuationszeit   37
Querkontraktionszahl   201

Reentrant-Spinglas 138
Reflexionsvermögen 213
Remanenz 23
Restwiderstand 205
Rhombendodecaeder 8
Rotationsdoppelbrechung 218

Sättigungsmagnetisierung 23
Schmelzwärme 70
Schottky-Anomalie 68, 195
Schubmodul 200
Selbstähnlichkeit 42
Semiboride 173
Skaleninvarianz 42
Skintiefe 213
Slater-Pauling-Kurve 90
Spin 17
Spindichtewelle 103
Spinfluktuations-Modell 37
Spinfrustration 43
Spinglas 137
    reentrant 138
Spinmoment 18
Spinpolarisiertes Bandmodell 29
Spinquantenzahl 16
Spinstrukturen 26
    γ-Fe 42, 47
Spinwellen 21
Spontane Volumenmagneto-
    striktion 74, 124
Stoner-Kriterium 30
Strukturmodelle 4
Sublimationswärme 70
Suszeptibilität 19

Temperatur-Druck-Diagram
    Fe 3
    Fe-H 179
Tetraederlücken 156
Tetraeder-Struktur 10
Thermische Ausdehnung 72
Topologische Nahordnung 9
Tripelpunkt 3, 14

Umwandlung
    diskontinuierlich 22
    kontinuierlich 35, 39
Umwandlungswärme 70

Ultrarot-Absorption 215

Volumenmagnetostriktion
    spontane 74, 124
    erzwungene 74, 124

Wärmekapazität 59
    elektronische 63
Wärmeleitfähigkeit 207
Wasserstofflöslichkeit 176
Weiß'sche Bezirke 23
Widerstand
    elektrischer 205
    magnetischer 205
Wiedemann-Franz-Lorenz.Gesetz 208
Wigner-Seitz-Zelle 8

Zementit 168
Zustandsdichte
    α-Fe 32
    γ-Fe 50
Zwei-Niveau-Modell 66
Zwischengitterplätze 168